微服务运维实战
（第二卷）

The DevOps 2.1 ToolKit: **Docker Swarm**

[西] Viktor Farcic 著

何腾欢 汪欣 译

华中科技大学出版社
中国·武汉

图书在版编目(CIP)数据

微服务运维实战. 第二卷 / (西) 维克托·法西克(Viktor Farcic)著；何腾欢, 汪欣译 . –– 武汉 :华中科技大学出版社,
2019.8
ISBN 978-7-5680-5353-2

Ⅰ.①微… Ⅱ.①维… ②何… ③汪… Ⅲ.①互联网络 – 网络服务器 – 程序设计 Ⅳ.①TP368.5

中国版本图书馆CIP数据核字(2019)第154721号

湖北省版权局著作权合同登记 图字: 17-2019-169号

书	名	微服务运维实战(第二卷)
		Weifuwu Yun–wei Shizhan
作	者	[西] Viktor Farcic
译	者	何腾欢 汪欣

策划编辑 徐定翔
责任编辑 陈元玉
责任监印 徐　露

出版发行 华中科技大学出版社（中国·武汉）
　　　　　武汉市东湖新技术开发区华工科技园（邮编430223 电话027-81321913）

录	排	武汉东橙品牌策划设计有限公司
印	刷	武汉华工鑫宏印务有限公司
开	本	787mm × 960mm　1/16
印	张	24.25
字	数	584千字
版	次	2019年8月第1版第1次印刷
定	价	110.80元

前言
Preface

2016 年初，我出版了《微服务运维实战（第一卷）》。写这本书花的时间比预想的要长得多。

最开始我在个人博客 TechnologyConversations.com 上写了一些文章，收到很多读者的反馈意见。这些意见帮我理清了写作思路。《微服务运维实战（第一卷）》是写给希望运用 DevOps 的读者看的，介绍最新的、最佳的实践方法。我希望通过第一卷告诉大家 DevOps 运动经过多年发展已经成熟，它需要一个新的名字，我称之为 DevOps 2.0。

技术变革的速度太快，《微服务运维实战（第一卷）》出版仅 6 个月就发生了很多变化：新版本的 Swarm 发布了，它现在是 Docker Engine v1.12 的一部分，其中还集成了服务发现（service discovery）。在我看来，1.12 版是 Docker Engine 发布以来最重要的版本。

我还记得 2016 年与 Docker 的工程师们在西雅图共度的时光。我花了 4 天时间和他们一起研究即将在 1.12 版中发布的新特性，以及 1.12 版之后的路线图。当时我以为已经理解了他们提出的所有概念和特性。然而，当我一周后开始"把玩"新的 Docker Swarm 模式时，我才意识到自己的大脑仍然束缚于以往的工作方式。新版本的改动太多，随之也出现很多新的可能性。我花了几周的时间才把大脑清零，直到那时，我才真正明白 Docker 的工程师们在这个版本中做了多大的改动。

在探索 Swarm 模式的同时，我也陆续收到来自《微服务运维实战（第一卷）》读者的电子邮件。他们提了很多要求，希望我在深入探讨已有话题的同时也能涵盖新的主题，其中反复提到的一个要求是"希望你更深入地介绍集群"。读者希望更详细地了解如何操作集群以及如何将其与持续部署结合。他们还希望我研究零停机时间部署的其他方法，希望更有效地监控系统，更接近自愈系统，等等。

因此，结合 Docker 1.12 的新特性与读者的请求，我决定写一本新书《微服务运维实战（第二卷）》，同时"微服务运维实战"系列也应运而生了。

概述
Overview

本书探讨了运行 Swarm 集群所需的方法和工具。我们要做的不是简单的部署，而是要研究如何创建持续部署。我们将搭建多个集群，一个集群用于测试，其他的用于生产。我们将看到如何实现零停机时间部署，如何处理故障转移情况，如何大规模地运行服务，如何监控系统以及如何让系统自愈。我们要探索的流程不仅允许在不同的供应商设备上运行集群，也能在笔记本电脑上运行集群（用于演示目的）。我将尽可能地涵盖各种托管解决方案。书中的流程、工具、实践可以很容易地应用到任何解决方案中去。本书依然注重实用性，但目标不是掌握一套特定的工具，而是学习这些工具背后的逻辑。这样，即使你选择不一样的工具，也能顺利开展工作。

当然，《微服务运维实战（第一卷）》并未过时，我认为书中的逻辑在很长时间内依然有效。第二卷以第一卷为基础，更深入地探讨了一些主题。我强烈建议读者从《微服务运维实战（第一卷）》开始阅读。

　　本书前面几章的部分内容曾在《微服务运维实战（第一卷）》中出现过，但这些内容是必不可少的，因为它们解决了我们在集群内部工作时会遇到的一些问题，也为后面的章节奠定了基础。

　　这是一本注重实践的书，只在通勤车上读是不够的，你必须上机实践。如果你需要帮助，或者想发表评论，可以访问本书在 Disqus 上的频道，或者第一卷的 Slack 频道。我很重视自己写的书，也希望能带给你良好的阅读体验。与我的沟通也是这体验的一部分，别害羞。

　　这两卷书都是我自行出版的。我认为作者和读者之间最好没有中介，这样我可以写得更快，更新得更快。理论上，这本书永远不可能真正写完。随着时间的推移，书的内容也需要更新。当技术的变化太多时，就需要写一本新书了。只要有你们的支持，我就会继续写下去。

目录

Contents

第 1 章

利用 Docker 容器持续集成
Continuous Integration with Docker Containers

我们知道得越多，从绝对意义上来说我们就变得越无知，因为只有通过启蒙，我们才能意识到自己的局限性。智力进化最令人欣慰的结果之一，就是不断开拓新的、更广阔的前景。

——尼古拉·特斯拉

为了充分理解 Docker Swarm 带来的挑战和好处，我们需要从头开始讲。我们得重回代码库并决定如何构建、测试、运行、更新和监视正在开发的服务。尽管目标是在 Swarm 集群上实现持续部署，但我们得先退一步去研究持续集成（Continuous Integration，CI）。为 CI 流程定义的步骤将决定我们如何继续实施持续交付（Continuous Delivery，CD），继而实施持续部署（Continuous Deployment，CDP），并最终决定如何确保服务被监控并能够自愈。本章探讨的持续集成是更高级过程的先决条件。

给《微服务运维实战（第一卷）》读者的提示

TIP 这一页的内容与已经出版的《微服务运维实战（第一卷）》的内容大致相同。如果你对这部分内容印象依旧深刻，请直接跳到第 1.1 节。写第二卷时，我发现了一些更好的方法来实现 CI 过程。希望你能从本章的内容中获益。

要了解持续部署，首先应该定义它的前身，即持续集成和持续交付。

项目开发的集成阶段往往是软件开发生命周期（Software Development Life Cycle，SDLC）中最痛苦的阶段之一。各个团队要花费数周、数月甚至数年独立开发不同的应用程序和服务。每个团队都有自己的任务。尽管定期单独验证这些应用程序和服务并不困难，但是当领导决定把它们集成到一起时，我们还是会忧心忡忡。凭借以往的经验，我们知道集成会出问题（未满足的依赖关系、不能正确通信的接口等）。这个阶段往往要花费几周甚至几个月的时间。更糟糕的是，在集成阶段发现的错误意味着要回过头来重做几天或几周的工作。如果有人问我对当时集成的感觉如何，我会说糟透了。

后来，极限编程（eXtreme Programming，XP）的各种实践应运而生，自动化测试变得频繁，持续集成开始起步。今天我们知道以前的开发方式是错误的。软件行业已经发生了很大的变化。

持续集成是指在开发环境中集成、构建和测试代码。它要求开发人员频繁将代码集成到共享代码库中。集成的频率取决于团队的规模、项目的规模以及开发时间。大多数情况下，程序员要么直接推送到共享代码库，要么将代码合并。无论是推送还是合并，这些操作一天至少应该进行几次。让代码进入共享代码库中还不够，我们还需要一条流水线，它能检出代码并直接或间接地运行测试。如果流水线执行失败了，应该通知提交代码的人。

持续集成流水线应该在每次提交或推送时运行。与持续交付不同，持续集成没有明确定义该流水线的目标。我们不知道还需要做多少工作才能把代码交付到生产环境，只能尽量做到让提交的代码通过现有测试。尽管很难实施，但 CI 仍是一个巨大的进步。一旦大家适应了这个流程，结果往往出奇的好。

集成测试需要提前提交，或者与代码一起提交。为了获得最好效果，应该采用测试驱动开发（TDD）方式编写测试代码[1]。

最重要的 CI 原则是，当流水线失败时，解决问题比其他任务具有更高的优先级。如果不及时解决问题，那么流水线的下一次执行也将失败。长此以往，人们会慢慢忽视失败通知，CI 也就失去了意义。越早解决问题越好。

---

[1] http//technologyconversations.com/category/test-driven-development

1.1　完全 **Docker** 化的手动持续集成流程
Defining a Fully Dockerized Manual Continuous Integration Flow

每个持续集成过程都以从代码库检出的代码开始。本书将使用 **GitHub** 代码库 vfarcic/go-demo（`https://github.com/vfarcic/go-demo`），它包含本书使用的服务代码。该服务是用 Go 编写的（`https://golang.org/`）。别担心！你不需要学习 Go。我们仅使用 go-demo 服务演示和解释流程。所有例子都是与编程语言无关的。

> 本章中的所有命令都可以在 `01-continuous-integration.sh` 中找到（`https://gist.github.com/vfarcic/886ae97fe7a98864239e9c61929a3c7c`）。

> **给 Windows 用户的说明**
>
> 请确保你的 Git 客户端配置为原样（AS-IS）检出代码。否则，Windows 可能会将回车更改为 Windows 格式。

下面开始吧，看看 go-demo 代码：

```
git clone https://github.com/vfarcic/go-demo.git

cd go-demo
```

有些文件将在主机文件系统和我们即将创建的 Docker Machine 之间共享。Docker Machine 使得属于当前用户的整个目录在虚拟机内可用。因此，请确保代码在用户的某个子文件夹中检出。

现在已经从代码库中检出了代码，还需要一个服务器来构建和运行测试。我们将使用 Docker Machine，因为它能在笔记本电脑上简单地创建 Docker ready 虚拟机。

Docker Machine（`https://docs.docker.com/machine/overview/`）可让你在虚拟主机上安装 Docker Engine，并使用 `docker-machine` 命令管理主机。Docker Machine 可以在本地 Mac 或 Windows 机器、公司网络、数据中心或云供应商（如 AWS 或 DigitalOcean）上创建 Docker 主机。

使用 `docker-machine` 命令可以启动、检查、停止并重启被管理的主机，升级 Docker 客户端和守护程序，并配置 Docker 客户端与主机通信。

在 Docker v1.12 版之前，Docker Machine 是在 Mac 和 Windows 上运行 Docker

的唯一方法。从 Docker v1.12 版开始，出现了 Docker for Mac 和 Docker for Windows，它们更适合较新的桌面和笔记本电脑。Docker for Mac 和 Docker for Windows 的安装程序包括 Docker Machine 和 Docker Compose。

本书的例子假设你已安装 1.13 以上版本 Docker Engine 的 Docker Machine v0.9（https://www.docker.com/products/docker-machine），可以在 Install Docker Machine（https://docs.docker.com/machine/install-machine/）页面找到安装命令。

给 Windows 用户的说明

建议从（通过 Docker Toolbox 和 Git 安装的）Git Bash 运行所有示例。这样，使用的命令将与 OSX 或 Linux 系统上执行的相同。

给 Linux 用户的说明

Linux 上的 Docker Machine 可能无法在虚拟机中挂载主机卷。这跟主机操作系统和 Docker Machine 操作系统都使用/home 目录有关。从主机挂载 /home 将覆盖一些所需的文件。如果你在安装主机卷时遇到问题，请设置 VIRTUALBOX_SHARE_FOLDER 变量：

```
export VIRTUALBOX_SHARE_FOLDER = "$PWD:$PWD"
```

如果已经创建了 Docker 机器，则必须销毁并再次创建。

请注意，此问题在较新的 Docker Machine 版本中已解决，因此，仅当你遇到未加载卷时才使用此解决方法（来自主机的文件在 VM 中不可用）。

使用下面的命令创建第一个名为 go-demo 的服务器。

```
docker-machine create  -d virtualbox go-demo
```

给 windows 用户的说明

如果你使用的是 Docker for Windows 而不是 Docker Toolbox，则需要将驱动程序从 virtualbox 更改为 Hyper-V。问题在于 Hyper-V 不允许安装主机卷，因此，建议在使用 Docker Machine 时使用 Docker Toolbox。选择在 Docker Machine 内部运行 Docker 而不是在主机上本地运行的原因在于需要运行一个集群（第 2 章将介绍）。Docker Machine 是模拟多节点集群的最简单的方法。

该命令将 virtualbox 指定为驱动程序（如果你正在运行 Docker for Windows，则指定为 Hyper-V）并将 machine 命名为 go-demo：

给 Windows 用户的说明

TIP 在某些情况下，Git Bash 可能会认为它仍在以 BAT 批处理形式运行。如果你遇到 docker-machine env 命令的问题，请设置 SHELL 环境变量：

```
export SHELL=bash
```

现在机器正在运行，我们应该让本地 Docker Engine 使用它，请使用以下命令：

```
docker-machine env go-demo
```

docker-machine env go-demo 命令输出本地引擎所需的环境变量以查找我们想要使用的服务器。这种情况下，远程引擎位于我们使用 docker-machine create 命令创建的 VM 内部。

输出如下：

```
export DOCKER_TLS_VERIFY="1"
export DOCKER_HOST="tcp://192.168.99.100:2376"
export DOCKER_CERT_PATH="/Users/vfarcic/.docker/machine/machines/go-demo"
export DOCKER_MACHINE_NAME="go-demo"
```

我们可以将 env 命令封装到一个执行输出的 eval 中，在本例中，使用以下命令创建环境变量：

```
eval $(docker-machine env go-demo)
```

从现在开始，我们在本地执行的所有 Docker 命令将会被引导到 go-demo 机器运行的引擎。

现在我们准备好运行 CI 流程的前两个步骤。下面将运行单元测试并构建服务的二进制文件。

1.2 运行单元测试并构建服务的二进制文件
Running Unit Tests and Building Service Binary

我们将在 CI 流程中使用 Docker Compose。正如你将看到的，Docker Compose 在运行集群时几乎没什么用处。但是，对于要在单台机器上执行的操作，Docker Compose 仍然是最简单和最可靠的方法。

Compose 是定义和运行多容器 Docker 应用的工具。你可以使用 Compose 文件来配置应用的服务。然后，使用单个命令创建并启动配置中的所有服务。Compose 非常适合开发、测试和预备环境以及 CI 工作流程。

之前克隆的代码库已经包含 docker-compose-test-local.yml 中定义的所有服务（https://github.com/vfarcic/go-demo/blob/m aster/docker-compose-test-loc）。

让我们看看文件的内容（https://githu b.com/vfarcic/go-demo/blob/master/docker-compose-test-local.yml）。

```
cat docker-compose-test-local.yml
```

我们把用于单元测试的服务称为 unit，如下所示：

```
unit:
    image: golang:1.6
    volumes:
      - .:/usr/src/myapp
      - /tmp/go:/go
    working_dir: /usr/src/myapp
    command: bash -c "go get -d -v -t && go test --cover -v \
./... && go build -v -o go-demo"
```

这是一个相对简单的定义，由于服务是使用 Go 编写的，因此我们使用的是 golang:1.6 镜像。

接下来，我们公开了几个卷。在这种情况下，卷是挂载在主机上的目录，它们由两个参数定义。第一个参数是主机目录的路径，第二个参数表示容器内的目录。主机目录内的任何文件都将在容器中可用，反之亦然。

第一个卷用于源文件。我们正把当前的主机目录共享到容器的/usr/src/myapp 目录。第二卷用于 Go 依赖库，由于我们希望避免每次运行单元测试时都下载所有依赖项，因此它们将存储在主机目录/tmp/go 中。这样，只有在第一次运行服务时才会下载依赖项。

卷之后是 working_dir 指令。当容器运行时，将使用指定的值作为起始目录。

最后，指定想要在容器中运行的命令。笔者不会详细介绍它们，因为它们是专门针对 Go 的。简言之，我们下载所有依赖项 go get -d -v -t，运行单元测试 go test --cover -v ./ ...，然后构建 go-demo 二进制文件 go build -v -o go-demo。由于加载了有源代码的目录作为卷，因此二进制文件将存储在主机上，供以后使用。

通过这个单独的 Compose 服务，我们定义了 CI 流程的两个步骤。它包含单元测试和构建二进制文件。

请注意，尽管我们运行称为 unit 的服务，但此 CI 步骤的真正目的是运行不需要部署任何类型的测试。这些是我们在构建二进制文件以及稍后的 Docker 镜像之前的测试。

让我们运行下面的代码：

```
docker-compose \
    -f docker-compose-test-local.yml \
    run --rm unit
```

给 Windows 用户的说明

TIP

你可能会遇到卷未正确映射的问题。如果你看到 Invalid volume specification 错误，请将环境变量 COMPOSE_CONVERT_WINDOWS_PATHS 设置为 0：

```
export COMPOSE_CONVERT_WINDOWS_PATHS=0
```

如果这样解决了卷的问题，那么请确保每次运行 docker-compose 时都要设置该变量。

我们指定 Compose 使用 docker-compose-test-local.yml 文件（默认为 docker-compose.yml）并运行名为 unit 的服务。--rm 参数表示容器应该在停止后被移除。run 命令应该用于不会永久运行的服务。它非常适合批处理作业，在这种情况下也适合运行测试。

从输出中可以看到，我们拉取了 golang 映像、下载了服务依赖项、成功运行了测试并构建了二进制文件。

使用下面的命令列出当前目录中的文件，可以确认该二进制文件确实已在主机上构建并可用。为简单起见，我们将过滤结果：

```
ls -l *go-demo*
```

现在通过了第一轮测试并得到了二进制文件，下面继续构建 Docker 镜像。

1.3 构建服务镜像
Building Service Images

Docker 镜像是通过存储在 Dockerfile 中的定义构建的。除个别情况外，它采用了一种类似于我们定义简单脚本的方式。我们不会探讨在定义 Dockerfile 时用到的所有选项，而仅限于 go-demo 服务会用到的选项。更多信息请参阅 Dockerfile reference（https://docs.docker.com/engine/reference/builder/）。

go-demo 的 Dockerfile 如下：

```
FROM alpine:3.4
MAINTAINER Viktor Farcic <viktor@farcic.com>

RUN mkdir /lib64 && ln -s /lib/libc.musl-x86_64.so.1 /lib64/ld-
    linux-x86-64.so.2

EXPOSE 8080
ENV DB db
CMD ["go-demo"]
HEALTHCHECK --interval=10s CMD wget -qO- localhost:8080/demo/hello

COPY go-demo /usr/local/bin/go-demo
RUN chmod +x /usr/local/bin/go-demo
```

每一条语句都将作为一个独立的镜像构建，容器就是堆叠在一起的镜像的集合。

每个 Dockerfile 都以 FROM 语句开头，它定义了要使用的基础镜像。大多数情况下，笔者倾向于使用 alpine Linux，它的大小约为 2 MB，可能是我们使用的最小的发行版。这与容器应该仅含必需的东西并避免任何额外开销的思想一致。

MAINTAINER 仅用于提供信息参考。

RUN 语句将其参数作为命令执行，笔者不会解释它，因为这取决于我们正在构建的服务。

EXPOSE 语句定义服务将要监听的端口。接下来是环境变量 DB 的定义，它告诉服务器数据库的地址，默认值是 db，正如你将会看到的那样，它可以在运行时改变。CMD 语句表示容器启动时将运行的命令。

HEALTHCHECK 命令告诉 Docker 如何测试容器以检查它是否仍在工作。它可以检测到一些状况，比如，虽然 Web 服务器的进程仍在运行，但因陷入死循环中而无法处理新的连接。当容器指定健康检查时，除了正常状态外，它还有一个健康状态。这个状态最初是 starting。每当健康检查通过时，它就变为健康状态（从之前的任何状态开始）。经过一定次数的连续失败后，它就变成不健康状态。

在我们的例子中，健康检查将每 10 秒执行一次。该命令向其中一个 API 端点发送一个简单请求。如果服务以状态 200 响应，则 wget 命令将返回 0，并且 Docker 将认为服务正常。任何其他响应都将被视为不健康，Docker Engine 将执行某些操作来修复这种情况。

最后将 go-demo 二进制文件从主机复制到镜像中的/usr/local/bin/目录，并使用 chmod 命令使其拥有可执行权限。

可能会有人觉得这些语句的顺序看起来不合逻辑，但是这些声明及其顺序背后有一个很好的理由，那些不太可能改变的在那些容易变化的之前定义。由于每次构建镜像时 go-demo 都会是一个新的二进制文件，因此它被定义在最后。

这种顺序背后的原因在于 Docker Engine 创建镜像的方式。它从最上面的定义开始，检查自上次构建运行以来定义是否更改。如果没有，则转到下一条定义语句。只要它发现一条会生成新镜像的语句，它以及它后面的所有语句就会构建到 Docker 镜像中去。通过将不太可能改变的那些语句靠近顶部，就可以节省构建时间，减少对磁盘和带宽的使用。

现在了解了 go-demo 服务背后的 Dockerfile，下面可以构建这些镜像了。

该命令非常简单，如下所示：

```
docker build -t go-demo .
```

使用另外一种方式可以在 Docker Compose 文件中定义构建参数。在 docker-compose-test-local.yml （ https://github.com/vfarcic/go-demo/blob/master/docker-compose-test-local.yml）文件中定义的服务如下所示：

```
app:
    build: .
    image: go-demo
```

在这两种情况下，我们都指定当前目录应该用于构建过程（通过.指定），并且镜像的名称是 go-demo。

可以通过带有如下命令的 Docker compose 运行构建过程：

```
docker-compose \
    -f docker-compose-test-local.yml \
    build app
```

我们将在本书的其余部分使用后一种方式。

可以通过执行 docker images 命令来确认镜像确实被构建出来了，如下所示：

```
docker images
```

输出如下：

```
REPOSITORY TAG       IMAGE ID        CREATED         SIZE
go-demo    latest    5e90126bebf1    49 seconds ago  23.61 MB
golang     1.6       08a89f0a4ee5    11 hours ago    744.2 MB
alpine     latest    4e38e38c8ce0    9 weeks ago     4.799 MB
```

如你所见，go-demo 是我们在服务器内的镜像之一。

现在镜像已经构建好了，下面可以运行模拟测试，这些测试需要将对应的服务及其依赖项部署到服务器上。

1.4 运行模拟测试
Running Staging Tests

请注意，CI 流程中运行模拟测试的真正目的是执行那些需要服务及其依赖项运行起来的测试。这些还不是需要生产或类生产环境的集成测试。这些测试背后的想法是将服务与其直接依赖项一起运行，进行测试，在完成后全部移除并释放资源用于其他任务。由于这些还不是集成测试，因此可以模拟一些依赖项。

由于这些测试的性质，需要将任务分成以下三个操作。

（1）运行服务及其所有依赖项。

（2）运行测试。

（3）销毁服务及其所有依赖项。

依赖关系被定义为 docker-compose-test-local.yml 文件中的 staging-dep 服务（https://github.com/vfarcic/go-demo/blob/master/docker-compos e-test-local.yml）。定义如下：

```
staging-dep:
    image: go-demo
    ports:
      - 8080:8080
    depends_on:
```

```
        - db
  db:
      image: mongo:3.2.10
```

这里的镜像是 go-demo，它公开了 8080 端口（在主机和容器内）。它依赖于一个 mongo 镜像的 db 服务。定义为 depends_on 的服务将在定义依赖关系的服务之前运行。换句话说，如果运行 staging-dep target，则 Compose 将首先运行 db 服务。

让我们按照下面的代码运行依赖关系：

```
docker-compose \
    -f docker-compose-test-local.yml \
    up -d staging-dep
```

一旦命令完成，就会有两个运行中的容器（go-demo 和 db）。可以通过列出所有进程来确认：

```
docker-compose \
    -f docker-compose-test-local.yml \
    ps
```

输出如下：

```
Name                    Command                  State Ports
-----------------------------------------------------------------------
godemo_db_1             /entrypoint.sh mongod    Up    27017/tcp
godemo_staging-dep_1 go-demo                     Up    0.0.0.0:8080->3080/tcp
```

既然依赖的服务和数据库已经在运行，那么可以执行测试了。这些测试被定义为 staging 服务。定义如下：

```
staging:
  extends:
    service: unit
  environment:
    - HOST_IP=localhost:8080
    network_mode: host
command: bash -c "go get -d -v -t && go test --tags integration -v"
```

由于预备测试的定义与我们运行的单元测试非常相似，所以使用 staging 服务扩展 unit 服务。通过扩展服务，我们继承它的完整定义。接下来定义一个环境变量 HOST_IP。测试代码使用该变量来确定被测试服务的位置。在这种情况下，由于 go-demo 服务与测试运行在同一台服务器上，因此 IP 是服务器的 localhost。默认情况下，由于容器内部的 localhost 与主机的不同，所以必须将 network_mode 定义为 host。最后定义要执行的命令，它将下载测试依赖项 go get -d -v -t 并执行测试 go test --tags integration -v。

让我们运行如下命令：

```
docker-compose \
    -f docker-compose-test-local.yml \
    run --rm staging
```

所有的测试都通过，离我们确信该服务可以安全部署到生产环境的目标更进一步。

没有任何必要留着服务和数据库继续运行，所以让我们删除它们并释放资源给其他任务：

```
docker-compose \
    -f docker-compose-test-local.yml \
    down
```

down 命令停止并删除 Compose 文件中定义的所有服务，可以通过运行以下 ps 命令来验证：

```
docker-compose \
    -f docker-compose-test-local.yml \
    ps
```

输出如下：

```
Name    Command    State    Ports
-----------------------------
```

离完成 CI 流程还差一件事情。此时我们拥有仅在 go-demo 服务器内可用的 go-demo 镜像。我们应该将其存储在镜像库中，以便可以从其他服务器访问它。

1.5　推送镜像到镜像库
Pushing Images to the Registry

推送 go-demo 镜像前，需要一个镜像库。Docker 提供多种镜像库。有 Docker Hub（https://hub.docker.com/）、Docker Registry（https://docs.docker.com/registry/）和 Docker Trusted Registry（https: //doc s.docker.com/docker-trusted-registry/）。除此之外，还有很多来自第三方厂商的解决方案。

我们应该使用哪个镜像库？Docker Hub 需要用户名和密码，笔者不太愿意提供自己的账号给你们。笔者在开始编写本书之前定义的一个目标是仅使用开源工具，因此 Docker Trusted Registry 在其他情况下是一个很好的选择，但这里并不适合。

唯一的选择就是 Docker Registry（`https://docs.docker.com/registry/`）。

镜像库被定义为 `docker-compose-local.yml`（`http://github.com/vfarcic/go-demo/blob/master/docker-compose-local.yml`）Compose 文件中的服务之一。定义如下：

```
registry:
  container_name: registry
  image: registry:2.5.0
  ports:
    - 5000:5000
  volumes:
    - .:/var/lib/registry
  restart: always
```

我们将 registry 设置为明确的容器名称，指定了镜像，并打开了端口 `5000`（在主机和容器内）。

镜像库将镜像存储在`/var/lib/registry`目录中，因此我们将它作为卷挂载在主机上。这样，如果容器发生故障，数据就不会丢失。由于这是一个可以被许多人使用的生产服务，所以定义它应该始终在失败时重新启动。

运行以下命令：

```
docker-compose \
    -f docker-compose-local.yml \
    up -d registry
```

现在我们有了镜像库，就可以做一个预运行。让我们确认可以在上面拉取和推送镜像：

```
docker pull alpine

docker tag alpine localhost:5000/alpine

docker push localhost:5000/alpine
```

Docker 使用命名约定来决定从哪里拉取和推送镜像。如果名称带有地址前缀，则引擎将使用它来确定镜像库的位置。否则，它会假定我们想要使用 Docker Hub。因此，第一个命令从 Docker Hub 中拉取 alpine 镜像。

第二个命令创建了 alpine 镜像的标签。该标签是镜像库 `localhost:5000` 的地址和镜像名称的组合。最后，我们将 `alpine` 镜像推送到在同一台服务器上运行的注册表中。

在开始正式使用镜像库之前，让我们确认镜像确实存在于主机上：

```
ls -1 docker/registry/v2/repositories/alpine/
```

输出如下：

```
_layers
_manifests
_uploads
```

笔者不会详细介绍每个子目录包含的内容。重要需要注意的一点是，镜像库会在主机上保留镜像，以免失败时丢失数据，这种情况下，即使销毁虚拟机，Machine 目录也会在我们的笔记本电脑上有备份。

此时声称可以在生产中使用这个镜像库是有些仓促。即使持久化了数据，如果整个虚拟机崩溃，也会有停机时间，直到有人再次启动或创建新的虚拟机。因为其中一个目标是尽可能地避免停机时间，所以稍后我们应该寻找更可靠的解决方案，目前的设置就是这样。

现在准备将 go-demo 镜像推送到镜像库中：

```
docker tag go-demo localhost:5000/go-demo:1.0

docker push localhost:5000/go-demo:1.0
```

与 Alpine 的例子一样，我们使用镜像库前缀标记镜像并将其推送到镜像库。我们还添加了一个版本号 1.0。

推送是 CI 流程的最后一步，我们运行了单元测试、构建了二进制文件、构建了 Docker 镜像、运行了预备测试并将镜像推送到了镜像库。尽管我们做了所有这些事情，但还不确定该服务是否可以投入生产。我们从未测试过将其部署到生产（或类生产）集群时的行为。虽然我们做了很多，但还不够。

如果持续集成是我们的最终目标，那么现在就是动手验证的时刻。虽然那些需要创造力和批判性思维的手工劳动有很大的价值，但对于重复性的工作，我们不能这样说。将此持续集成流程转换为持续交付以及稍后的部署所需的任务实际上是重复的。我们已经完成了 CI 流程，现在是时候做更多的工作并将其转化为持续交付。

在进入持续集成流程成为持续交付所需的步骤之前，我们需要退后一步并探索集群管理。毕竟，大多数情况下生产环境都是一个集群。

我们将在每章结尾处销毁虚拟机。这样，你可以回到本书的任何一部分做这些练习，而不用担心你可能需要从前面的章节中执行一些步骤。此外，这样的过程将迫使我们重复一些事情，熟能生巧。为了减少你的等待时间，笔者尽了最大努力让镜像保持很小，并将下载时间降到最低。执行以下命令：

```
docker-machine rm -f go-demo
```

第 2 章介绍关于 Swarm 集群的搭建和运维。

第 2 章

搭建并运行 **Swarm** 集群
Setting Up and Operating a Swarm Cluster

系统设计的结构必定反映设计该系统的组织的沟通结构。

——康威定律

许多人吹牛说他们的系统是可扩展的。毕竟，扩展是很容易的事情。你先购买一个服务器，然后安装 WebLogic 并部署应用程序。等几个星期过去，你会发现系统变慢了。然后你做什么呢？做扩展。你购买更多的服务器，部署好应用程序。系统的哪一部分是瓶颈？没有人知道。你为什么复制所有的东西？因为你不得不这么做。然后又一段时间过去了，你继续扩展，直到把钱花光，同时，你的员工也要发疯了。现在我们不这样做扩展，可扩展性不是这样的。可扩展性是弹性的，它可以根据你的业务流程和业务增长情况，快速、轻松地进行扩容和缩容，而在此过程中，你不会破产。几乎每个公司都需要扩大业务，而可扩展性可以让 IT 部门不再是沉重的财政负担。

给《微服务运维实战（第一卷）》读者的提示

TIP 这几页的内容与已经出版的《微服务运维实战（第一卷）》的内容大致相同。如果你对这部分内容印象依旧深刻，请直接跳到第 2.4 节。你会发现很多变化，其中一个变化是作为单独容器运行的旧版 Swarm 在 Swarm 模式下被弃用了。在此过程中，我们还会发现许多其他新事物。

2.1 可扩展性
Scalability

让我们先讨论为什么想要扩展应用。主要原因是为了获得高可用性。为什么我们想要高可用性？因为我们希望业务在任何负载下都可用。负载越大越好（DDoS 除外），因为这意味着业务正在蓬勃发展。高可用性可提高客户的满意度。我们都想要快，如果加载时间太长，许多人就离开网站了。我们希望业务不要中断，因为业务不可用的每一分钟都可以转化为相应的金钱损失。如果在线商店不可用了，你会怎么办？也许第一次你不会去别的商店，也许第二次你也不会去，但迟早你会厌烦然后转去其他商店。我们习惯了一切都快速响应，而且替代品很多，不需要三思就可以做其他尝试。如果说这有其他什么好处的话……一个人挣得少了意味着另一个人挣得多了。那么可扩展性可以帮助解决所有问题吗？远远不够。还有许多其他因素决定了应用程序的可用性。然而，可扩展性是其中的重要组成部分，这恰好是本章的主题。

什么是可扩展性？可扩展性是一个系统的属性，它用于表明这个系统能够优雅地处理增加的负载的能力，或者随着需求的增加而扩大的潜力，它是指系统增加容量或流量的能力。

事实是，设计应用程序的方式决定了可扩展性。在应用设计时如果没有考虑可扩展性，应用程序就不会很好地扩展。这并不是说没有设计为可扩展的应用程序就没法扩展了。一切都可以扩展，但不是所有的都可以扩展好。

常见的情况如下。

我们从一个超级简单的架构开始，搭建几个应用服务器和一个数据库，有时有负载均衡有时没有。一切都很好，没什么复杂度，我们可以很快速地开发新功能。运营成本低，收入高（考虑到刚刚开始），每个人都很满意，积极性很高。

生意在扩张，业务量在增加。然后故障开始出现，性能逐渐下降。我们添加了防火墙，设置了额外的负载均衡器，扩展了数据库，添加了更多的应用程序服务器等。事情还是相对比较简单。我们面临着新的挑战，但是障碍总是可以及时克服。即使复杂度在增加，也仍然可以相对轻松地处理。换句话说，我们或多或少还在做相同的事情，只是摊子铺得更大了。生意挺红火的，但相对来说规模还是比较小。

然后你期待已久的事情发生了。也许是其中一个营销活动引爆了燃点，也许你的竞争对手变差了，也许最新的功能真的是撒手锏，无论原因如何，业务得到了爆发式的增长。然而，经过短暂的幸福之后，你的痛苦增加了一倍。添加更多的数据库似乎还不够。成倍添加应用服务器似乎不能满足需求。你开始添加缓存，但没什么用。你开始感觉到，每次添加的东西用处也不是很大。成本增加了，需求却还是没能满足。数据库复制速度太慢了。新添加的应用服务器不再发挥那么明显的作用。运营成本以你意料之外的速度飞快地增长，企业和团队的利益受到了损害。你开始意识到，你曾经无比自豪的架构并不能承受这样的负载，但没法拆分它。你没法扩展最需要扩展的部分。你没法重新开始，所能做的就是继续添加东西，尽管带来的好处越来越少。

上述情况很常见。一开始做得好好的系统，当需求增加时可能不再适用。因此，我们要在适可而止原则和长期愿景之间做一个平衡。一方面，我们不可能在刚开始的时候就上一个给大公司用的系统，一是太昂贵，二是当业务量还小的时候也不会发挥太多作用。另一方面，我们不能忽视业务的主要需求。我们需从第一天就开始考虑到扩展。设计可扩展的架构并不意味着从一开始就要有一百台服务器的集群，也并不意味着从一开始就要开发又大又复杂的东西。而是说刚开始的时候系统应该是小的，但是当生意做大了，又很容易扩展。虽然微服务并不是完成这一目标的唯一途径，但它确实是解决这个问题的好方法。贵的不是开发成本，而是运营成本。如果运营做到了自动化，则可以快速消化成本并且不需要对其进行巨额投资。正如你已经看到（并将在接下来的部分看到）的一样，我们有很多优秀的开源工具可以利用。自动化的最大优点是在自动化上花的钱比手动完成维护成本更低。

我们已经在极小的规模上讨论了微服务和自动化部署，现在是时候把这个小规模变成大规模了。在跳入实际部分之前，让我们来探讨一些可能的扩展方法。

我们经常为设计所限，应用程序如何构建，会很大程度地影响我们对扩展方式的选择。在各种不同的扩展方法中，最常见的是**轴向扩展**。

2.2　轴向扩展
Axis Scaling

轴向扩展可以通过三个维度来表示：X 轴、Y 轴和 Z 轴。每个维度表示一种扩展类型（见图 2-1）。

- X 轴：水平复制。
- Y 轴：功能分解。
- Z 轴：数据分片。

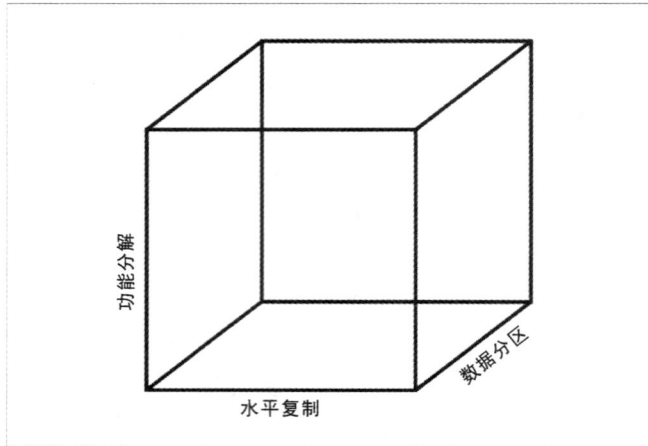

图 2-1 扩展三维图

让我们逐个看看三种扩展方式。

X 轴扩展
X-Axis Scaling

简言之，X 轴扩展通过运行多个应用程序或服务的实例来实现。大多数情况下，上层有一个负载均衡器，使得流量在所有实例之间共享。X 轴扩展的最大优点是简单。我们所要做的就是在多个服务器上部署同一个应用程序。因此，这是最常用的扩展类型。然而，它应用于单体应用时会带来一系列缺陷。大型应用程序通常需要很大的缓存，对内存的需求很高。当这样的应用程序被复制时，所有都会被复制，也包括缓存。

另一个问题往往更为严重：资源的不当使用。性能问题一般不会与整个系统都相关。并不是所有的模块都受到相同的影响，而我们却把所有东西都加以复制。这意味着，即使只有应用的一小块通过复制可以获得更好的性能，我们也不得不复制整个应用。无论应用架构如何，X 轴扩展都是很重要的。主要区别在于这样扩展的效果如何。

在微服务的架构下，与 X 轴扩展方式相比，其他扩展方式有更明显的效果。使用微服务，可以对扩展力度进行精确调整。可能有很多服务的实例都有很沉重的负载，而只有少部分实例使用比较少或需要相对更少的资源。最重要的是，由于它们很小，所以可能永远不会达到服务的限制。大服务器里的小型服务需要接收很多的负载才会出现扩展的需求。扩展微服务更多情况下是为了容错而不是为了提高性能。我们运行多个副本，是为了保证即便其中一个挂了，其他副本也可以立刻接管，直到之前的服务恢复（见图 2-2）。

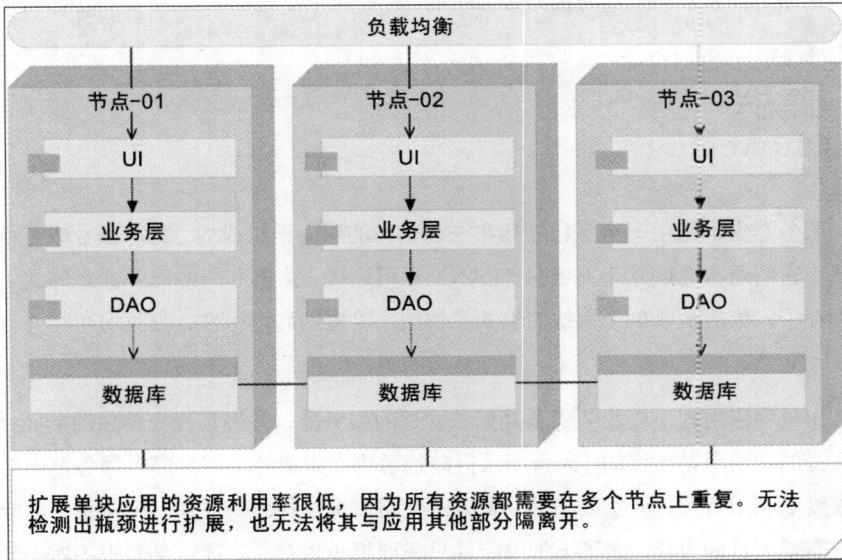

图 2-2 在集群内扩展的单块应用

Y 轴扩展
Y-Axis Scaling

Y 轴扩展就是将应用程序分解为更小的服务。虽然有不同的方法来完成这种分解，但微服务可能是我们可以采取的最好的方法。当与不变性和自给自足性相结合时，确实没有比微服务更好的选择（至少从 Y 轴扩展的角度）。与 X 轴扩展不同，Y 轴扩展不是通过运行同一应用的多个实例，而是通过分布在集群中多个不同的服务来实现的。

Z 轴扩展
Z-Axis Scaling

Z 轴扩展很少应用于应用程序或服务，它主要应用于数据库。这种类型的扩展背后的思想是在多个服务器之间分发数据，从而减少每个服务器需要执行的工作量。数据被分区并分发，以便每台服务器只需处理一部分数据。这种对数据的分离通常称为**分片**，并且有许多专门为此目的而设计的数据库。在 I/O 和缓存以及内存利用率方面，Z 轴扩展的优势最为明显。

2.3　集群
Clustering

服务器集群是由一组互相连接在一起工作的服务器组成的，其可以看成是单个系统。它们通常通过高速局域网（LAN）互相连接。集群和一组服务器之间的主要区别在于，集群是以单个系统的形式工作的，以提供高可用性、负载均衡和并行处理。

如果将应用程序或服务部署到单独管理的服务器，并将其视为单独的单元，那么资源的使用率是次优的，因为无法提前知道哪一组服务部署到哪台服务器上能最大限度地利用资源。更重要的是，资源的使用情况往往会有波动。一些服务可能在早上需要大量的内存，到了下午可能就只需要很少内存了。预定义的服务器不允许我们弹性地、以最好的方式对资源的使用做一个平衡。即使并不需要这么大程度的弹性空间，预定义服务器也容易在出错时产生问题，从而导致我们必须手动将受影响的服务重新部署到能正常工作的结点上，（见图 2-3）。

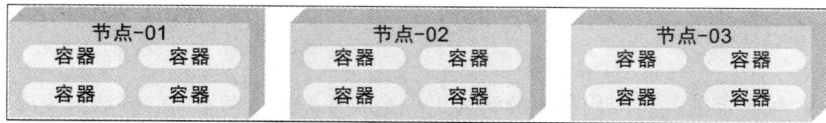

图 2-3　部署到预定义服务器上的容器集群

当我们不再从单个独立的服务器考虑问题而是将所有服务器看成一个整体时，才算是真正实现了集群。从更低层面来讲，可能更容易说明白。当部署应用程序时，我们可能会决定这个应用需要多少内存或 CPU。但是，我们不会决定应用程序将使用哪些内存插槽，哪些 CPU 应该使用哪些内存插槽。例如，我们不会指定某些应用程序应该使用 CPU 4、CPU 5、CPU 7，这样很低效且有潜在的危险。我们只会决定需要三个 CPU。同样，在更高层次上也应该这么做。我们不应该关心应用程序或服务的部署在哪个服务器上，而应该关心它需要什么资源。我们应该能够确定服务有一定的要求，然后让某个工具将它部署到集群中的任何服务器上，只要这个服务器能满足要求。最好的（如果不是唯一的）方法是将整个集群视为一个实体。

我们可以通过添加或删除服务器来增加或减少该集群的容量，且无论我们做什么，它仍然应该是一个实体。我们制定一个策略，然后将服务根据策略部署在集群内的某个地方。那些使用亚马逊网络服务（AWS）、微软 Azure 和 Google Cloud Engine（GCP）等云端服务提供商的用户已经习惯了这种方法，尽管他们可能没有意识到这一点。

在本章的其余部分将探讨如何创建集群，并研究可以帮助我们达成目标的工具。现在将在本地模拟集群，但这并不意味这些方法策略就不能应用于公有或私有云和数据中心（见图 2-4）。

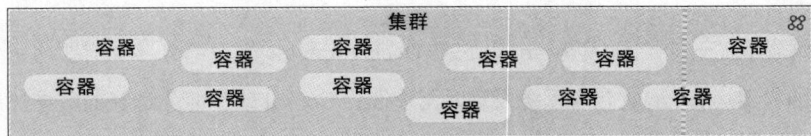

图 2-4　基于预定义策略部署到服务器的容器集群

2.4　Docker Swarm 模式
Docker Swarm Mode

Docker Engine v1.12 于 2016 年 7 月发布，它是 v1.9 以来最重要的版本。从那时候起，我们可以使用 Docker 的网络功能，并最终使容器可以在集群中使用。在 v1.12 中，Docker 正在以一种全新的集群编排方法重塑自己。Swarm 作为一个独立的容器依赖于外部数据注册表，告别它之后，我们迎来了 Docker Swarm 或 Swarm 模式。你需要管理集群的所有工具现在都集成到 Docker Engine 里了。Swarm 有了，服务发现有了，改进之后的网络也有了。Docker Engine 现在整合了我们需要的所有"必要的"工具。

旧版 Swarm（在 Docker v1.12 之前）使用了 fire-and-forget 原理。我们发送一个命令给 Swarm master，它会执行那个命令。例如，如果给它发送像 `docker-compose scale go-demo = 5` 这样的命令，那么旧的 Swarm 会评估集群的当前状态，比如发现当前只有一个实例正在运行，可能会决定再启动四个实例。一旦做出这样的决定，旧的 Swarm 会向 Docker Engine 发送命令。结果，就有五个容器在集群内运行。为了达到这样的效果，我们需要在组成集群的所有节点上设置 Swarm 代理（作为单独的容器），并将它们连接到一个被支持的数据注册中心（Consul、etcd、Zookeeper）。

问题在于旧版 Swarm 只是在执行我们发送的命令，它并没有维护我们想要的状态。实际上我们告诉了它想要做什么（如扩大规模），而不是我们想要的状态（确保有五个实例正在运行）。后来，旧版 Swarm 有了重新安排失败节点容器的功能。但是，该功能有一些问题妨碍了它成为可靠的解决方案（例如，没有把容器从覆盖网络中移除）。

现在有了一个全新版 Swarm，它是 Docker Engine 的一部分（不需要将它作为单独的容器运行），它包含服务发现（无须设置 Consul 或任何你选择的数据注册中心），它一开始就被设计为接受并维护期望的状态，等等。这是我们处理集群编排方式的重大改变。

相比于 Kubernetes，以前我更喜欢旧版 Swarm。然而，这种倾向只是轻微的。使用任何解决方案都有利弊。Kubernetes 具有 Swarm 缺少的一些特性（例如，期望状态的概念），旧版 Swarm 以其简单和资源利用率低而著称。

有了新版 Swarm（v1.12），我就不再犹豫了，新版 Swarm 是比 Kubernetes 更好的选择。它是 Docker Engine 的一部分，因此，所有设置只是告诉引擎加入集群的命令。新的网络功能就像魔法一样。可以用来定义服务的包，可以从 Docker Compose 文件创建，所以不需要维护两套配置（Docker Compose 用于开发，另一套用于编排）。最重要的是，新版 Docker Swarm 依然简单易用。

下面将从版本 1.12 中引入的一些新功能开始介绍。

2.5 搭建一个 **Swarm** 集群
Setting Up a Swarm Cluster

我们将继续使用 Docker Machine，因为它提供了在笔记本电脑上模拟集群的非常方便的方式。三台服务器应该足以展示 Swarm 集群的一些关键特性：

> 本章中的所有命令均可在 `02-docker-swarm.sh` (`https://gist.github.com/vfarcic/750fc4117bad9d8619004081af171896`）Gist 中找到。

```
for i in 1 2 3; do
    docker-machine create -d virtualbox node-$i
done
```

此时，我们有三个节点。请注意，除了 Docker Engine 之外，这些服务器并没有运行任何应用（见图 2-5）。

可以通过执行以下 `ls` 命令来查看节点的状态：

```
docker-machine ls
```

输出如下（为简洁起见，删除了 ERROR 列）：

```
NAME ACTIVE DRIVER     STATE URL                            SWARM DOCKER
node-1 -    virtualbox Running tcp://192.168.99.100:2376 v1.12.1
node-2 -    virtualbox Running tcp://192.168.99.101:2376 v1.12.1
node-3 -    virtualbox Running tcp://192.168.99.102:2376 v1.12.1
```

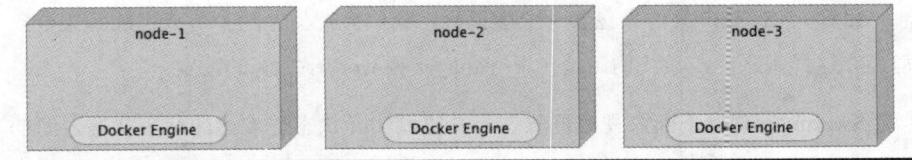

图 2-5 运行 Docker Engine 的机器

在机器的启动和运行之后，我们可以设置 Swarm 集群。

集群设置由两种类型的命令组成。首先需要初始化作为 manager 的第一个节点。请参考如下命令：

```
eval $(docker-machine env node-1)

docker swarm init\
    --advertise-addr $(docker-machine ip node-1)
```

第一行命令用于设置环境变量，以便本地 Docker Engine 指向节点 1；第二行命令用于初始化那台机器上的 Swarm。

我们只为 swarm init 命令指定了一个参数。--advertise-addr 是该节点将暴露给其他节点进行内部通信的地址。

swarm init 命令的输出如下所示：

```
Swarm initialized: current node (1o5k7hvcply6g2excjiqqf4ed) is now a manager.

To add a worker to this swarm, run the following command:
    docker swarm join \
--token SWMTKN-1-3czblm3rypyvrz6wyijsuwtmk1ozd7giqip0m \
6k0b3hllycgmv-3851i2gays638e7unmp2ng3az \
192.168.99.100:2377

To add a manager to this swarm, run the following command:
    docker swarm join \
--token SWMTKN-1-3czblm3rypyvrz6wyijsuwtmk1ozd7giqi \
p0m6k0b3hllycgmv-6oukeshmw7a295vudzmo9mv6i \
192.168.99.100:2377
```

由以上代码可以看到，该节点现在是一个 manager，并且已经获得了可用于将其他节点添加到集群的命令。作为提高安全性的一种方法，只有当新节点包含 Swarm 初始化时生成的令牌时，才能将新节点添加到集群中。该令牌是作为 docker swarm init 命令的结果打印出来的。你可以复制粘贴输出中的代码或使用 join-token 命令，我们将使用后者。

目前，Swarm 集群只包含一个虚拟机，我们会把另外两个节点添加到集群，但是在这样做之前，让我们讨论一下 manager 和 worker 之间的区别。

Swarm 管理器不断监视集群状态，并协调实际状态与表达的期望状态之间的任何差异。例如，如果你设置了一个服务需要运行一个容器的十个副本，并且一个工作机承载的其中两个副本崩溃了，那么管理器将创建两个新副本来替换失败的副本。

Swarm 管理器为正在运行且可用的工作机分配新的副本，管理器也可以作为一台工作机来使用。

通过执行 swarm join-token 命令，可以得到向集群添加其他节点所需的令牌。

获取用于添加管理器的令牌的命令如下所示：

```
docker swarm join-token -q manager
```

同样，为了得到添加工作机的令牌，将运行以下命令：

```
docker swarm join-token -q worker
```

这两种情况下都会得到很长的哈希字符串。工作机令牌的输出如下所示：

```
SWMTKN-1-3czblm3rypyvrz6wyijsuwtmk1ozd7giqip0m6k0b3hll \
ycgmv-3851i2gays638\
e7unmp2ng3az
```

请注意，此令牌是在笔者的机器上生成的，在你的机器上它会有所不同。

让我们将令牌放入环境变量中，并将其他两个节点添加为工作机：

```
TOKEN=$(docker swarm join-token -q worker)
```

现在使用令牌变量，可以发出以下命令：

```
for i in 2 3; do
eval $(docker-machine env node-$i)

  docker swarm join \
    --token $TOKEN \
    --advertise-addr $(docker-machine ip node-$i) \
    $(docker-machine ip node-1):2377
done
```

刚刚运行的命令遍历节点 2 和节点 3，并执行 swarm join 命令。我们设置了令牌、广播地址和管理器的地址。结果，两台机器作为工作者加入了集群。可以通过给 node-1 节点发送 node ls 命令来确认：

```
eval $(docker-machine env node-1)

docker node ls
```

node ls 命令的输出如下所示：

```
ID                          HOSTNAME   STATUS   AVAILABILITY   MANAGER STATUS
3vlq7dsa8g2sqkp6vl911nha8   node-3     Ready    Active
6cbtgzk19rne5mzwkwugiolox   node-2     Ready    Active
b644vkvs6007rpjre2bfb8cro*  node-1     Ready    Active         Leader
```

星号表示当前正在使用的节点，MANAGER STATUS 表明 node-1 是 leader（见图 2-6）。

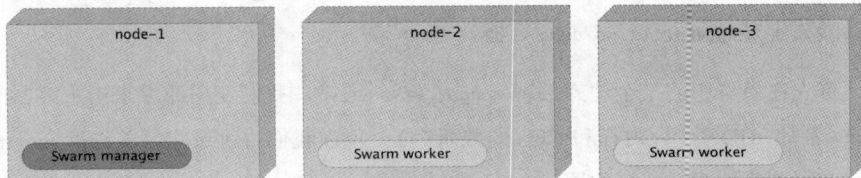

图 2-6 三节点的 Docker Swarm 集群

在生产环境中，我们可能会将多个节点设置为管理器，这样，如果其中一个节点失败，则可避免整个部署停机。对于当前演示的目的，有一个管理器应该就够了。

2.6 在 Swarm 集群上部署服务
Deploying Services to the Swarm Cluster

在部署演示服务之前，我们应该创建一个新的网络，以便构成服务的所有容器都可以相互通信，而不用关心它们部署在哪个节点上：

```
docker network create --driver overlay go-demo
```

第 3 章将更详细地探讨网络。现在只讨论在 Swarm 集群内有效部署服务所需的内容。

可以使用以下命令检查所有网络的状态：

```
docker network ls
```

network ls 命令的输出如下所示：

```
NETWORK ID      NAME              DRIVER    SCOPE
e263fb34287a    bridge            bridge    local
c5b60cff0f83    docker_gwbridge   bridge    local
8d3gs95h5c5q    go-demo           overlay   swarm
4d0719f20d24    host              host      local
eafx9zd0czuu    ingress           overlay   swarm
81d392ce8717    none              null      local
```

正如你所看到的，我们有两个 swarm 范围内的网络。当我们设置集群时，默认会创建一个名为 ingress 的网络。第二个 go-demo 网络是使用 network create 命令创建的，我们会把构成 go-demo 服务的所有容器分配给该网络。

第 3 章将深入讨论 Swarm 网络。现在只需要知道属于同一网络的所有服务都可以自由通信就够了。

go-demo 应用程序需要两个容器，数据将存储在 MongoDB 容器中，使用该 DB 的后端被定义为 vfarcic/go-demo 容器。

首先在集群中的某个地方部署 mongo 容器。通常，我们使用约束来指定容器的需求（例如，HD 类型、内存和 CPU 的数量等）。现在我们将跳过它，并告诉 Swarm 将其部署到集群中的任何位置：

```
docker service create --name go-demo-db \
    --network go-demo \
```

```
mongo:3.2.10
```

请注意，我们没有指定 Mongo 监听 27017 的端口。这意味着除了属于同一个 go-demo 网络的其他服务以外，任何人都无法访问该数据库。

正如你所看到的，使用服务创建的方式类似于你已经习惯的 Docker run 命令。

我们可以列出所有正在运行的服务：

```
docker service ls
```

你会看到 REPLICAS 列的值为 0 或 1，这取决于 service create 命令和 service ls 命令之间经过时间的长短。创建服务后这个值应为 0/1，这意味着有 0 个副本正在运行，而期望是有 1 个。一旦 mongo 镜像被拉取到且容器正在运行，值应该就变为 1/1。

service ls 命令的最终输出应如下所示（为简洁起见，删除了 ID）：

```
NAME           MODE           REPLICAS   IMAGE
go-demo-db     replicated     1/1        mongo:3.2.10
```

如果需要更多关于 go-demo-db 服务的信息，则可以运行 service inspect 命令：

```
docker service inspect go-demo-db
```

现在数据库正在运行，我们可以部署 go-demo 容器：

```
docker service create --name go-demo \
  -e DB=go-demo-db\
  --network go-demo \
  vfarcic/go-demo:1.0
```

这个命令没有什么新鲜之处，该服务将被添加到 go-demo 网络，环境变量 DB 是 go-demo 服务的内部需求，它告诉代码数据库的地址。

此时，我们有两个容器（mongo 和 go-demo）在集群内部运行，并通过 go-demo 网络相互通信。请注意，它们都不能从这个网络之外访问。此时，你的用户无法访问服务 API。我们很快会更详细地讨论这个问题。在此之前，我只给你一个提示：你需要一个能够使用新版 Swarm 网络的反向代理。

让我们再次运行 service ls 命令：

```
docker service ls
```

在 go-demo 服务被拉到目标节点之后的结果应该如下（为简洁起见，删除了 ID）：

```
NAME        MODE           REPLICAS   IMAGE
go-demo     replicated     1/1        vfarcic/go-demo:1.0
```

```
go-demo-db replicated        1/1              mongo:3.2.10
```

如你所见，这两种服务都以单个副本的形式运行，如图 2-7 所示。

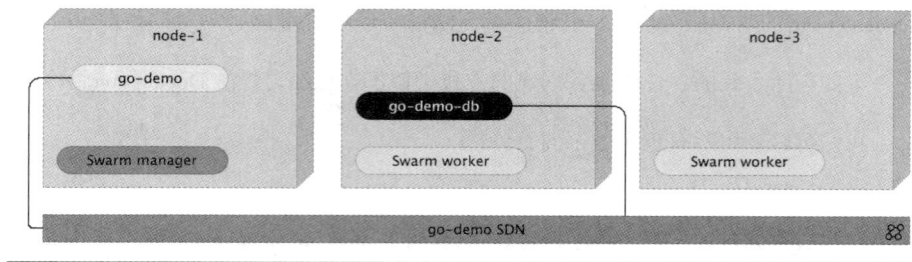

图 2-7 通过 go-demo SDN 通信的 Docker Swarm 集群容器

如果想扩展其中一个容器，会发生什么？如何扩展我们的服务？

2.7 扩展服务
Scaling Services

对于任何给定的服务，我们应该始终运行至少两个实例。这样它们可以分担负载，如果其中一个实例失败，也不会出现停机。我们将很快探索 Swarm 的故障转移功能，并把负载均衡留到第 3 章。

例如，可以告诉 Swarm，我们想运行 5 个 go-demo 服务的副本：

```
docker service scale go-demo=5
```

通过 service scale 命令，我们安排了 5 个副本。Swarm 将确保 5 个 go-demo 实例在集群内的某个地方运行。

可以通过已经熟悉的 service ls 命令来确认确实有 5 个副本正在运行：

```
docker service ls
```

输出如下（为简洁起见，删除了 ID）：

```
NAME        MODE         REPLICAS   IMAGE
go-demo     replicated   5/5        vfarcic/go-demo:1.0
go-demo-db  replicated   1/1        mongo:3.2.10
```

正如我们所看到的，go-demo 服务的 5 个 REPLICAS 都正在运行。

service ps 命令提供有关单个服务的更多详细信息：

```
docker service ps go-demo
```

输出如下（为简洁起见，删除了 IDs 和 ERROR PORTs 列）：

```
NAME        IMAGE               NODE    DESIRED STATE  CURRENT STATE
go-demo.1   vfarcic/go-demo:1.0 node-3 Running        Running 1 minute ago
go-demo.2   vfarcic/go-demo:1.0 node-2 Running        Running 51 seconds ago
go-demo.3   vfarcic/go-demo:1.0 node-2 Running        Running 51 seconds ago
go-demo.4   vfarcic/go-demo:1.0 node-1 Running        Running 53 seconds ago
go-demo.5   vfarcic/go-demo:1.0 node-3 Running        Running 1 minute ago
```

我们可以看到，go-demo 服务运行了分布在 3 个节点上的 5 个实例。由于它们都属于同一个 go-demo SDN，因此无论它们在集群内运行的位置如何，它们都可以相互通信（见图 2-8）。与此同时，它们都不能从外部访问：

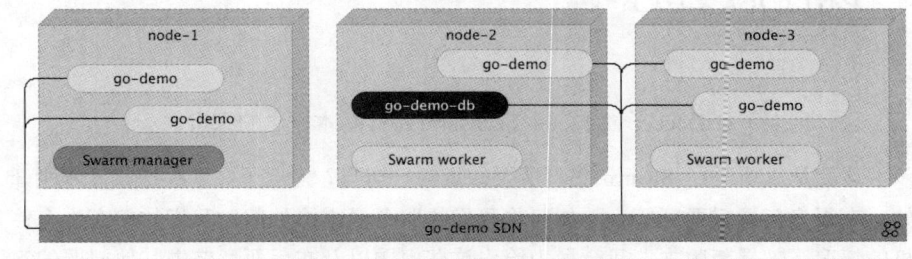

图 2-8 go-demo 服务扩展到 5 个副本的 Docker Swarm 集群

如果其中一个容器停机或整个节点失败会发生什么？毕竟进程和节点迟早会失败，没有什么万无一失，我们需要为这种情况做好准备。

2.8 故障转移
Failover

幸运的是，故障转移策略是 Docker Swarm 的一部分。请记住，当执行一个服务命令时，我们并没有告诉 Swarm 该做什么，而是告诉我们所期望的状态。反过来，无论发生什么事情，Swarm 将尽最大努力维持指定的状态。

为了测试故障情况，将销毁其中一个节点：

```
docker-machine rm -f node-3
```

Swarm 需要一段时间才能检测到节点已停机，一旦检测到，它就重新安排容器。可以通过 service ps 命令来监视状况：

```
docker service ps go-demo
```

（重新调度后的）输出如下（为简洁起见，删除了 ID）：

```
NAME            IMAGE                 NODE    DESIRED STATE   CURRENT STATE              \ERROR PORTS
go-demo.1       vfarcic/go-demo:1.0   node-2  Running         Running 13 seconds ago
_ go-demo.1     vfarcic/go-demo:1.0   node-3  Shutdown        Running about a minute ago
go-demo.2       vfarcic/go-demo:1.0   node-2  Running         Running about a minute ago
go-demo.3       vfarcic/go-demo:1.0   node-2  Running         Running about a minute ago
go-demo.4       vfarcic/go-demo:1.0   node-1  Running         Running about a minute ago
go-demo.5       vfarcic/go-demo:1.0   node-1  Running         Running 13 seconds ago
_ go-demo.5     vfarcic/go-demo:1.0   node-3  Shutdown        Running about a minute ago
```

如你所见，在短时间内，Swarm 会在正常节点（节点 1 和节点 2）之间重新安排容器，并将故障节点上正在运行的节点的状态更改为 Shutdown。如果你的输出仍显示某些实例正在节点 3 上运行，请稍等片刻，然后重复 service ps 命令。

2.9 现在怎么办
What Now?

这就结束了对 Docker v1.12 +中新 Swarm 特性基本概念的探索。

这就是成功运行 Swarm 集群所要知道的一切吗？差远了！现在探索才刚刚开始。有很多问题需要回答——如何将我们的服务暴露给外部？我们如何在没有停机的情况下部署新版本？我会尽力给出这些问题以及在后面章节中其他问题的答案。第 3 章将致力于探索我们可以向外部提供服务的方式。我们尝试将代理与 Swarm 集群集成。为此，还需要深入探索 Swarm 网络。

在深入第 3 章之前，现在是休息的时候了。像以前一样，我们会销毁创建的机器并重新开始：

```
docker-machine rm -f node-1 node-2
```

第 3 章

Docker Swarm 网络和反向代理
Docker Swarm Networking and Reverse Proxy

对于大多数人来说，为家庭购买一台计算机最吸引人的原因是将其连接到全国范围内的通信网络。这将是一项真正意义非凡的突破——就像电话一样，我们正处于起步阶段。

——史蒂夫·乔布斯

软件定义网络（Software-Defined Network，SDN）是高效集群管理的基石。没有它，跨集群分布的服务将无法找到彼此。

基于静态配置的代理不适合高度动态调度的世界。服务不断被创建、更新，在集群各处移动、缩放等。在这种情况下，信息一直在变化。

可以采取的一种方式是使用代理作为中心通信节点，并通过它让所有服务相互交流。这样的配置要求我们不断监视集群中的更改并相应地更新代理。为了简单起见，监视过程可能会使用其中一个服务注册表存储信息。并且每当检测到注册表中的更改时，该模板解决方案都会更新代理配置。正如你所想象的那样，构建这样一个系统绝非易事。

幸运的是，Swarm 具有全新的网络功能。简言之，我们可以创建网络并将其附加到服务上。属于同一网络的所有服务只能使用服务的名称相互通信。甚至更进一步，如果我们扩展服务的规模，Swarm 网络将采用时间片轮询负载均衡策略并将请求分发到所有实例。即使这还不够，我们还有一个支持 routing mesh 的名为 ingress 的网络，它具有所有这些功能和一些附加功能。

Swarm 网络的高效使用只靠它本身是不够的，还需要一个反向代理，它将成为外部世界和我们服务之间的桥梁。除非有特殊需求，代理不需要执行负载均衡（Swarm 网络为我们做这些）。但是，它确实需要评估请求路径并将请求转发到目标服务。即使在这种情况下，Swarm 网络也大有裨益。一旦我们了解 networking 如何工作并充分利用其潜力，配置反向代理就会相对容易。

让我们看看实践中的 networking。

3.1 搭建一个集群
Setting Up a Cluster

我们将创建一个与第 2 章中类似的环境。

下面将由三个节点组成 Swarm 集群。

本章中的所有命令均可在 03-networking.sh（https://gist.github.com/vfarcic/ fd7d7e04e1133fc3c90084c4c1a919f）Gist 中找到。

你现在已经知道如何搭建集群，我们不再进行说明直接执行下面的操作：

```
for i in 1 2 3; do
    docker-machine create -d virtualbox node-$i
done

eval $(docker-machine env node-1)

docker swarm init \
    --advertise-addr $(docker-machine ip node-1)

TOKEN=$(docker swarm join-token -q worker)

for i in 2 3; do
eval $(docker-machine env node-$i)

    docker swarm join \
        --token $TOKEN \
```

```
        --advertise-addr $(docker-machine ip node-$i) \
        $(docker-machine ip node-1):2377
done

eval $(docker-machine env node-1)

docker node ls
```

最后一个命令 node ls 的输出如下（为了简洁起见，删除了 ID）：

```
HOSTNAME   STATUS   AVAILABILITY   MANAGER STATUS
node-2     Ready    Active
node-1     Ready    Active         Leader
node-3     Ready    Active
```

正如你所看到的，我们有一个包含三个节点的集群，node-1 是唯一的管理者（因此也是领导者）。

现在我们拥有一个完全运行的集群，可以探索 Docker 网络与 Swarm 结合带来的优势。在第 2 章中我们已经使用了 Swarm 网络。现在是时候更深入、更仔细地了解我们已经看到的现象，并解锁一些新的功能和用例。

3.2　以高可用性运行安全的和容错的服务需求
Requirements of Secured and Fault Tolerant Services Running with High Availability

让我们快速浏览 go-demo 应用的内部。它由两个服务组成，数据存储在 MongoDB 数据库中，并被名为 go-demo 的后端服务使用。没有其他服务可以直接访问数据库。如果另一个服务需要这些数据，则它应该向 go-demo 服务发送一个请求。这样就有了明确的界限。数据由 go-demo 服务拥有和管理，它公开的 API 是数据的唯一访问点。

系统应该能够托管多个应用，每个应用有一个唯一的基 URL。例如，go-demo 的路径以/demo 开头。其他应用也有不同的路径（例如，/users、/products 等）。系统只能通过端口 80 进行 HTTP 访问和端口 443 进行 HTTPS 访问。注意不能有两个进程同时监听同一个端口。也就是说，只能配置一个服务监听 80 端口。

为了能够应对负载波动并有效地使用资源，我们必须能够相互独立地缩放每个服务。对任何服务的任何请求都应经过负载均衡器，负载均衡器将负载分配到所有实例。任何时刻任何服务至少要有两个实例在运行。这样，即使在其中一个实例停止工作的情况下，也可以实现高可用。我们甚至应该瞄准更高的目标以确保即使整个节点发生故障，也不会中断整个系统。为了满足性能和故障转移需求，服务应该分布在整个集群。

我们将临时打破一下每个服务都应该运行多个实例的规定。Mongo 的卷不适用于 OS X 系统和 Windows 系统上的 Docker Machine。稍后，当我们到了指导如何在主流托管商（例如，AWS）内部进行生产设置的章节时会排除这个例外，并确保数据库也配置为使用多个实例运行。

考虑好这一切之后，可以提出以下要求。

（1）**负载均衡器**将在任何给定服务（包括**代理**）的所有实例上均匀地（时间片轮转）分配请求。它应该是容错的并且不依赖于任何单个节点。

（2）反向代理将负责根据基 URL 来路由请求。

（3）go-demo 服务能够与 go-demo-db 服务自由通信，并且只能通过反向代理访问。

（4）数据库只能够被其从属的 go-demo 服务访问，与其他的服务都是隔离开来的。

我们将要完成的逻辑架构如图 3-1 所示。

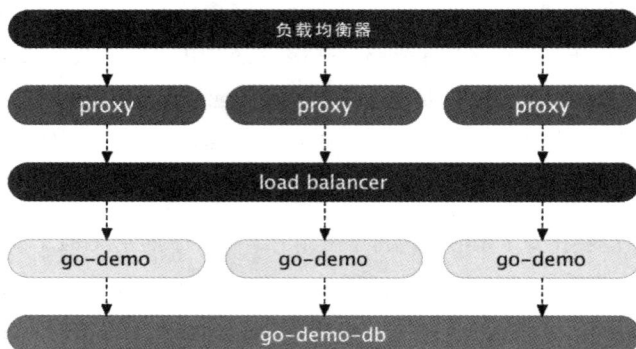

图 3-1　go-demo 服务的逻辑架构

如何满足这些需求呢？

让我们自底向上逐一解决这四个需求。

要解决的第一个问题是，如何运行一个除了其所属服务外与其他所有服务都隔离开来的数据库。

3.3　隔离数据库的运行
Running a Database in Isolation

可以通过不暴露其端口来隔离数据库服务。这可以通过 service create 命令轻松完成：

```
docker service create --name go-demo-db\
    mongo:3.2.10
```

可以通过检查服务来确认端口确实没有暴露：

```
docker service inspect --pretty go-demo-db
```

输出如下：

```
ID:                rcedo70r2f1njpm0eyb3nwf8w
Name:              go-demo-db
Service Mode:      Replicated
 Replicas:         1
Placement:
UpdateConfig:
 Parallelism:      1
 On failure:       pause
 Max failure ratio: 0
ContainerSpec:
 Image: mongo:3.2.10@sha256:532a19da83ee0e4e2a2ec6bc4212fc4af\
26357c040675d5c2629a4e4c4563cef
Resources:
Endpoint Mode:  vip
```

正如你所看到的，输出里面没有提及任何端口。我们的 go-demo-db 服务完全隔离，任何人都无法访问。我们希望该服务与其他服务隔离开来，但 go-demo 除外。可以通过使用 Docker Swarm networking 来实现这一点。

让我们删除创建的服务并重新开始：

```
docker service rmgo-demo-db
```

这次应该创建一个网络并确保 go-demo-db 服务已经连接到它：

```
docker network create --driver overlay go-demo

docker service create --name go-demo-db\
    --network go-demo \
    mongo:3.2.10
```

我们创建了一个名为 go-demo 的 overlay 网络，然后是 go-demo-db 服务。这次我们使用--network 参数将服务连接到网络上。从现在开始，所有连接到 go-demo 网络的服务都可以互相访问。

让我们检查服务并确认它连接到了网络上：

```
docker service inspect --pretty go-demo-db
```

service inspect 命令的输出如下：

```
ID:              ktrxcgp3gtszsjvi7xg0hmd73
Name:            go-demo-db
Service Mode:    Replicated
 Replicas:       1
Placement:
UpdateConfig:
 Parallelism:    1
 On failure:     pause
 Max failure ratio: 0
ContainerSpec:
 Image:
mongo:3.2.10@sha256:532a19da83ee0e4e2a2ec6bc4212fc4af26357c040675d
5c2629a4e4c4563cef
Resources:
Networks:        go-demo
Endpoint Mode:   vip
```

正如你所看到的，这一次有一个 Networks 条目，它的值被设置为我们之前创建的 go-demo 网络的 ID。

让我们确认网络确实有效。为了证明它，下面将创建一个名为 util 的全局服务：

```
docker service create --name util \
    --network go-demo --mode global \
    alpine sleep 1000000000
```

就像 go-demo-db 一样，util 服务也连上了 go-demo 网络。

这里用到了一个新参数--mode，当设置为 global 时，服务将在集群的所有节点上运行。当我们想要建立跨越整个集群的基础设施服务时，这是一个非常有用的功能。

可以通过执行 service ps 命令来确认它到处都在运行：

```
docker service ps util
```

输出如下（为简洁起见，删除了 IDs 和 ERROR PORTS 列）：

```
NAME        IMAGE           NODE      DESIRED STATE   CURRENT STATE
util...     alpine:latest   node-1    Running         Running 6minutes ago
util...     alpine:latest   node-3    Running         Running 6minutes ago
util...     alpine:latest   node-2    Running         Running 6minutes ago
```

如你所见，util 服务运行在所有的三个节点上。

我们正在运行 alpine 镜像（一个微小的 Linux 发行版），并让它休眠了很长时间。否则，由于没有进程正在运行，服务将会停止，然后 Swarm 会重新启动它，它会再次停止，一直这么下去。

util 服务的目的是展示我们正在探索的一些概念。我们用 exec 进入其中并确认 networking 确实生效了。

要进入 util 容器，需要找出运行在 node-1（本地 Docker 指向的节点）上的实例 ID：

```
ID=$(docker ps -q --filter label=com.docker.swarm.service.name=util)
```

ps 命令的静默模式列出了所有进程，以便仅返回 IDs(-q)，并将结果限制到服务名称 util：

```
--filter label=com.docker.swarm.service.name=util
```

结果被存储为环境变量 ID。

我们将安装一个名为 drill 的工具，它是一个用于从 DNS 获取各种信息的工具，并且很快就会派上用场：

```
docker exec-it $ID apk add--update drill
```

Alpine Linux 使用称为 apk 的包管理，我们利用其添加 drill 工具。

现在可以看到网络是否真的有效。由于 go-demo-db 和 util 服务都属于同一个网络，因此它们应该能够使用 DNS 名称相互通信。任何时候将服务连接到网络上，都会创建一个新的虚拟 IP 以及与该服务名称匹配的 DNS。

让我们试试看如下：

```
docker exec -it $ID drill go-demo-db
```

我们进入到 util 服务的一个实例并"试验"DNS go-demo-db。输出如下：

```
;; ->>HEADER<<- opcode: QUERY, rcode: NOERROR, id: 5751
;; flags: qr rd ra ; QUERY: 1, ANSWER: 1, AUTHORITY: 0, ADDITIONAL: 0
;; QUESTION SECTION:
;; go-demo-db.    IN    A

;; ANSWER SECTION:
go-demo-db.    600   IN    A    10.0.0.2

;; AUTHORITY SECTION:

;; ADDITIONAL SECTION:

;; Query time: 0 msec
;; SERVER: 127.0.0.11
;; WHEN: Thu Sep 1 12:53:42 2016
;; MSG SIZE rcvd: 54
```

响应代码为 NOERROR，ANSWER 为 1 表示 DNS go-demo-db 响应正确，它是可以访问的。

我们也可以观察到 go-demo-db DNS 与 IP 10.0.0.2 相关联。连接到网络的每个服务都会得到其 IP。请注意，我说的是服务，而不是实例。这是一个巨大的区别，我们将在稍后探讨。目前，重要的是要知道属于同一网络的所有服务都可以通过服务名称访问，如图 3-2 所示。

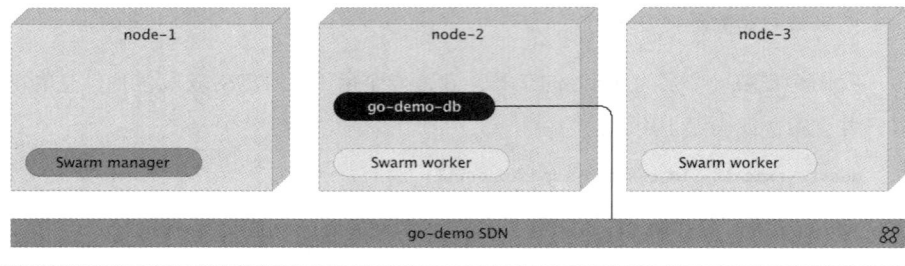

图 3-2　连接到 go-demo 网络的 go-demo-db 服务

让我们回头来看看这些需求。

3.4 通过反向代理运行服务
Running a Service Through a Reverse Proxy

我们希望 go-demo 服务能够与 go-demo-db 服务自由通信，并且只能通过反向代理访问。我们已经知道如何完成第一部分，所要做的就是确保两个服务都属于同一个网络 go-demo。

如何才能完成与反向代理的整合？

我们可以从创建一个新网络开始，并将其连接到所有要通过反向代理访问的服务：

```
docker network create --driver overlay proxy
```

我们列出当前正在运行的 overlay 覆盖网络：

```
docker network ls -f "driver=overlay"
```

输出如下：

```
NETWORK ID      NAME     DRIVER  SCOPE
b17kzasd3gzu    go-demo  overlay swarm
0d7ssryojcyg    ingress  overlay swarm
9e4o7abyts0v    proxy    overlay swarm
```

这里有之前创建的 go-demo 网络和 proxy 网络。第三个称为 ingress，它是一个默认设置，稍后将探讨其特殊用途。

现在已经准备好运行 go-demo 服务了。我们希望它能够与 go-demo-db 服务进行通信，因此它必须连接到 go-demo 网络。我们也希望它能够被代理（马上会创建它）访问，所以也将它连接到代理网络。

创建 go-demo 服务的命令如下：

```
docker service create --name go-demo \
    -e DB=go-demo-db\
    --network go-demo \
    --network proxy \
    vfarcic/go-demo:1.0
```

这与我们在第 2 章中执行的命令非常相似，只是增加了 --network proxy 参数，如图 3-3 所示。

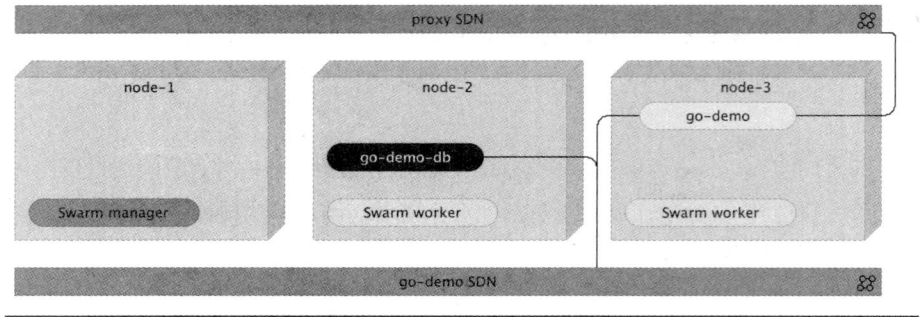

图 3-3 运行有三个节点、两个网络和几个容器的 Docker Swarm 集群

现在两个服务都在集群内的某个地方运行，并且可以通过 go-demo 网络相互通信。现在把代理加进来，并将使用 Docker Flow Proxy（https://github.com/vfarcic/docker-flow-proxy）项目，它在 HAProxy（http://www.haproxy.org/）上添加了一些使其更加动态的附加功能。不管你选择哪种工具，我们探索的原则都是一样的。

请注意，目前，除了那些连接到同一网络的服务外，其他任何服务都无法访问。

3.5 创建一个反向代理服务负责根据基 URL 路由请求
Creating a Reverse Proxy Service in Charge of Routing Requests Depending on Their Base URLs

可以通过多种方式实现反向代理。一种方法是基于 HAProxy 创建一个新的镜像（https://hub.docker.com/_/haproxy/）并在其中包含配置文件。如果不同服务的数量相对稳定，那么这将是一个好办法。否则，每次有新服务（不是新版本）时，我们都要使用新配置创建新的镜像。

第二种方法是公开一个卷，这样在需要时可以修改配置文件，而不用构建一个全新的镜像。然而，这也有不利之处，当部署到集群时，我们应该避免在不必要时使用卷。正如你很快就会看到的，代理正是不需要卷的情况之一。顺带说一下，--volume 已被替换为 docker service 的--mount 参数。

第三个选择是使用一个专门设计用于 Docker Swarm 的代理。在这种情况下，我们将使用容器 vfarcic/docker-flow-proxy（https://hub.docker.com/r/vfarcic/docker-flow-proxy/）。它基于 HAProxy，并具有额外的功能可以让我们通过发送 HTTP 请求对其进行重新配置。

让我们试试看。

创建代理服务的命令如下所示：

```
docker service create --name proxy \
    -p 80:80 \
    -p 443:443 \
    -p 8080:8080 \
    --network proxy \
    -e MODE=swarm\
    vfarcic/docker-flow-proxy
```

我们打开了 80 端口和 443 端口，它们将用于 Internet 流量（HTTP 和 HTTPS）。第三个端口是 8080，我们将使用它来向代理发送配置请求。然后将其指定到 Proxy 网络，这样，由于 go-demo 也连接到同一个网络，所以代理就可以通过 proxy-SDN 访问它。

通过刚刚运行的**代理**，可以观察到网络的 routing mesh 有一个很酷的功能。proxy 运行在哪个服务器上无关紧要，我们可以向任何节点发送请求，Docker 网络可确保将其重定向到其中一个代理上。我们很快就会看到这一点。

最后一个参数是环境变量 MODE，它可以告诉代理将容器部署到 Swarm 集群（见图 3-4）。有关其他参数组合，请参阅项目 README（https://github.com/vfarcic/docker-flow-proxy）。

请注意，虽然代理运行在其中一个节点内部，图 3-4 中还是被放在外面以更好地说明逻辑上的隔离性。

在继续之前，让我们确认代理正在运行。

```
docker service ps proxy
```

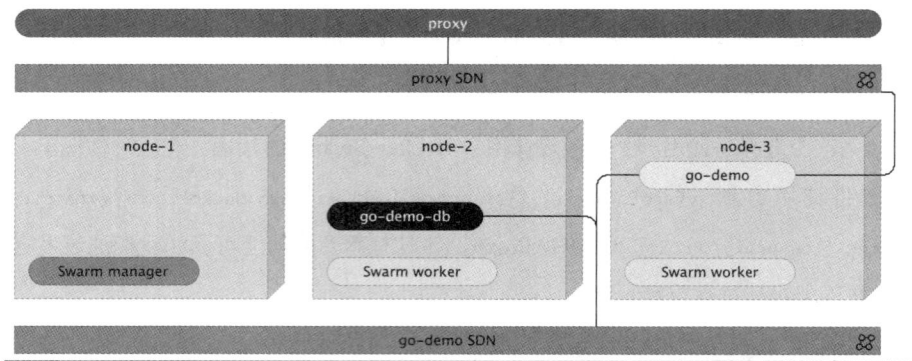

图 3-4 使用代理服务的 Docker Swarm 集群

如果 CURRENT STATE 是 Running，那么可以继续。否则，请等到服务启动并运行。

现在代理部署好了，下面应该让它知道 go-demo 服务的存在：

```
curl "$(docker-machine ip node-1):8080/v1/docker-flow-\
proxy/reconfigure?serviceName=go-demo&servicePath=/demo&port=8080"
```

发送上面的请求以重新配置代理并指定服务名称 go-demo、API 的基 URL 路径 /demo 以及服务的内部端口号 8080。从现在起，所有发送到代理的以/demo 开头的请求将被重定向到 go-demo 服务。这个配置请求是 Docker Flow Proxy 在 HAProxy 之上提供的附加功能之一。

请注意，我们把请求发送到了 node-1。代理服务有可能运行在任何一个节点内部，可请求还是成功了，这就是 Docker 的 routing mesh 起关键作用的地方。稍后我们会更详细地探讨它。现在需要注意的是，我们可以向任何节点发送请求，请求将会被重定向到监听同一端口（本例中为 8080）的服务上。

请求的输出如下（格式化以提高可读性）：

```
{
    "Mode": "swarm",
    "Status": "OK",
    "Message": "",
    "ServiceName": "go-demo",
    "AclName": "",
    "ConsulTemplateFePath": "",
    "ConsulTemplateBePath": "",
```

```
    "Distribute": false,
    "HttpsOnly": false,
    "HttpsPort": 0,
    "OutboundHostname": "",
    "PathType": "",
    "ReqMode": "http",
    "ReqRepReplace": "",
    "ReqRepSearch": "",
    "ReqPathReplace": "",
    "ReqPathSearch": "",
    "ServiceCert": "",
    "ServiceDomain": null,
    "SkipCheck": false,
    "TemplateBePath": "",
    "TemplateFePath": "",
    "TimeoutServer": "",
    "TimeoutTunnel": "",
    "Users": null,
    "ServiceColor": "",
    "ServicePort": "",
    "AclCondition": "",
    "FullServiceName": "",
    "Host": "",
    "LookupRetry": 0,
    "LookupRetryInterval": 0,
    "ServiceDest": [
        {
            "Port": "8080",
            "ServicePath": [
                "/demo"
            ],
            "SrcPort": 0,
            "SrcPortAcl": "",
            "SrcPortAclName": ""
        }
    ]
}
```

这里不会详细解释，只需要注意 Status 是 OK，表示代理已正确重新配置。

可以通过发送一个 HTTP 请求来测试代理确实如预期的那样工作：

```
curl -i "$(docker-machine ip node-1)/demo/hello"
```

curl 命令的输出如下。

```
HTTP/1.1 2000K
Date: Thu, 01 Sep 2016 14:23:33 GMT
Content-Length:14
```

```
Content-Type:text/plain;charset=utf-8

hello, world!
```

代理有效！它响应 HTTP 状态码 200 并返回 API 响应 hello，world！。如前所述，请求不一定发送到承载服务的节点，而是发送到将其转发给代理的 routing mesh。

作为一个例子，让我们发送相同的请求，但是这次发送到 node-3：

```
curl -i "$(docker-machine ip node-3)/demo/hello"
```

结果仍然是一样的。

我们来探讨一下代理生成的配置，它会让我们更深入地了解 DockerSwarm 网络的内部运作原理，还有一个好处，如果你选择自己给出代理方案，那么理解如何配置代理并利用新的 Docker 网络特性可能会很有用。

首先看下 Docker Flow Proxy（https://github.com/vfa rcic / docker-flow-proxy）为我们创建的配置。可以通过进入正在运行的容器查看文件/cfg/haproxy.cfg。问题是找到一个 Docker Swarm 运行的容器有点棘手。如果使用 Docker Compose 进行部署，那么容器名称则是可预测的，它会使用<PROJECT> _ <SERVICE> _ <INDEX>的格式。

docker service 命令运行的容器都有一个 hash 名称。在我的笔记本电脑上创建的 docker-flow-proxy 名称是 proxy.1.e07jvhdb9e6s76mr9ol41u4sn。因此，为了进入使用 Docker Swarm 部署的正在运行的容器，我们需要使用一个带有镜像名称的过滤器。

首先要找出代理运行在哪个节点上，执行以下命令：

```
NODE=$(docker service ps proxy |tail -n +2 | awk '{print $4}')
```

我们列出了代理服务进程（docker service ps proxy）删除首行（tail-n+2），并输出位于第四列的 node 名称，awk'{print $4}'。输出被存入环境变量 NODE 中。

现在可以将本地 Docker Engine 指向代理所在的节点：

```
eval $(docker-machine env $NODE)
```

最后，唯一剩下的就是找到代理容器的 ID。可以使用下面的命令：

```
ID=$(docker ps -q\
    --filter label=com.docker.swarm.service.name=proxy)
```

现在容器 ID 已经存储在变量中，可以执行查看 HAProxy 配置的命令：

```
docker exec-it\
$ID cat/cfg/haproxy.cfg
```

配置的重要部分如下：

```
frontend services
   bind  *:80
   bind  *:443
   mode  http

   acl url_go-demo8080 path_beg /demo
   use_backend go-demo-be8080 if url_go-demo8080

backend go-demo-be8080
   mode http
   server go-demo go-demo:8080
```

第一部分 frontend 对使用过 HAProxy 的人应该很熟悉。它接受端口 80 HTTP 和 443 HTTPS 上的请求。如果路径以 /demo 开头，它将被重定向到后端 go-demo-be。在它内部，请求被发送到地址 go-demo 的 8080 端口上。该地址与我们部署的服务的名称相同。由于 go-demo 与代理属于同一网络，因此 Docker 将确保请求被重定向到目标容器。很简洁是不是？不再需要指定 IP 和外部端口。

接下来的问题是如何进行负载均衡。我们应该如何指定代理对所有实例执行，比如，时间片轮转法？我们是否应该使用代理来完成这样的任务？

3.6 对一个服务的所有实例实施负载均衡的请求
Load Balancing Requests Across
All Instances of a Service

在研究负载均衡之前，有些事情需要权衡下。我们需要一个服务的多个实例，由于已经在第 2 章中讨论过扩展，所以下面的命令应该不会让你意外：

```
eval $(docker-machine env node-1)

docker service scale go-demo=5
```

很快就会有 go-demo 服务的 5 个实例在运行，如图 3-5 所示。

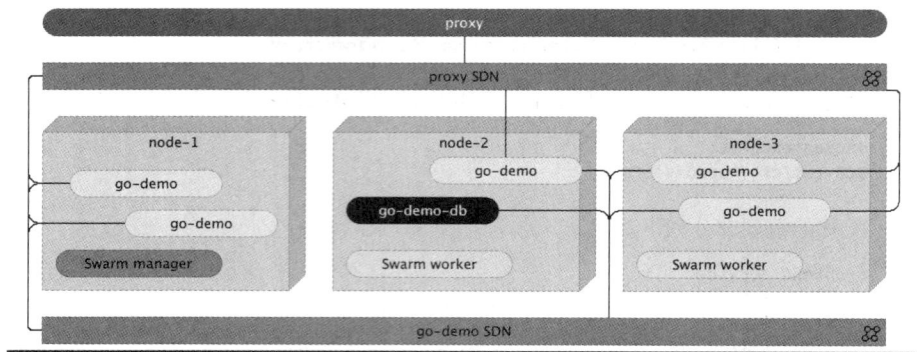

图 3-5　使用 go-demo 服务扩展的 Docker Swarm 集群

应该怎么做才能让代理在所有实例之间对请求进行负载均衡呢？答案是什么都不需要做。我们不需要采取任何措施。其实，这个问题本身就是错的，代理根本不会对请求进行负载均衡，而是 Docker Swarm 会进行负载均衡。所以，让我们重新提出这个问题。我们应该怎么做才能让 Docker Swarm 网络在所有实例之间对请求进行负载均衡呢？答案依然是什么都不需要做。我们不需要采取任何措施。

为了理解负载均衡，我们可能需要回到过去并讨论 Docker 网络诞生之前的负载均衡。

通常情况下，如果没有使用 Docker Swarm 的功能，则会有类似于下面的代理配置模型：

```
backend go-demo-be
    server instance_1 <INSTANCE_1_IP>:<INSTANCE_1_PORT>
    server instance_2 <INSTANCE_2_IP>:<INSTANCE_2_PORT>
    server instance_3 <INSTANCE_3_IP>:<INSTANCE_3_PORT>
    server instance_4 <INSTANCE_4_IP>:<INSTANCE_4_PORT>
    server instance_5 <INSTANCE_5_IP>:<INSTANCE_5_PORT>
```

每次添加新实例时，我们都需要将其添加到配置中。如果一个实例被删除，那么需要将它从配置中删除。如果一个实例失败……好吧，你应该明白了：我们需要监控集群的状态，并在发生变化时更新代理配置。

如果你读过《微服务运维实战（第一卷）》，那么你可能会记得我建议使用 Registrator（https://github.com/gliderlabs/registrator）、Consul（https://www.consul.io/）和 Consul 模板（https://github.com/hashicorp/consul-template）的组合。

一旦容器被创建或销毁，Registrator 将会监控到 Docker 事件并更新 Consul。利用 Consul 中存储的信息，我们可以使用 Consul 模板来更新 nginx 或 HAProxy 配置。现在不再需要这样的组合了。尽管在特殊情况下这些工具仍然有价值，但现在没有使用它们的必要了。

我们不会在每次集群内发生变化时去更新代理，例如缩放事件。相反，我们会在每次创建新服务时更新代理。请注意，服务的更新（部署新版本）不算是服务创建。我们只创建服务一次并用每个新版本进行更新（除其他原因外）。因此，只有创建新服务，才需要更改代理配置。

上面推理背后的原因在于负载均衡现在是 Docker Swarm 网络的一部分。让我们用 util 服务做另外一个练习：

```
ID=$(docker ps -q--filter label=com.docker.swarm.service.name=util)

docker exec-it $ID apk add --update drill

docker exec-it $ID drill go-demo
```

以上命令的输出如下：

```
;;->>HEADER<<- opcode: QUERY, rcode: NOERROR, id:50359
;;flags: qr rd ra; QUERY: 1, ANSWER: 1, AUTHORITY:0, ADDITIONAL:0
;;QUESTION SECTION:
;;go-demo.      IN       A

;;ANSWER SECTION:
go-demo.      600      IN       A       10.0.0.8

;;AUTHORITY SECTION:

;;ADDITIONAL SECTION:

;;Query time: 0 msec
;;SERVER: 127.0.0.11
;;WHEN: Thu Sep 1 17:46:09 2016
;;MSG SIZE  rcvd: 48
```

IP 10.0.0.8 代表 go-demo 服务，而不是一个单独的实例。当我们发送练习请求时，Swarm 网络在该服务的所有实例中执行负载均衡（LB）。更确切地说，它执行了时间片轮转 LB。

除了为每个服务创建一个虚拟 IP 之外，每个实例也都有自己的 IP。大多数情况下，不需要知道这些 IP（或任何 Docker 网络的端点 IP），因为我们只需要一个服务名称，该服务名称将被转换为 IP 并在后台进行负载均衡。

3.7 现在怎么办

What Now?

现在结束了对 Docker Swarm 网络基本概念的探索。

这就是成功运行 Swarm 集群需要知道的一切吗？ 在本章中，我们深入了解了 Swarm 的特性，但尚未完成，还有很多问题需要回答。在第 4 章中，我们将探讨服务发现及其在 Swarm Mode 中的角色。

在深入第 4 章之前，现在是休息的时候了。像以前一样，将销毁我们创建的机器并重新开始：

```
docker-machine rm -f node-1 node-2 node-3
```

第 4 章

Swarm 集群内的服务发现
Service Discovery inside a Swarm Cluster

决定做什么事情比做事情本身要花费更大的力气。

——阿尔伯·特哈伯德

如果你用的是在 Docker 1.12 之前作为独立产品发布的旧版 Swarm，那么你会不得不同时配置一个服务注册中心来搭配使用。你可能会选择 Consul、etcd 或者 Zookeper，但只有 Swarm 是无法工作的。为什么会这样？这种强依赖的原因是什么呢？

在我们讨论旧版 Swarm 使用外部服务注册中心的原因之前，先让我们讨论没有注册中心 Swarm 会怎样。

4.1 没有注册中心 Docker Swarm 会怎样
What Would Docker Swarm Look Like Without?

假设有一个三节点的集群，其中两个节点运行 Swarm manager，另一个节点运行 Swarm worker。manager 接受请求，决定要做什么，并将任务发送给 Swarm worker。然后 worker 将这些任务转换为发送给本地 Docker Engine 的命令，manager 同时也是 worker。

如果我们描述之前为 go-demo 服务所做的流程，并且假设没有与 Swarm 相关的服务发现功能，它会像下面这样。

用户向其中一个 manager 发送请求，这个请求不是声明性指令，而是对期望状态的一个表述。例如，我想在集群内部运行两个 go-demo 服务实例和一个 DB 实例，如图 4-1 所示。

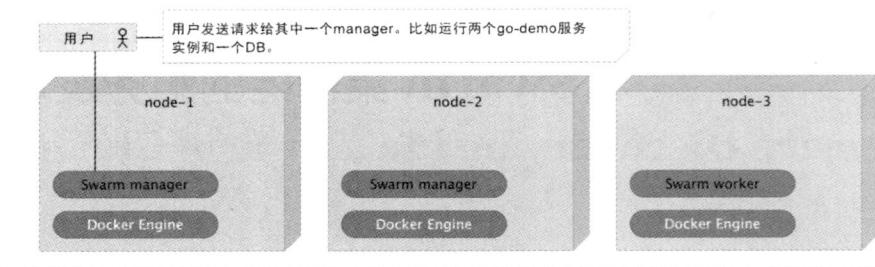

图 4-1 用户发送请求给其中一个 manager

一旦 Swarm manager 收到我们对期望状态的请求，它就会将其与集群的当前状态进行比较，生成任务，然后将它们发送给 Swarm worker。任务可能是在 node-1 和 node-2 上运行 go-demo 服务的实例，以及在 node-3 上运行 go-demo-db 服务的实例，如图 4-2 所示。

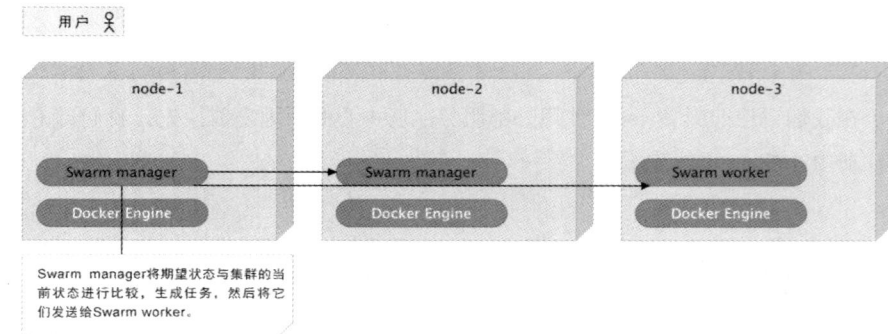

图 4-2 Swarm manager 将期望状态与集群的当前状态进行比较，生成任务，然后将它们发送给 Swarm worker

Swarm worker 从管理器接收任务，再将它们转换为 Docker Engine 命令，并将它们发送给本地 Docker Engine 实例，如图 4-3 所示。

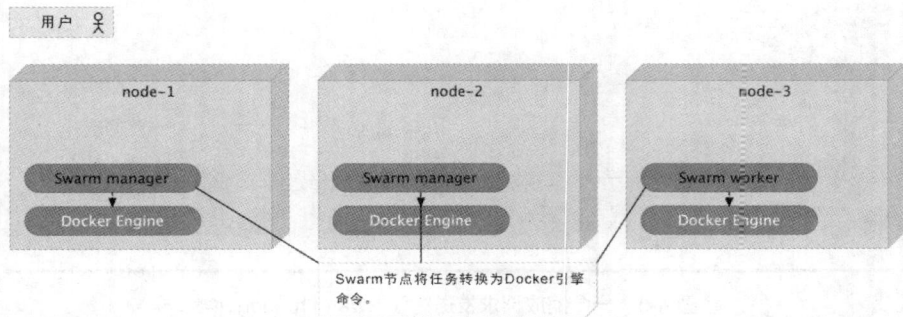

图 4-3　Swarm 节点将任务转换为 Docker Engine 命令

Docker Engine 收到 Swarm worker 的命令并开始执行，如图 4-4 所示。

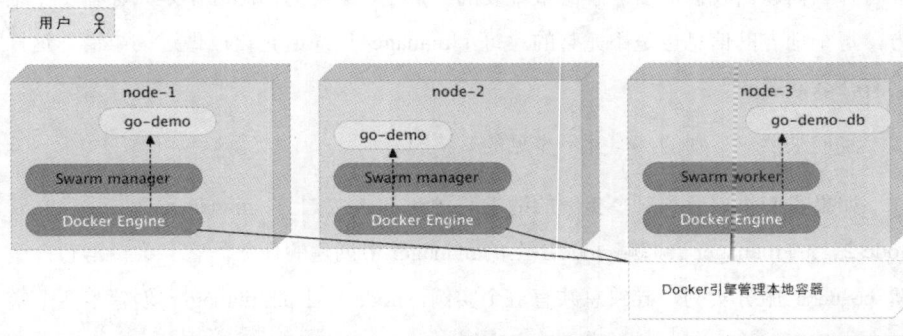

图 4-4　Docker Engine 管理本地容器

　　接下来，假设我们向 manager 发送新的期望状态。例如，我们可能期望将 go-demo 实例的数量扩展到 3 个。我们将向 node-1 上的 Swarm manager 发送请求，它将查询其在内部存储的集群状态，并做出决定，例如，在 node-2 上运行新实例。做出决定后，manager 将创建一个新任务并将其发送到 node-2 上的 Swarm worker。接下来 worker 会将任务转换为 Docker 命令，并将其发送给本地引擎。执行命令后，我们将在 node-2 上运行 go-demo 服务的第三个实例，如图 4-5 所示。

　　如果这个流程真像上面描述的话，则会遇到很多问题，这些问题会使这个方案几乎不能使用。

　　我们试着列举一些将要面对的问题。

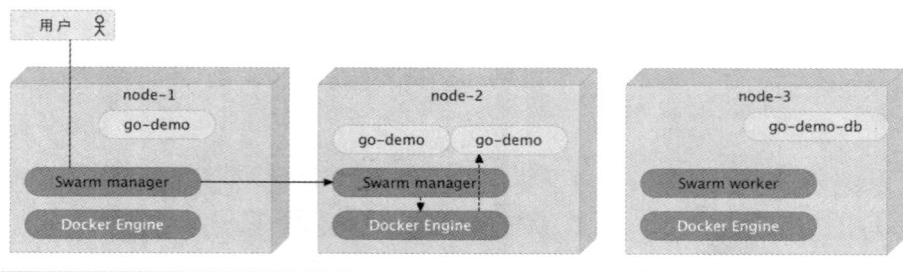

图 4-5 一个缩放请求发送给了 Swarm manager

　　Swarm manager 使用我们发送给它的信息，如果我们一直使用同一个 manager，并且集群状态不会因为 manager 无法控制的因素发生变化，那么这并不会有什么问题。我们需要理解的很重要的一点是，集群的信息并不是只存在一个地方，每个地方的信息也是不完整的。每个 manager 只知道它自己做过的事情，这样会有什么问题呢？

　　我们来试一下别的（但并不少见的）情况。

　　如果我们将扩展到三个实例的请求发送到 node-2 上的 manager 会发生什么？node-2 上的 manager 会忽略 node-1 上的 manager 中创建的任务，它会尝试运行三个新 go-demo 服务实例，导致总共有五个实例，node-1 上的 manager 创建了两个实例，node-2 上的 manager 创建了三个实例。

　　我们会尝试一直只用同一个 manager，但在这种情况下会出现单点故障。如果整个 node-1 挂掉怎么办？那我们将没有 manager 可用，或者被迫使用 node-2 上的 manager。

　　许多其他因素都可能会产生这样的偏差。也许其中一个容器意外停止，在这种情况下，当我们决定扩展到三个实例时，node-1 上的 manager 依然会认为此刻有两个实例正在运行，并且会创建任务来运行一个新的实例。最终集群内还是只有两个实例在运行而不是三个。

　　可能出错的状况清单是列不完的，这里不再举例说明。

　　需要注意任何一个 manager 处于隔离状态都是不可接受的。所有的 manager 都应该拥有相同的信息。另一方面，每个节点都需要监控由 Docker Engine 生成的事件，并确保把自己服务器的任何更改传播给所有的 manager。最后，我们需要监控每台服务器的状态以防止其出现故障。换句话说，每个 manager 都需要掌握整个集群的最新情况，只有这样，它才能将我们对期望状态的请求准确地转换为分派给 Swarm 节点的任务。

怎样才能使所有的 manager 在无论谁改变了集群的情况下都能得到关于整个集群状况的完整视图呢？

这个问题的答案取决于我们设定的需求。我们需要一个工具来存储所有的信息，它得是分布式的，这样一台服务器的故障不会影响功能的正常运行。分布式提供了容错功能，但这本身并不意味着数据要在整个集群中同步。该工具需要在所有的实例中维护数据副本。数据复制并不是什么新东西，只是在这种情况下复制的速度需要很快，以便向它请求的服务可以（近乎）实时地接收数据。此外，我们需要一个系统来监控集群内的每台服务器，并在有任何更改时更新数据。

总之，我们需要一个分布式服务注册中心和一个监控系统。前者最好通过服务注册中心或者键值存储来完成。旧版 Swarm（Docker 1.12 之前的独立版）支持 Consul(https://www.consul.io/)、etcd(https://github.com/coreos/etcd)和 Zookeeper (https://zookeeper.apache.org/)。我个人偏向 Consul，但三者中的任何一个都没有问题。

有关服务发现和主流服务注册中心比较更详细的讨论，请参阅《**微服务运维实战（第一卷）**》的相关章节。

4.2 独立的 Docker Swarm 加上服务发现会是什么样的
What Does Standalone Docker Swarm Look Like with Service Discovery?

现在我们对使用服务发现的需求和背后原因有了更好的理解，下面可以定义 Docker Swarm manager 处理请求的（真实）流程。

请注意，我们仍在讨论旧版（独立版）Swarm 是如何工作的。

（1）用户向其中的一个 Swarm manager 发送带有期望状态的请求。

（2）Swarm manager 从服务注册中心获取集群信息，创建一组任务并将其分发给 Swarm worker。

（3）Swarm worker 将任务转化为命令并将其发送到本地 Docker Engine，接着 Docker Engine 运行或停止容器。

（4）Swarm worker 持续监控 Docker 事件并更新服务注册中心。

这样，整个集群的信息始终是最新的。例外情况是当一个 manager 或者 worker 发生故障时。由于 manager 相互监视，manager 或者 worker 的故障被认为是整个节点的故障。毕竟，没有了 worker，该节点也无法调度容器，如图 4-6 所示。

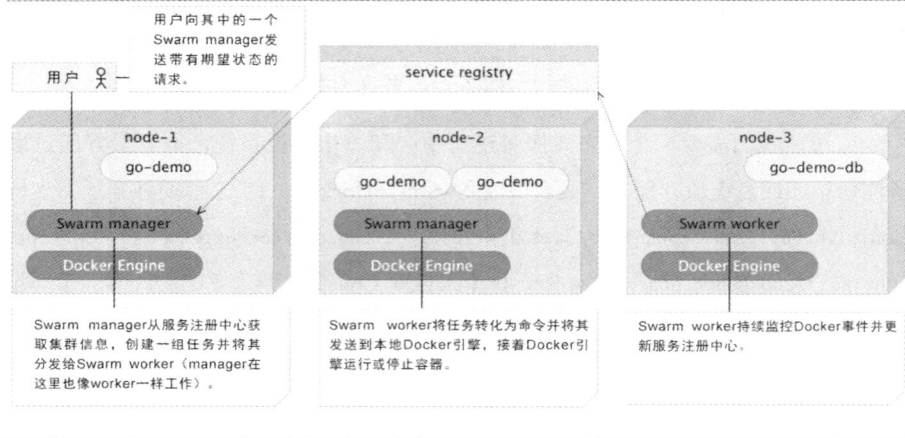

图 4-6　Docker Swarm（独立版）工作流

既然我们已经知道了服务发现是管理集群的重要工具，一个很自然的问题就是在 Swarm 模式（Docker 1.12）中发生了什么？

4.3　Swarm 集群中的服务发现
Service Discovery in the Swarm Cluster

旧版（独立的）Swarm 需要一个服务注册中心，以便其所有 manager 可以拥有相同的集群状态视图。在实例化旧的 Swarm 节点时，我们必须指定服务注册中心的地址。但是，如果你看一下新版 Swarm（Docker 1.12 中引入的 Swarm 模式）安装命令的说明，就会注意到里面没有设置 Docker Engine 之外的任何东西。你不会发现任何提及的外部服务注册中心或键值存储。

这是否意味着 Swarm 不需要服务发现？ 恰恰相反。服务发现的需求与以往一样强烈，以至于 Docker 决定将其纳入 Docker Engine 内部。它和 Swarm 一样被捆绑在 Docker 中。服务发现的内部过程在本质上仍然与独立的 Swarm 所使用的过程非常相似，只是有更少的可移动部件。Docker Engine 现在充当 Swarm manager、Swarm worker 和服务注册中心的角色。

将所有东西都打包在引擎内部的决定引发了不同的反响。有人认为这个决定会导致太多的耦合，并增加 Docker Engine 的不稳定性。其他人则认为这种捆绑使得引擎更加健壮，并为一些新的可能性打开了大门。虽然双方的论点都能站得住脚，但我更倾向于后者的意见。Docker Swarm 模式是一大进步，如果不在引擎中捆绑服务注册中心，能否实现相同的效果就不好说了。

了解了 Docker Swarm，尤其是 networking 的工作方式之后，你可能会想到的问题是我们是否还需要服务发现（除 Swarms 内部使用外）。在《**微服务运维实战（第一卷）**》中，我认为服务发现是必须的，并且要求每个人都将 Consul（https://www.consul.io/）或 etcd（https://github.com/coreos/etcd）设置为服务注册中心，Registrator 作为在集群内注册更改的机制，以及使用 Consul 模板或 confd（https://github.com/kelseyhightower/confd）作为模板解决方案。现在我们还需要这些工具吗？

4.4　我们需要服务发现吗
Do We Need Service Discovery?

在 Swarm 集群内部工作时，很难建议要不要服务发现工具。如果我们把查找服务作为这些工具的主要用途，答案通常是否定的，这种情况下我们不需要外部服务发现。只要所有要相互通信的服务都在同一个网络中，我们只需要目标服务的名称就够了。例如，对于 go-demo（https://github.com/vfarcic/go-demo）服务来说，要查找与其相关的数据库，它只需要知道对应的 DNS go-demo-db。第 3 章 “Docker Swarm 网络和反向代理”证明了正确使用网络在大多数情况下已经足够了。

然而，查找服务并对服务的请求做负载均衡并不是服务发现的唯一目的。对于服务注册和键值存储我们可能会有其他用途，也许我们需要存储一些信息并使其成为分布式的并具有容错能力。

在 Docker Flow Proxy（`http://github.com/vfarcic/docker-flow-proxy`）项目中可以看到需要键值存储的例子。Docker Flow Proxy 基于 HAProxy，这是一个有状态的服务，它把来自配置文件的信息加载到内存中。在动态集群内部实现有状态的服务是一个需要面对的挑战，不然我们可能会在故障之后对服务进行缩放、重新编排时或者其他情况下丢失状态。

在讨论与有状态服务相关的更多细节和问题之前，让我们看看如何将 Consul 设置为键值存储并浏览其基本功能。

4.5 将 Consul 设置为 Swarm 集群内的服务注册中心
Setting Up Consul As Service Registry Inside a Swarm Cluster

和以前一样，我们会先建立一个 Swarm 集群，然后继续进行 Consul 设置并简要介绍可以使用的基本操作，这将为我们准备好本章其余部分所需的知识。

> **给《微服务运维实战（第一卷）》读者的说明**
>
> 你可能已经学过设置 Consul，所以想跳过本章。但我建议你读下去，因为我们会使用第一卷没有的官方 Consul 镜像。

虽然说熟能生巧，但是总会有一个上限，在这之后，没有理由一遍又一遍地重复相同的命令。我敢肯定，到目前为止，你已经厌倦了编写创建 Swarm 集群的命令。因此，在这里准备了 `scripts/dm-swarm.sh`（https://github.com/vfarcic/cloud-provisioning/blob/master/scripts/dm-swarm.sh）脚本用来创建 Docker Machine 并将它们加入 Swarm 集群中去。

> 本章所有命令都可在 `04-service-discovery.sh`（https://gist.github.com/vfarcic/fa57e88faf09651c9a7e9e46c8950ef5）Gist 里找到。

让我们克隆代码并运行脚本。

一些文件会在主机文件系统和我们要创建的 Docker Machine 之间共享。
Docker Machine 让属于当前用户的整个目录在虚拟机内可用。因此，请确
保将代码克隆到用户的一个子文件夹中。

```
git clone https://github.com/vfarcic/cloud-provisioning.git
cd cloud-provisioning
scripts/dm-swarm.sh
eval $(docker-machine env swarm-1)
docker node ls
```

node ls 命令的输出如下（为简洁起见，删除了 ID）：

```
HOSTNAME STATUS AVAILABILITY MANAGER STATUS
swarm-2 Ready Active Reachable
swarm-3 Ready Active Reachable
swarm-1 Ready Active Leader
```

请注意，这次命令略有变化。我们使用了管理员令牌以便将所有三个节点都
设置为 manager。

作为一般原则，我们应该至少有三个 Swarm manager。这样，如果其中一个发
生故障，那么其他 manager 将重新安排故障容器，并依旧可作为系统接入点。当解
决方案需要法定人数时，通常情况下奇数是最好的。因此，这里我们使用三个。

你可能想要将所有节点作为 manager 运行，但不建议你这么做。manager 需要
在它们自己之间同步数据，同时运行的 manager 实例越多，同步可能会持续的时间
就越久。虽然在只有少数几个 manager 的时候延迟并不明显，但如果你运行了 100
个 manager 的话，就会感觉到明显滞后，毕竟这也是我们要有 worker 的原因。
manager 是我们进入系统入口点和任务的协调者，而 worker 则负责实际工作。

接下来我们可以继续设置 Consul。

首先从 Docker Flow Proxy（https://github.com/vfarcic/docke-flow-proxy）项
目中下载 docker-compose.yml 文件（https://github.com/vfarcic/dccker-flow-proxy/
blob/master/docker-compose.yml）。它已经包含定义为 Compose 服务的 Consul。

```
curl-odocker-compose-proxy.yml\
    https://raw.githubusercontent.com/\
vfarcic/docker-flow-proxy/master/docker-compose.yml

cat docker-compose-proxy.yml
```

就像 Docker Swarm 节点可以同时充当 manager 或 worker 一样，Consul 也可以作为服务器或代理运行，我们先从服务器开始。

作为服务器的 Consul 服务的 Compose 定义如下：

```
consul-server:
  container_name: consul
  image: consul
  network_mode: host
  environment
    - 'CONSUL_LOCAL_CONFIG={"skip_leave_on_interrupt": true}'
  command: agent -server -bind=$DOCKER_IP -bootstrap-expect=1 -
client=$DOCKER_IP
```

需要注意的是，我们将网络模式设置为 host，这意味着容器将与其运行的主机共享同一个网络。接着是环境变量和命令。

这个命令将以服务器模式运行代理，并且在开始的时候认为它是集群中唯一的一个节点-bootstrap-expect = 1。

你可能已经注意到使用了 DOCKER_IP 环境变量，Consul 希望知道有关绑定和客户端地址的信息，由于我们事先不知道服务器的 IP，所以将其设置为一个变量。

现在你可能想知道为什么我们要在 Swarm 集群中讨论 Docker Compose 服务。不应该运行 docker service create 命令吗？事实上，编写本书时，官方 Consul 镜像依然不适合 Swarm 方式。大多数镜像不需要进行任何更改就可以运行在 Swarm 集群中，Consul 是极少数例外之一。一旦情况发生变化，我会尽最大努力更新命令。在那之前，还是先使用经典的 Compose：

```
export DOCKER_IP=$(docker-machine ip swarm-1)

docker -compose -f docker-compose-proxy.yml\
    up -d consul-server
```

你可能已经注意到输出中的警告信息：The Docker Engine you're using is running in swarm mode。这只是一个善意的提醒，我们并未将其作为 Docker 服务运行，请放心忽略它。

现在有了一个 Consul 实例正在运行，我们可以练习下基本操作。例如，可以在键值存储中添加一些信息：

```
curl -X PUT -d 'this is a test' \
    "http://$(docker-machine ip swarm-1):8500/v1/kv/msg1"
```

上面的 curl 命令将值 "this is a test" 以 "msg1" 为键存入了 Consul 中。

可以通过发送 GET 请求来确认上面的键值对确实被保存下来。

```
curl "http://$(docker-machine ip swarm-1):8500/v1/kv/msg1"
```

输出如下（格式化以提高可读性）：

```
[
  {
    "LockIndex": 0,
    "Key": "msg1",
    "Flags": 0,
    "Value": "dGhpcyBpcyBhIHRlc3Q=",
    "CreateIndex": 17,
    "ModifyIndex": 17
  }
]
```

你会注意到其中的值是经过编码的，如果将 raw 参数添加到请求中，则 Consul 将会只返回其原始格式的值：

```
curl "http://$(docker-machine ip swarm-1):8500/v1/kv/msg1?raw"
```

输出如下：

```
this is a test
```

现在只有一个 Consul 实例，如果它正在运行的节点 swarm-1 发生故障，所有数据都会丢失，并且服务注册中心将不可用，这可不是我们希望见到的状况。

可以通过运行几个 Consul 实例来实现容错，这次将运行 Consul 代理。

跟 Consul 服务器实例一样，代理也定义在 Docker Flow Proxy（https://github.com/vfarcic/docker-flow-proxy）项目里的 docker-compose.yml（https://github.com/vfarcic/docker-flow-proxy/blob/master/docker-compose.yml）文件中。请记住，我们下载这个文件并将其命名为 docker-compose-proxy.yml。下面来看看服务的定义：

```
cat docker-compose-proxy.yml
```

定义 Consul-agent 服务的输出部分如下：

```
consul-agent:
  container_name: consul
  image: consul
  network_mode: host
  environment:
    - 'CONSUL_LOCAL_CONFIG={"leave_on_terminate": true}'
  command: agent -bind=$DOCKER_IP -retry-join=$CONSUL_SERVER_IP \
-client=$DOCKER_IP
```

这跟我们用来运行 Consul 服务器实例的定义几乎相同，唯一重要的区别是没了-server 参数而有了-retry-join 参数。我们使用-retry-join 参数来指定另一个实例的地址。Consul 使用 gossip 协议。只要每个实例知道了至少一个其他实例，该协议就会在所有实例中传播信息。

让我们在其他两个节点 swarm-2 和 swarm-3 上运行代理：

```
export CONSUL_SERVER_IP=$(docker-machine ip swarm-1)

for i in 2 3; do
    eval $(docker-machine env swarm-$i)

    export DOCKER_IP=$(docker-machine ip swarm-$i)

    docker-compose -f docker-compose-proxy.yml \
        up -d consul-agent
done
```

现在有三个Consul实例在集群内运行（每个节点上一个），我们可以确认 gossip 协议确实有效。

我们请求键 msg1 的值，这次向 swarm-2 上运行的 Consul 实例发送请求：

```
curl "http://$(docker-machine ip swarm-2):8500/v1/kv/msg1"
```

从输出中可以看到，即使将信息存入 swarm-1 上运行的实例，它也可以从 swarm-2 中的实例获得，信息被传播给了所有实例。

可以对 gossip 协议再进行一轮测试：

```
curl -X PUT-d 'this is another test' \
  "http://$(docker-machine ip swarm-2):8500/v1/kv/messages/msg2"
```

```
curl -X PUT-d 'this is a test with flags' \
  "http://$(docker-machine ip swarm-3):8500/v1/kv/messages/msg3?\
flags=1234"
```

```
curl "http://$(docker-machine ip swarm-1):8500/v1/kv/?recurse"
```

我们向 swarm-2 中运行的实例发送了一个 PUT 请求，另一个 PUT 请求发送给了 swarm-3 中的实例。当我们向 swarm-1 中运行的实例请求所有键时，全部三个值都被返回。换句话说，我们对数据的任何操作都会同步给所有实例。

同样，可以删除信息：

```
curl -X DELETE "http://$(docker-machine ip swarm-2):\
8500/v1/kv/?recurse"
```

```
curl "http://$(docker-machine ip swarm-3):8500/v1/kv/?recurse"
```

我们向 swarm-2 发送请求以删除所有的键，当查询 swarm-3 中运行的实例时，返回了一个空的响应，意味着一切确实都消失了。

通过类似于上面探讨过的设置，可以拥有一个可靠、分布式并且容错的方式来存储和检索服务需要的任何信息。

我们将利用这些知识来探索在 Swarm 集群内运行有状态服务时可能出现的一些问题的可能解决方案。但是在开始讨论解决方案之前，让我们看看有状态服务有什么问题。

4.6　缩放有状态实例时出现的问题
Problems When Scaling Stateful Instances

在 Swarm 集群内缩放服务很容易，不是吗？只需执行 `docker service scale <SERVICE_NAME> = <NUMBER_OF_INSTANCES>`，该服务马上就会运行多个副本。

之前的陈述只是部分正确，更准确的措辞是"在 Swarm 集群内缩放无状态服务很容易"。

缩放无状态服务很容易的原因在于不需要考虑状态，一个实例不管运行多长时间都是一样的。一个新创建的实例与一个运行了一周的实例没什么区别。由于状态不会随着时间的改变而改变，我们可以在任何时候创建新的副本，并且它们都完全相同。

但是，这个世界并不是无状态的。状态是我们行业中不可避免的一部分。一旦有信息被创建出来，它就需要存储在某个地方。我们存储数据的地方必须是有状态的，它有一个随时间变化的状态。如果想缩放这样一个有状态的服务，至少有以下两件事情需要考虑。

（1）如何将一个实例的状态变化传播给其他实例？

（2）如何创建一个有状态服务的副本（一个新实例），并确保状态也被复制？

通常将无状态和有状态的服务组合成一个逻辑实体。后端服务可能是无状态的，并依赖数据库服务作为外部数据存储。这样，每个服务都可以有不同的生命周期，其关注点也有清晰的界限。

首先，我必须说明，没有什么银弹可以让有状态服务可缩放和容错。在整本书中，我给出的例子也许适用于你的实际情况，也可能不适用。数据库是有状态服务的一个显而易见且非常典型的例子。虽然有一些常见的模式，但几乎每种数据库都提供了不同的数据复制机制。这本身就足以说明我们无法得到一个适用于所有情况的明确答案。我们将在本书后面探讨一下 MongoDB 的可伸缩性，也会看到一个 Jenkins 的例子，它使用文件系统来处理自身状态。

我们要处理的第一种情况属于其他类型，我们会讨论将状态存储在配置文件中的服务的可伸缩性。为了让情况更复杂些，这里的配置是动态的，在服务的整个生命周期中它会随着时间的改变而改变。我们也会探讨缩放 HAProxy 的方法。

如果使用官方的 HAProxy（`https://hub.docker.com/_/haproxy/`）镜像，则面临的

挑战之一是决定如何更新所有实例的状态，得更改配置并重新加载代理的每个副本。

比如可以在集群中的每个节点上安装一个 NFS 卷，并确保在所有 HAProxy 容器内挂载相同的主机卷。乍看起来，这样可以解决状态问题，因为所有实例都会共享相同的配置文件，主机上配置的任何改变对所有实例都可见，然而，这本身并不会改变服务的状态。

HAProxy 在初始化过程中加载配置文件，并且忽略之后我们对配置所做的任何更改。为了将文件状态的改变反映到服务状态上，我们需要重新加载它。问题在于，实例可能运行在集群内的任何节点上。最重要的是，如果采用动态缩放（稍后会详细介绍），那么我们甚至可能都不知道有多少实例正在运行。所以需要发现有多少个实例，找出它们正在哪个节点上运行，获取每个容器的 ID，然后才能发送信号以重新加载代理。虽然所有这些都可以通过脚本执行，但这远非最佳解决方案。而且，挂载的 NFS 卷是故障单点，如果拥有该卷的服务器发生故障，则数据将会丢失。当然，我们可以创建备份，但它们只能提供恢复部分丢失数据的方法。也就是说，我们可以恢复备份，但最后一次备份被创建和节点发生故障之间生成的数据还是会丢失。

另一种方法是将配置嵌入 HAProxy 镜像中。可以创建一个基于 haproxy 的新 Dockerfile，并加上添加配置的 COPY 指令。这意味着每次要重新配置代理时，都需要更改配置，构建一组新的镜像（新版本），并更新当前在集群内运行的代理服务。可以想象这也不实际，为了重新配置代理这样简单的事情，这么做实在太折腾。

Docker Flow Proxy 使用一种不太常规的方法来解决这个问题。它在将其状态的一个副本存储到 Consul 里。它还使用了未公开的 Swarm networking 功能（至少在编写本书时还未公开）。

4.7　使用服务注册中心来存储状态
Using Service Registry to Store the State

现在已经启动了 Consul 实例，让我们探索如何好好利用它们。我们将通过研究 Docker Flow Proxy 的设计来说明一些挑战以及你可能想要应用到自己服务中的解决方案。

创建代理网络和服务：

```
eval $(docker-machine env swarm-1)

docker network create --driver overlay proxy

docker service create --name proxy \
    -p 80:80 \
    -p 443:443 \
    -p 8080:8080 \
    --network proxy \
    -e MODE=swarm\
    --replicas 3\
    -e CONSUL_ADDRESS="$(docker-machine ip swarm-1):8500 \
,$(docker-machine ip\
swarm-2):8500,$(docker-machine ip swarm-3):8500" \
    vfarcic/docker-flow-proxy
```

用来创建代理服务的命令与以前的稍有不同，也就是说，现在我们有 CONSUL_ADDRESS 变量，里面是通过逗号分隔的三个 Consul 实例的地址。代理的工作方式是它会尝试第一个地址，如果没有响应，它会尝试下一个，依此类推。这样，只要至少有一个 Consul 实例在运行，代理就能够正常存取数据。如果 Consul 可以作为 Swarm 服务运行，就不需要这些步骤，需要做的只是将两者都放在同一个网络中，并使用服务名称作为地址。

不幸的是，Consul 还不能作为 Swarm 服务运行，因此，我们不得不指明所有的地址，请参考图 4-7。

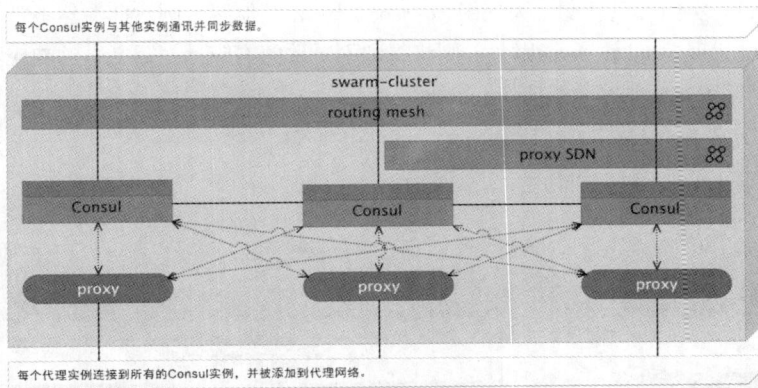

图 4-7　代理扩展到三个实例

在继续之前，应该确保代理的所有实例都在运行：

```
docker service ps proxy
```

请等到所有实例的当前状态都为 Running。

创建一个 go-demo 服务，这将引出关于可伸缩反向代理所面临挑战的讨论：

```
docker network create --driver overlay go-demo

docker service create --name go-demo-db\
    --network go-demo \
    mongo:3.2.10

docker service create --name go-demo \
    -e DB=go-demo-db\
    --network go-demo \
    --network proxy \
    vfarcic/go-demo:1.0
```

不需要再详细解释这些命令，它们与前面章节中运行的命令相同。

请等待直到 go-demo 服务的当前状态为"Running"，记得随时使用 docker service ps go-demo 命令检查状态。

如果重复第 3 章中用过的流程，重新配置代理的请求如下所示（请不要运行它）。

```
curl "$(docker-machine ip swarm-1):8080/v1/\
proxy/reconfigure?serviceName=go-demo&servicePath=/demo&port=8080"
```

如果向代理服务发送重新配置请求，你能猜到会是什么结果吗？

用户发送重新配置代理的请求，routing mesh 收到请求，并在代理的所有实例之间进行负载平衡（见图 4-8）。请求被转发到其中一个代理实例。由于代理使用 Consul 存储配置，因此它把信息发送给其中一个 Consul 实例，而这个 Consul 实例又将数据同步到所有其他实例。结果是 proxy 的实例处于不同的状态，收到请求的那个 proxy 实例被重新配置为使用 go-demo 服务。其他两个则对此浑然不觉。如果尝试通过代理 ping go-demo 服务，则将得到不一致的响应，三分之一的响应将是状态 200，其余时间则是 404，not found。

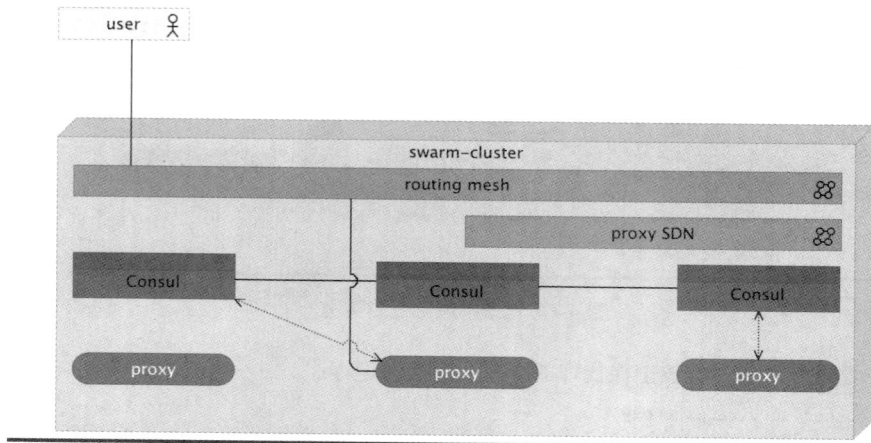

图 4-8　一个重新配置代理的请求

如果扩展 MongoDB，则会遇到类似的状况。Routing mesh 将在所有实例之间进行负载平衡，然后它们的状态开始变得不同。可以使用副本集解决 MongoDB 的问题，这种机制允许在所有数据库实例之间复制数据。但是 HAProxy 没有这样的功能，我不得不自己给它加上。

重新配置运行多个实例的代理的正确请求如下：

```
curl "$(docker-machine ip swarm-1):8080/v1/\
docker-flow-proxy/reconfigure \
serviceName=go-demo&servicePath=/demo&port=8080&distribute=true'
```

请注意新参数 distribute = true，指定这个参数后代理将接收请求，重新配置自己，并将请求重新发送给所有其他实例，如图 4-9 所示。

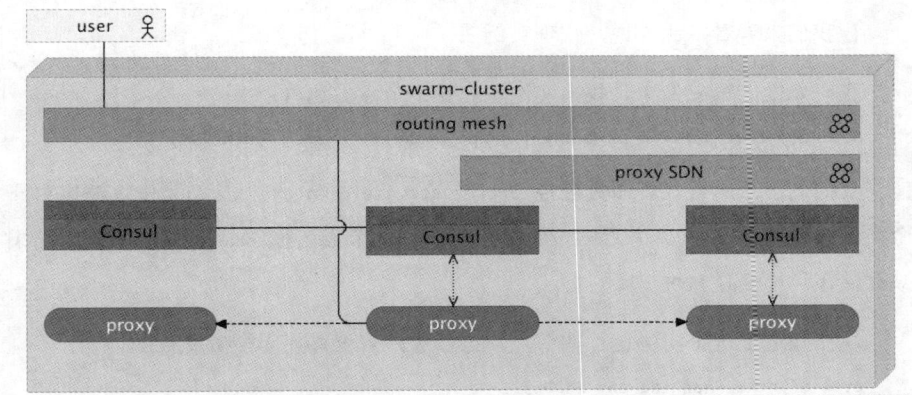

图 4-9　收到请求并转发给别的实例的代理实例

这样，proxy 实现了一个类似于 MongoDB 中副本集的机制。对其中一个实例的更改会传播给其他实例。

让我们确认它确实按预期工作：

```
curl -i "$(docker-machine ip swarm-1)/demo/hello"
```

输出如下：

```
HTTP/1.1 200 OK
Date: Fri, 09 Sep 2016 16:04:05 GMT
Content-Length: 14
Content-Type: text/plain; charset=utf-8

hello, world!
```

响应 200 表示 go-demo 服务收到了代理服务转发的请求。请求进入系统之后，在 routing mesh 的作用下，通过负载均衡策略被转发给其中一个代理实例。接收到请求的代理实例根据路径决定其应该由 go-demo 服务处理。最终请求到达 go-demo 网络，再次经过负载均衡被转发到其中一个 go-demo 实例。换句话说，任何代理实例和 go-demo 实例都可能接收到请求。如果代理的状态没有在所有实例中都同步，那么会有三分之二的请求失败。

任意多次执行 curl -i $（docker-machine ip swarm-1）/demo/hello 命令，结果应该都是一样的。

可以通过查看其中一个容器来确认配置是否确实同步。

让我们来看看，比方说，代理实例三。

我们要做的第一件事是找出实例正在哪个节点上运行：

```
NODE=$(docker service ps proxy | grep "proxy.3" | awk '{print $4}')
```

我们列出了所有代理服务进程 docker service ps proxy，从结果中过滤出第三个实例 grep "proxy.3"，并返回位于输出第四列的节点名称 awk'{print $ 4}'，结果被存储在环境变量 NODE 中。

现在知道了这个实例运行的节点，可以进入容器并显示配置文件的内容：

```
eval $(docker-machine env $NODE)

ID=$(docker ps | grep "proxy.3" | awk '{print $1}')
```

更改 Docker 客户端指向当前节点，接着列出所有正在运行的进程 docker ps 的命令，筛选出第三个实例 grep "proxy.3"，并输出存储在第一列 awk '{print $ 1}' 中的容器 ID，结果存储在环境变量 ID 中。

客户端已经指向正确的节点，实例 ID 也存入了环境变量 ID，现在可以进入容器并显示配置：

```
docker exec-it $ID cat /cfg/haproxy.cfg
```

输出中的相关部分如下：

```
frontend services
    bind *:80
    bind *:443
    mode http
```

```
    acl url_go-demo8080 path_beg / demo
    use_backend go-demo-be8080 if url_go-demo8080

backend go-demo-be8080
    mode http
    server go-demo go-demo:8080
```

正如你所看到的，代理的第三个实例确实被正确地配置为使用 go-demo 服务。你可以对其他两个实例重复上面的过程。结果应该完全相同，证明同步也起了作用。

这一切是如何完成的？接收请求的代理实例如何发现所有其他实例的 IP？毕竟这里并没有给 Consul 提供 IP 的注册中心，而且也无法访问 Swarms 内部服务发现 API。

4.8　发现组成服务的所有实例的地址
Discovering Addresses of All Instances That Form a Service

在官方 Docker 文档里你找不到任何关于组成服务的单个实例地址的说明。

当你阅读本书的时候，上面的说法可能过时了，可能已经有人更新了文档。但是，在撰写本章的时候，还没有关于这些信息的任何迹象。

实际上，没有被记录的事情并不意味着它不存在，Docker 里确实有一个会返回所有 IP 的 DNS。

为了在实际中看到它，我们创建名为 util 的全局服务并将其连接到代理网络：

```
docker service create --name util\
    --network proxy --mode global \
    alpine sleep 1000000000

docker service ps util
```

在继续之前，请等到当前状态变为 RUNNING。

接下来，找出其中一个 util 实例的 ID 并安装 drill，它将向我们显示与 DNS 条目相关的信息：

```
ID=$(docker ps -q --filter label=com.docker.swarm.service.name=util)

docker exec-it $ID apkadd --update drill
```

首先得到钻取 DNS 代理：

```
docker exec-it $ID drill proxy
```

输出如下：

```
;; ->>HEADER<<- opcode: QUERY, rcode: NOERROR, id: 31878
;; flags: qr rd ra ; QUERY: 1, ANSWER: 1, AUTHORITY: 0, ADDITIONAL: 0
;; QUESTION SECTION:
;; proxy.              IN              A

;; ANSWER SECTION:
proxy.    600           IN              A              10.0.0.2

;; AUTHORITY SECTION:

;; ADDITIONAL SECTION:

;; Query time: 0 msec
;; SERVER: 127.0.0.11
;; WHEN: Fri Sep 9 16:43:23 2016
;; MSG SIZE rcvd: 44
```

正如你所看到的，尽管运行了三个服务实例，但是只返回了一个 IP
10.0.0.2。这是服务的 IP，而不是单个实例的 IP。更具体地说，它是代理服务网络
端点的 IP。当请求到达该端点时，Docker 网络会在所有实例之间进行负载平衡。

在大多数情况下，这对我们已经足够了。我们只需要知道服务的名称，
Docker 会为我们完成剩下的工作。但是，在少数情况下，我们可能需要更多，可
能需要知道服务的每个实例的 IP 地址。这也是 Docker Flow Proxy 面临的问题。

要查找服务的所有实例的 IP，可以使用“未公开”的功能。我们需要给服务名
加上 tasks 前缀。

我们再来试一次：

```
docker exec-it $ID drill tasks.proxy
```

这次的输出跟上次不同：

```
;; ->>HEADER<<- opcode: QUERY, rcode: NOERROR, id: 54408
;; flags: qr rd ra ; QUERY: 1, ANSWER: 3, AUTHORITY: 0, ADDITIONAL: 0
;; QUESTION SECTION:
```

```
;; tasks.proxy. IN A

;; ANSWER SECTION:
tasks.proxy. 600 IN A 10.0.0.4
tasks.proxy. 600 IN A 10.0.0.3
tasks.proxy. 600 IN A 10.0.0.5

;; AUTHORITY SECTION:

;; ADDITIONAL SECTION:

;; Query time: 0 msec
;; SERVER: 127.0.0.11
;; WHEN: Fri Sep 9 16:48:46 2016
;; MSG SIZE rcvd: 110
```

我们得到了三个回应，每个都有不同的 IP 10.0.0.4、10.0.0.3、10.0.0.5。知道所有实例的 IP 解决了同步数据的问题。通过 task.<SERVICE_NAME>，我们得到了需要的所有信息，剩下的只是使用这些 IP 的编程工作。同步数据库的时候使用了类似的机制（稍后将介绍更多内容）。

现在还没结束，可以根据需求（或事件）同步数据的事实并不意味着该服务具有容错性。如果需要创建一个新实例，我们应该怎么做？如果一个实例失败并且 Swarm 将其重新调度到其他地方会发生什么？

4.9 使用服务注册中心或键值存储来存储服务状态
Using Service Registry or Key Value Store to Store Service State

我们将继续基于 Docker Flow Proxy 探讨处理有状态服务时的一些机制以及可能做出的决策。请注意，在本章中，我们将重点放在一个具有较小状态的服务上。我们将在后面的章节中探讨其他用例。

想象一下代理不使用 Consul 来存储数据，并且我们也不使用卷，做扩展的话会发生什么？新的实例将不会被同步。它们的状态将与我们创建的第一个实例的初始状态相同。换句话说，即使已经运行的实例已经随时间的改变而改变并生成数据，新的代理实例的状态也不会改变。

这是 Consul 起作用的地方，每当代理的实例收到导致其状态更改的请求时，它就会将该更改传播给其他实例以及 Consul。另外，代理在初始化时执行的第一个动作是询问 Consul，并根据其数据创建配置。

可以通过发送一个获取以 data-flow 开头的键的所有数据请求来观察 Consul 中存储的状态：

```
curl "http://$(docker-machine ip swarm-1):8500/v1/kv/\
docker-flow?recurse"
```

部分输出如下：

```
[
...
  {
    "LockIndex": 0,
    "Key": "docker-flow/go-demo/path",
    "Flags": 0,
    "Value": "L2RlbW8=",
    "CreateIndex": 233,
    "ModifyIndex": 245
  },
...
  {
    "LockIndex": 0,
    "Key": "docker-flow/go-demo/port",
    "Flags": 0,
    "Value": "ODA4MA==",
    "CreateIndex": 231,
    "ModifyIndex": 243
  },
...
]
```

上面的例子表明在重新配置 go-demo 服务的代理时，我们指定的路径和端口存储在 Consul 中。如果要求 Swarm manager 扩展代理服务，则新的实例将被创建。这些实例会查询 Consul 并使用这些信息生成配置。

试一试吧：

```
docker service scale proxy=6
```

将实例的数量从 3 个增加到 6 个，让我们先看看实例 6：

```
NODE=$(docker service ps proxy | grep "proxy.6" | awk '{print $4}')

eval $(docker-machine env $NODE)

ID=$(docker ps | grep "proxy.6" | awk '{print $1}')

docker exec -it $ID cat /cfg/haproxy.cfg
```

exec 命令的部分输出如下：

```
frontend services
    bind *:80
    bind *:443
    mode http

backend go-demo-be8080
    mode http
    server go-demo :8080
```

正如你所看到的那样，新的实例恢复了从 Consul 得到的所有信息。结果是，其状态与集群内运行的任何其他代理实例的状态一致。

如果销毁一个实例，结果还是一样的。Swarm 会检测到一个实例崩溃并调度一个新的实例。新实例将重复相同的过程，查询 Consul 并创建与其他实例一致的状态：

```
docker rm -f $(docker ps\
    |grep proxy.6 \
    |awk '{print $1}')
```

我们应该等待一段时间，直到 Swarm 检测到故障并创建一个新实例。

一旦新实例开始运行，就可以看看它的配置，将会和之前的一样：

```
NODE=$(docker service ps\
    -f desired-state=running proxy \
    |grep "proxy.6" \
    |awk '{print $4}')

eval $(docker-machine env $NODE)

ID=$(docker ps | grep "proxy.6" | awk '{print $1}')

docker exec -it $ID cat /cfg/haproxy.cfg
```

Docker Flow Proxy 内部工作方式的解释主要用于教学目的。在处理有状态服务时，我想给你展示一个可能的解决方案。我们讨论的方法只适用于状态相对较小的情况，当状态变得更大，比如到了数据库的规模时，应该采用不同的机制来实现相同的目标。

让我们从更高的角度总结下，在集群内运行有状态服务时的主要需求或先决条件如下。

（1）在服务的所有实例间同步状态的能力。

（2）在初始化期间恢复状态的能力。

如果能够满足这两个要求，那么在集群内部运行有状态服务时，我们正朝着解决其中一个主要瓶颈的正确方向迈进。

4.10 现在怎么办
What Now?

这就结束了在 Swarm 集群内使用服务发现的基本概念的探索。

我们是否完成了关于 Swarm 功能的学习？我们远不知道关于 Docker Swarm 的所有知识。然而，现在有足够的知识回到第 1 章的最后，并且迈出逻辑上的下一步，可以设计一个持续交付流程。

在深入第 5 章之前，现在是休息的时候了。像以前一样，我们会销毁创建的机器并重新开始：

```
docker-machine rm -f swarm-1 swarm-2 swarm-3
```

第 5 章

使用 Docker 容器进行持续交付和部署
Continuous Delivery and Deployment with Docker Containers

在软件世界中，当做某些事情很痛苦时，减轻痛苦的方法是更频繁地去做它，而不是少做。

——大卫·法利

在此之前，我们无法将持续集成（CI）转换为持续交付（CD）流程，因为还缺少一些基础知识。现在已经理解了 Docker Swarm 背后的基本原理和命令，我们可以回到第 1 章的末尾，并定义执行完整持续交付流程的步骤。

这里不会详细解释持续交付的细节，相反，只用一句话来说明，持续交付是一个过程，用于保证每次提交代码之后成功的构建都可以部署到生产环境中。

持续交付意味着任何人在任何时候都可以点击按钮，并将构建部署到生产环境中，而不必担心会出现问题。这意味着这个过程健壮到我们有足够的信心在部署到生产环境之前"几乎"任何问题都会被发现。不用说，持续交付是一个完全自动化的过程。从代码提交被发送到代码库的那一刻起，就没有任何人工干预，一直到构建好并准备部署到生产环境中。唯一的人工操作是有人需要按下运行脚本的按钮以执行部署。

持续部署（CDP）则更进一步，可以把它看成是没有按钮的持续交付。持续部署是一个过程，用于保证每次提交代码之后成功的构建都被部署到生产环境。

无论你选择哪个流程，步骤都是一样的。唯一的区别在于是否有一个用于部署到生产环境中的按钮。

到了现在，我们能够在合适的时候使用 Docker，并且将在生产和类生产环境中使用 Swarm 集群来运行服务。

让我们先定义一个可能实现的 CD/CDP 流程的步骤。

（1）检出代码。

（2）运行单元测试。

（3）构建二进制文件以及其他需要的依赖文件。

（4）部署服务到预备环境。

（5）运行功能测试。

（6）部署服务到类生产环境。

（7）运行生产准备测试。

（8）部署服务到生产环境。

（9）运行生产准备测试。

现在，让我们开始并搭建练习 CD 流程所需的环境。

5.1 定义持续交付环境
Defining the Continuous Delivery Environment

持续交付环境的最低要求是两个集群。第一个集群专门用于运行测试，构建镜像及所有其他 CD 任务，可以用它来模拟生产集群；第二个集群用于生产部署。

为什么需要两个集群？我们能用一个集群来完成同样的事情吗？

当然，一个集群也可以完成同样的工作，但是用两个集群可以简化相当多的流程，更重要的是，这样可以更好地隔离生产和非生产之间的服务与任务。

对生产集群的影响越小越好，通过不在生产集群内运行非生产服务和任务，可以降低风险。因此，我们更应该将生产集群与环境的其他部分分开。

现在让我们开始并启动这些集群。

5.2 搭建持续交付集群
Setting up Continuous Delivery Clusters

类生产集群最少需要几个服务器？要我说是两个。一方面，如果只有一台服务器，则无法测试网络和卷是否能跨节点工作，所以它必须是复数。另一方面，我不想过度压榨你的笔记本电脑，因此，除非必要，我们将避免增加这个数字。

对于类生产集群，两个节点应该足够，但我们应该再添加一个节点来运行测试和构建镜像。生产集群应该会更大一些，因为它要运行更多的服务。目前我们使用三个节点，稍后如果需要，可以增加，如你所知，向 Swarm 集群添加节点非常简单。

到目前为止，我们已经构建过好几次 Swarm 集群，所以这里不再赘述并通过脚本直接完成。

> 本章所有命令都可以从 05-continuous-delivery.sh（https://gist.github.com/vfarcic/5d08a87a3d4cb07db5348fec49720cbe）Gist 里找到。

让我们回到第 4 章中创建的 cloud-provisioning 目录，并运行 scripts/dm-swarm.sh（https://github.com/vfarcic/cloud-provisioning/blob/master/scripts/dm-swarm.sh）脚本。它将创建生产节点并将它们加入一个集群中。这些节点分别为 swarm-1、swarm-2 和 swarm-3：

```
cd cloud-provisioning

scripts/dm-swarm.sh

eval $(docker-machine env swarm-1)

docker node ls
```

node ls 命令的输出如下（为简洁起见，删除了 ID）：

```
HOSTNAME    STATUS    AVAILABILITY    MANAGER STATUS
swarm-2     Ready     Active          Reachable
swarm-1     Ready     Active          Leader
```

```
swarm-3     Ready      Active         Reachable
```

接下来，我们将创建第二个集群。我们将用它来运行 CD 任务以及模拟生产环境。目前，三个节点应该足够了。我们称它们为 swarm-test-1、swarm-test-2 和 swarm-test-3。

下面将会执行 scripts/dm-test-swarm.sh（https://github.com/vfarcic/cloud-provisioning/blob/master/scripts/dm-test-swarm.sh）脚本来创建集群：

```
scripts/dm-test-swarm.sh

eval $(docker-machine env swarm-test-1)

docker  node ls
```

node ls 命令的输出如下（为简洁起见，删除了 ID）：

```
HOSTNAME        STATUS      AVAILABILITY    MANAGER STATUS
swarm-test-2    Ready       Active          Reachable
swarm-test-1    Ready       Active          Leader
swarm-test-3    Ready       Active          Reachable
```

目前唯一还没做的就是创建 Docker 注册表服务。我们将在每个集群中创建一个，那样它们之间就没有直接的关系，并且能够彼此独立地运作。为了让不同集群上运行的注册表共享相同的数据，我们会把相同的主机卷挂到这两个服务上。这样，从一个集群推送的镜像可以从另一个集群获得，反之亦然。请注意，我们正在创建的卷还只是一个临时解决方案，稍后将探索更好的挂载卷的方式。

让我们从生产集群开始。

我们已经在第 1 章使用 Docker 容器的持续集成中运行了注册表。那时候，我们只有一个节点并使用 Docker Compose 来部署服务，没有选择注册表。

给 Windows 用户的说明

TIP Git Bash 会修改文件系统路径，为了防止修改，请在运行代码之前执行以下命令:

```
export MSYS_NO_PATHCONV=1
```

这一次，我们将注册表作为 Swarm 服务运行：

```
eval $(docker-machine env swarm-1)

docker service create --name registry \
    -p 5000:5000 \
    --reserve-memory 100m \
    --mount "type=bind,source=$PWD,target=/var/lib/registry" \
    registry:2.5.0
```

我们公开了端口 5000 并保留了 100 MB 的内存，使用--mount 参数暴露一个卷，这个参数有点类似于 Docker Engine 的--volume 参数或 Docker ccmpose 文件中的 volumes 参数。唯一显著的区别只是格式。这里我们指定了当前主机目录 source=$ PWD 应该被挂载在容器/var/lib/registry 目录中。

请注意，从现在开始，我们将始终运行指定的版本。到目前为止，虽然最新的版本作为演示来说还不错，但现在我们试图模拟在"真实"集群中运行的 CD 流程。我们应该始终明确要运行的服务版本，这样，就可以肯定相同的服务已经通过测试并部署到生产环境中。否则，可能会遇到一种情况，其中一个版本在类似生产环境中部署和测试，但部署到生产环境中的却是另一个版本。

当使用 Docker Hub 的镜像时，指定版本的好处更加明显。例如，如果只运行最新版本的注册表，则不能保证稍后在第二个集群中运行注册表时最新版本不会更新。最后我们很可能在不同的集群中使用了不同版本的注册表。这可能会导致一些非常难以察觉的错误。

关于版本控制我不再多说，我相信你知道它是什么以及何时使用它。

让我们回到注册表服务，也应该在第二个集群中创建它：

```
eval $(docker-machine env swarm-test-1)

docker service create --name registry \
    -p 5000:5000 \
    --reserve-memory 100m \
    --mount "type=bind,source=$PWD,target=/var/lib/registry" \
    registry:2.5.0
```

现在两个集群中都运行了注册表服务，如图 5-1 所示。

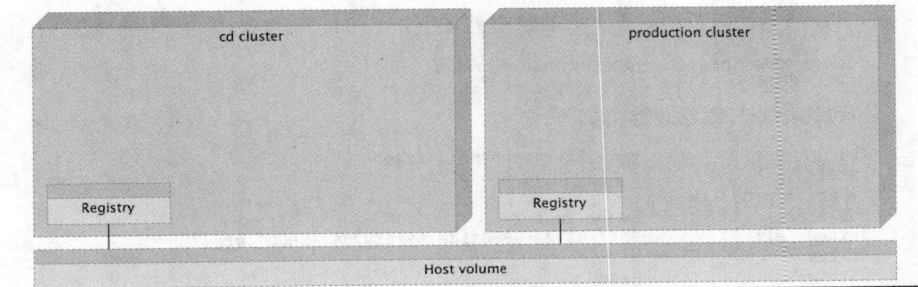

图 5-1　带有注册表的 CD 和生产集群

目前，我们不知道注册表在哪些服务器上运行。我们所知道的只是每个集群中都有一个服务实例。通常，我们必须配置 Docker Engine 以将注册表服务视为不安全的并允许它通信。为此，需要知道运行注册表服务器的 IP。但是，由于将它作为 Swarm 服务运行并暴露了端口 5000，因此 routing mesh 将确保端口在每个节点中都处于打开状态并向服务转发请求。这让我们可以将注册表视为本地主机。可以从任何节点拉取和推送镜像，就好像注册表在每个节点上运行一样。而且，Docker Engine 的默认行为是仅允许本地主机与注册表通信，这意味着不需要更改其配置。

5.3 使用节点标签来约束服务
Using Node Labels to Constrain Services

标签被定义为键值对的集合。我们将使用 env（环境 environment 的缩写）作为键。目前，我们不需要标记用于持续交付任务的节点，因为它们还没有被作为服务运行，所以将在后面的章节中改变这一点。目前，只需要在类生产环境中标记将用于运行服务的节点。

我们将使用节点 swarm-test-2 和 swarm-test-3 作为类生产环境，所以将使用键 env 和值 prod-like 来标记它们。

我们从节点 swarm-test-2 开始：

```
docker node update \
    --label-add env=prod-like \
    swarm-test-2
```

可以通过检查节点来确认标签确实被加上：

```
docker node inspect --pretty swarm-test-2
```

node inspect 命令的输出如下：

```
ID:                      vq5hj3lt7dskh54mr1jw4zunb
Labels:
 - env = prod-like
Hostname:                swarm-test-2
Joined  at:              2017-01-21 23:01:40.557959238 +0000   utc
Status:
 State:                  Ready
 Availability:           Active
 Address:                192.168.99.104
Manager Status:
 Address:                192.168.99.104:2377
 Raft Status:            Reachable
```

```
Leader:              No
Platform:
 Operating System:   linux
 Architecture:       x86_64
Resources:
 CPUs:               1
 Memory:             492.5  MiB
Plugins:
 Network:            bridge, host,  macvlan, null,  overlay
 Volume:             local
Engine Version:      1.13.0
Engine Labels:
 - provider = virtualbox
```

正如你所看到的，其中一个标签 env 的值是 prod-like，如图 5-2 所示。

让我们给第二个节点加上相同的标签

```
docker node update \
    --label-add env=prod-like \
    swarm-test-3
```

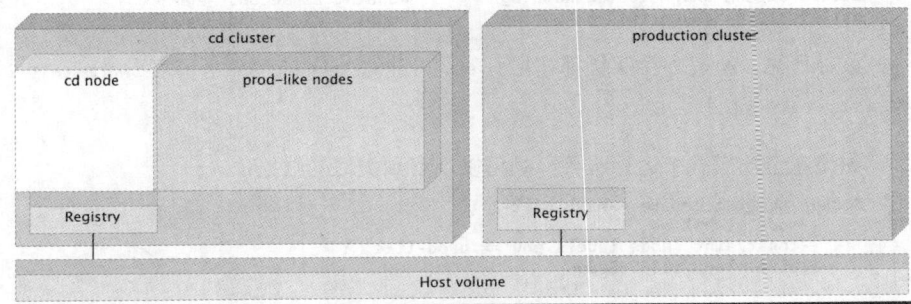

图 5-2 带有标签节点的 CD 集群

现在有几个节点标记为 prod-like，我们可以创建只在这些服务器上运行的服务。

让我们用 alpine 镜像来创建一个服务，并将其限制到 prod-like 节点：

```
docker service create --name util \
    --constraint 'node.labels.env == prod-like' \
    alpine sleep 1000000000
```

可以列出 util 服务的进程并确认它正运行在一个 prod-like 节点上：

```
 docker service ps util
```

service ps 命令的输出如下（为简洁起见，删除了 ID）：

```
NAME      IMAGE      NODE          DESIRED STATE    CURRENT STATE
util.1    alpine     swarm-test-2  Running          Running about  a minute  ago
```

正如你所看到的，该服务正在标记为 env=prod-like 的 swarm-test-2 节点内运行。

这本身并不能证明标签有效。毕竟,三个节点中的两个被标记为 prod-like,因此,如果标签不起作用,服务还是有 66%的概率会在其中一个节点上运行。所以,让我们调整一下。

把实例的数量增加到 6 个:

```
docker service scale util=6
```

让我们看看 util 进程:

```
docker service ps util
```

输出如下(为简洁起见,删除了 ID):

```
NAME     IMAGE  NODE         DESIRED STATE  CURRENT STATE
util.1 alpine swarm-test-2 Running        Running 15 minutes ago
util.2 alpine swarm-test-2 Running        Running 21 seconds ago
util.3 alpine swarm-test-3 Running        Running 21 seconds ago
util.4 alpine swarm-test-3 Running        Running 21 seconds ago
util.5 alpine swarm-test-2 Running        Running 21 seconds ago
util.6 alpine swarm-test-3 Running        Running 21 seconds ago
```

如你所见,所有 6 个实例都在标有 env = prod-like 的节点(节点 swarm-test-2 和 swarm-test-3)上运行。

如果在全局模式下运行服务,则可以观察到类似的结果:

```
docker service create --name util-2 \
    --mode global   \
    --constraint 'node.labels.env == prod-like' \
    alpine sleep 1000000000
```

下面来看看 util-2 进程:

```
docker service ps util-2
```

输出如下(为简洁起见,删除了 ID):

```
NAME      IMAGE          NODE          DESIRED STATE  CURRENT STATE
util-2    alpine:latest  swarm-test-3  Running        Running 3 seconds ago
util-2    alpine:latest  swarm-test-2  Running        Running 2 seconds ago
```

由于告诉了 Docker 我们希望该服务是全局的,因此期望的状态是在所有节点上运行。但是,由于指定了约束 node.labels.env == prod-like,所以副本仅在匹配的节点上运行。换句话说,服务仅在节点 swarm-test-2 和 swarm-test-3 上运行。如果将标签添加到节点 swarm-test-1,Swarm 也会在该节点上运行该服务。

在继续之前,让我们删除 util 和 util-2 服务:

```
docker service rm util util-2
```

现在知道了如何将服务限制到特定节点,因此,必须先创建一个服务,然后继续执行持续交付步骤。

5.4 创建服务
Creating Services

在继续探索持续交付步骤之前，应该讨论一下 Docker Swarm 引入的部署上的变化。我们之前认为，每个版本都意味着一个新的部署，而 Docker Swarm 并非如此。在 Docker Swarm 中，我们是在更新服务，而不是在部署每个版本。在构建 Docker 镜像之后，所要做的就是更新已经运行的服务。大多数情况下，所有要做的就是运行 `docker service update --image <IMAGE> <SERVICE_NAME>`命令。该服务已经拥有了它需要的所有信息，现在所要做的就是将镜像更改为新版本。

为了更新服务，得先有一个服务，我们需要创建它，并确保它有需要的所有信息。换句话说，我们只创建一次服务并用每个版本来更新服务，这样极大地简化了发布流程。

由于服务仅创建一次，因此，自动执行此步骤对我们而言投资回报率（ROI）太低。请记住，我们希望自动化多次执行的流程。仅做一次的事情不值得自动化，创建服务就是其中之一。我们仍然手动运行所有的命令，所以把它看成是第 6 章将会自动化整个过程的一个说明。

让我们创建构成 go-demo 应用程序的服务。我们需要 proxy、go-demo 服务和对应的数据库。和以前一样，必须创建 go-demo 和 proxy 网络。由于之前已经做过好几次，所以将通过 scripts/dm-test-swarm-services.sh（https://github.com/vfarcic/cloud-provisioning/blob/master/scripts/dm-test-swarm-services.sh）脚本来执行所有命令。它以与以前几乎相同的方式创建服务，唯一的区别是这里用了 prod-like 标签来限制服务仅应用于类生产部署的节点，如图 5-3 所示。

```
scripts/dm-test-swarm-services.sh

eval $(docker-machine env swarm-test-1)

docker service ls
```

service ls 命令的输出如下（为简洁起见，删除了 ID）：

```
NAME         MODE         REPLICAS IMAGE
proxy        replicated   2/2      vfarcic/docker-flow-proxy:latest
go-demo      replicated   2/2      vfarcic/go-demo:1.0
go-demo-db   replicated   1/1      mongo:3.2.10
registry     replicated   1/1      registry:2.5.0
```

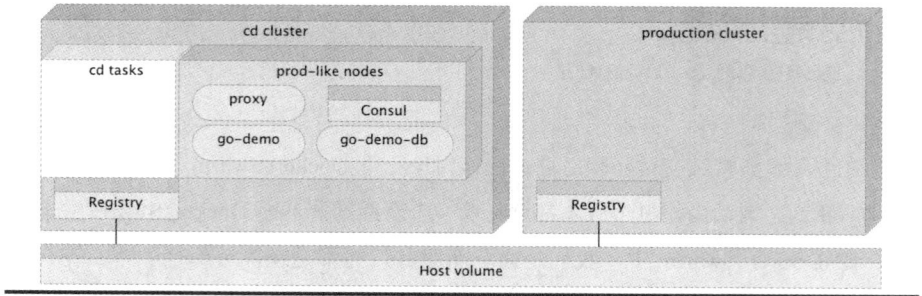

图 5-3 在标记为 prod-like 的节点上运行服务的集群

请注意，本地主机上的代理重新配置端口已设置为 8090，我们必须将其与测试环境中运行 go-demo 服务时使用的端口 8080 区分开来。

一方面，我们希望类生产集群中的服务尽可能地与生产集群中的服务一致。另一方面，我们不希望浪费资源来复制整个生产环境。出于这个原因，我们运行 proxy 和去 go-demo 服务的两个实例（副本）。只运行一个服务实例的话，与生产环境中的服务应该能够缩放的思路偏离太远。每个服务两个副本让我们能够测试缩放服务是否能如预期的那样工作。即使我们在生产环境中运行更多的实例，两个也足以模拟缩放行为。由于我们仍然无法设置数据库副本，因此目前仅运行一个 MongoDB 实例。

可以通过向 go-demo 发送一个请求来确认所有的服务确实被成功创建和集成：

```
curl -i "$(docker-machine ip swarm-test-1)/demo/hello"
```

我们还会在生产集群中创建相同的服务，唯一的区别是副本的数量（会更多），并且不会对其进行限制（见图 5-4）。由于这和之前做过的没有太大区别，我们将会使用 scripts/dm-swarm-services.sh（https://github.com/vfarcic/cloud-provisioning/blob/master/scripts/dm-swarm-services.sh)脚本来加快进度：

```
scripts/dm-swarm-services.sh

eval $(docker-machine env swarm-1)

docker service ls
```

service ls 的输出如下（为简洁起见，删除了 ID）：

```
NAME         MODE        REPLICAS  IMAGE
go-demo-db   replicated  1/1       mongo:3.2.10
go-demo      replicated  3/3       vfarcic/go-demo:1.0
```

```
registry    replicated 1/1    registry:2.5.0
proxy       replicated 3/3    vfarcic/docker-flow-proxy:latest
```

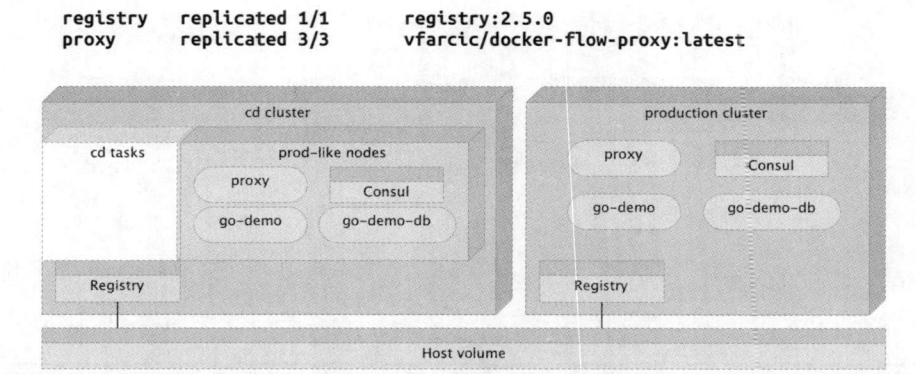

图 5-4 运行服务的 CD 和生产集群

既然已经在这两个集群中创建了服务，那么可以开始进行持续交付步骤了。

5.5 示范持续交付步骤
Walking Through Continuous Delivery Steps

现在已经知道持续交付流程所需的所有步骤，每个步骤我们都至少做了一次。在第 1 章中介绍了其中的一些。毕竟，持续交付是"扩展的"持续集成，或者是目标明确的持续集成。

我们在之前的章节中运行了这些步骤，知道了如何创建，更重要的是如何更新 Swarm 集群内的服务，这里不再赘述。可以把这一节当成到目前为止所有内容的一个回顾。

首先检出用于持续交付流程的服务的代码：

```
git clone https://github.com/vfarcic/go-demo.git

cd go-demo
```

接下来，运行单元测试并编译服务的二进制文件：

```
eval $(docker-machine env swarm-test-1)

docker-compose \
    -f docker-compose-test-local.yml \
    run --rm unit
```

请注意，这里使用了 swarm-test-1 节点。尽管它属于 Swarm 集群，但我们在"传统"模式下使用它（见图 5-5）。

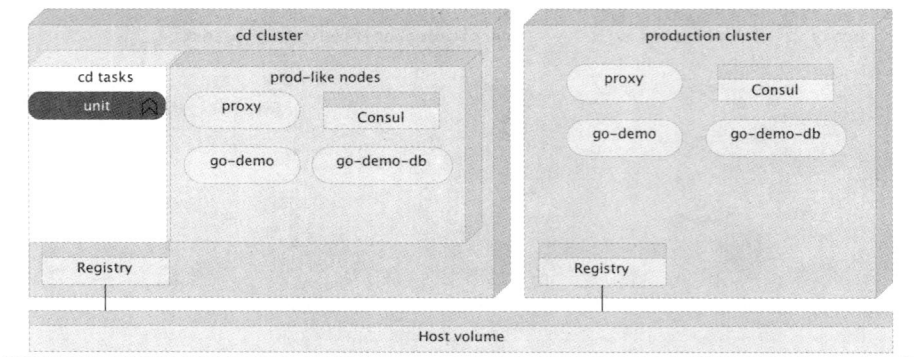

图 5-5 在 swarm-test-1 节点中运行单元测试

编译完成之后，可以构建 Docker 镜像（见图 5-6）：

```
docker-compose \
    -f docker-compose-test-local.yml \
    build app
```

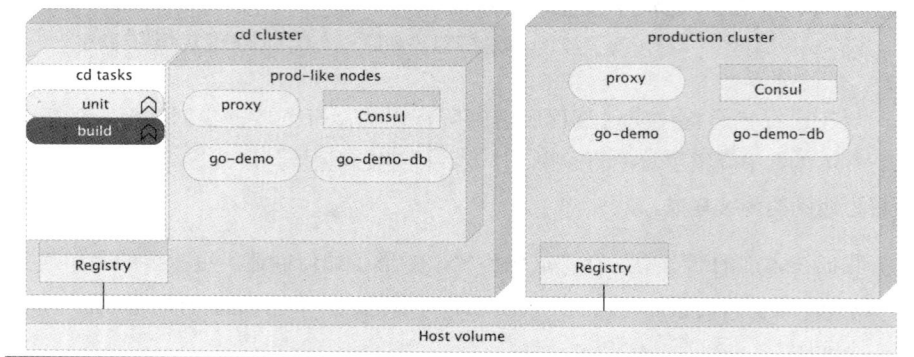

图 5-6 在 swarm-test-1 节点中运行构建

在构建好镜像之后，可以运行预备性的依赖和功能测试（见图 5-7），并在完成后销毁所有内容：

```
docker-compose \
    -f docker-compose-test-local.yml \
    up -d staging-dep

docker-compose \
    -f docker-compose-test-local.yml \
    run --rm staging

docker-compose \
    -f docker-compose-test-local.yml \
    down
```

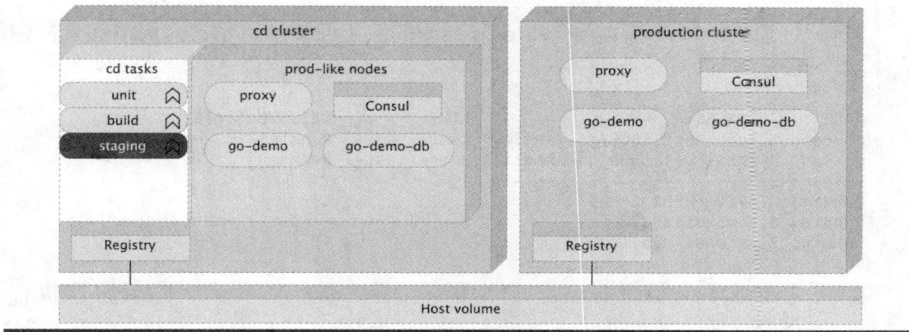

图 5-7　在 Swarm-test-1 节点中运行预备或功能测试

现在确信新版本应该会按预期工作，可以将镜像推送到注册表中：

```
docker tag go-demo localhost:5000/go-demo:1.1

docker push localhost:5000/go-demo:1.1
```

我们运行了单元测试，构建了二进制文件，构建了镜像，执行了功能测试，并将这些镜像推送到了注册表中。一方面，这个版本很可能按预期工作，但是检验的唯一标准是该版本是否在生产环境中正常工作。没有比这更可靠或有价值的标准了。另一方面，我们希望能够放心地进入生产环境。可以通过使用在合理范围内尽可能接近生产环境的 swarm-test 集群来平衡这两个需求。

现在，go-demo 服务在 swarm-test 集群中运行 1.0 版本。下面可以通过观察 service ps 命令的输出来确认：

```
docker service ps go-demo -f desired-state=running
```

输出如下（为简洁起见，删除了 ID）：

```
NAME        IMAGE                NODE         DESIRED STATE
go-demo.1 vfarcic/go-demo:1.0 swarm-test-2 Running
go-demo.2 vfarcic/go-demo:1.0 swarm-test-3 Running
------------------------------------
CURRENT STATE
Running about  an hour ago
Running about  an hour ago
```

让我们将当前运行的版本更新到刚刚构建的 1.1 版本中：

```
docker service update \
    --image=localhost:5000/go-demo:1.1 \
    go-demo

docker service ps go-demo -f desired-state=running
```

请注意，该服务最初是使用--update-delay 5s 参数创建的。这意味着每个更新将在每个副本集上持续 5 秒（再加上几分钟以拉取镜像并初始化容器）。

稍等片刻（约 6 秒）后，service ps 命令的输出应如下所示（为简洁起见，删除了 ID）：

```
NAME       IMAGE                       NODE        DESIRED STATE
go-demo.1  localhost:5000/go-demo:1.1  swarm-test-3 Running
go-demo.2  localhost:5000/go-demo:1.1  swarm-test-2 Running
----------------------------------
CURRENT STATE   ERROR  PORTS
Running 8 seconds ago
Running 2 seconds ago
```

如果你笔记本电脑上的输出跟上面不一样，请稍等片刻，然后再次执行 service ps 命令。

如你所见，镜像更改为 localhost:5000/go-demo:1.1，表示新版本确实已启动并正在运行。

请注意，由于该服务是使用 --constraint 'node.labels.env == prod-like' 参数创建的，新版本仍然只在标记为 prod-like 的节点中运行（见图 5-8）。这显示出 Docker Swarm 提供的最大优势之一。我们使用定义其完整行为的所有参数创建服务，从那之后，所要做的就是更新每个版本的镜像。当开始执行缩放和其他一些操作时，事情会变得更加复杂。但是，逻辑基本上是一样的。我们需要的大部分参数只要通过服务创建命令定义一次。

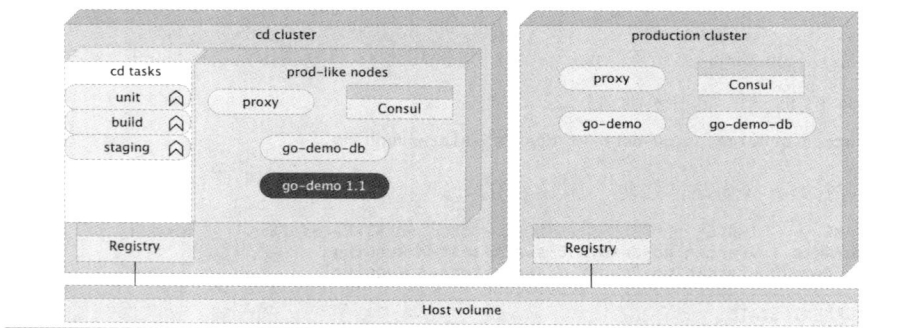

图 5-8　更新了 CD 集群中 prod-like 节点内部的服务

现在准备运行一些生产测试，我们对在生产环境运行这些仍然没有足够的信心，首先想看看测试是否能够在类似生产集群中执行通过。

将要运行的生产测试和之前运行的其他类型的测试没什么区别，Docker 客户端仍然指向 swarm-test-1 节点，因此，我们使用 Docker Compose 运行的任何内容都将继续在该服务器内执行。

让我们快速查看下 docker-compose-test-local.yml 文件中定义的 production 服务
（https://github.com/vfarcic/go-demo/blob/master/docker-compose-test-local.yml）：

```
production:
  extends:
    service: unit
  environment:
    - HOST_IP=${HOST_IP}
  network_mode: host
  command: bash -c "go get -d -v -t && go test --tags integration -v"
```

production 服务扩展了 unit 服务。这意味着它继承了 unit 服务的所有属性，使
得我们免于重复自己。

接下来，添加环境变量 HOST_IP，将要运行的测试会使用该变量来推断被
go-demo 测试的服务的地址。

最后覆盖 unit 服务中使用的命令。新命令下载 go 依赖关系 go get -d -v -t 并
执行标记为 integration 的所有测试 go test –tags integration -v。

现在来看看这个服务是否确实可以在 swarm-test 集群中运行：

```
export HOST_IP=localhost

docker-compose \
    -f docker-compose-test-local.yml \
    run --rm production
```

指定被测服务的 IP 为 localhost。由于运行测试的节点 swarm-test-1 属于集群，
因此 ingress 网络将请求转发给代理服务，然后代理服务再转发给 go-demo 服务。

输出的最后一行如下：

```
PASS
ok      _/usr/src/myapp 0.019s
```

所有的集成测试都通过了，整个过程花了不到 0.2 秒（见图 5-9）。

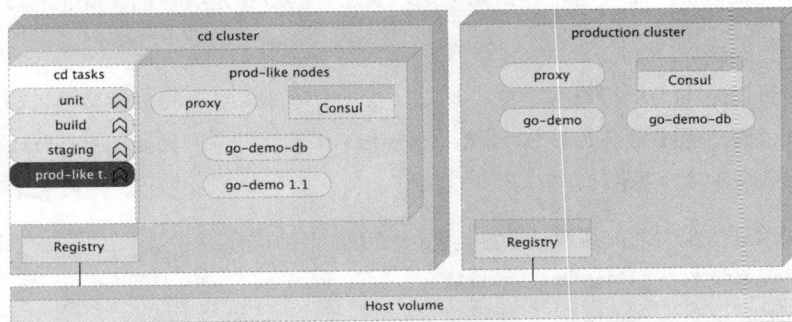

图 5-9　在 CD 集群中更新之后的服务上运行生产测试

从现在开始，我们基本上可以确信发布版本已准备好投入生产。我们运行了部署前的单元测试，构建了镜像，运行了预备测试，更新了类似生产集群，并运行了一系列集成测试。

持续交付步骤已正式完成，发布已准备就绪，只等有人决定更新生产中运行的服务。换句话说，此时持续交付已完成，只等待有人按下按钮以更新生产集群中的服务。

没有理由止步于此，我们拥有将此过程从持续交付转换为持续部署所需的全部知识，所要做的就是重复生产集群内的最后几条命令。

5.6 从持续交付到持续部署走得更远
Walking the Extra Mile From Continuous Delivery to Continuous Deployment

如果确实有一套全面的测试，可以让我们确信代码库的每次提交都按预期工作，并且存在可重复且可靠的部署过程，那么实在是没有理由不多做一点来自动部署每个版本到生产环境。

你可能选择不做持续部署，也许你的过程需要我们添加新功能才能够满足，也许营销部门不希望新功能在他们宣传之前可用。选择止步于持续交付流程的原因有很多。尽管如此，从技术角度来看，流程都是一样的。唯一的区别是，持续交付要求我们按下将选定版本部署到生产环境的按钮，而持续部署则将部署作为同一自动化流程的一部分进行。换句话说，要运行的步骤是一样的，除了有没有按钮。

这可能是本书中最短的一章。我们只差几个命令就可以将持续交付过程转换为持续部署。现在需要更新生产集群（swarm）中的服务并回到 swarm-test-1 节点执行另一轮测试（见图 5-10）。

既然这些我们之前都做过，这里无须赘述，直接执行：

```
eval $(docker-machine env swarm-1)

docker service update \
    --image=localhost:5000/go-demo:1.1 \
    go-demo
```

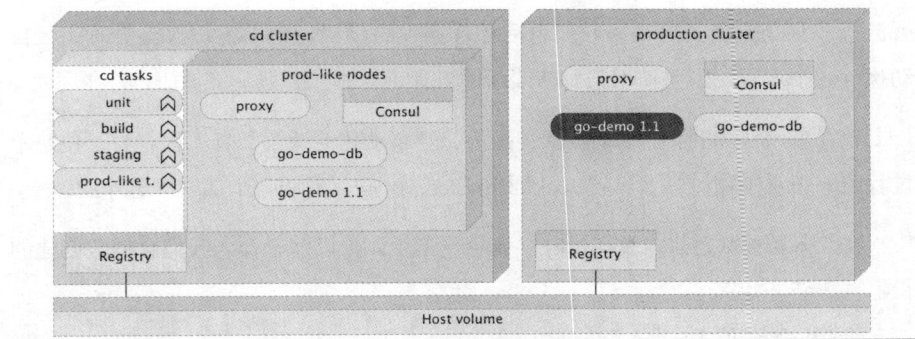

图 5-10 更新了生产集群中的服务

现在服务在生产集群内部更新了，可以执行上一轮测试（见图 5-11）：

```
eval $(docker-machine env swarm-test-1)

export HOST_IP=$(docker-machine ip swarm-1)

docker-compose \
    -f docker-compose-test-local.yml \
    run --rm production
```

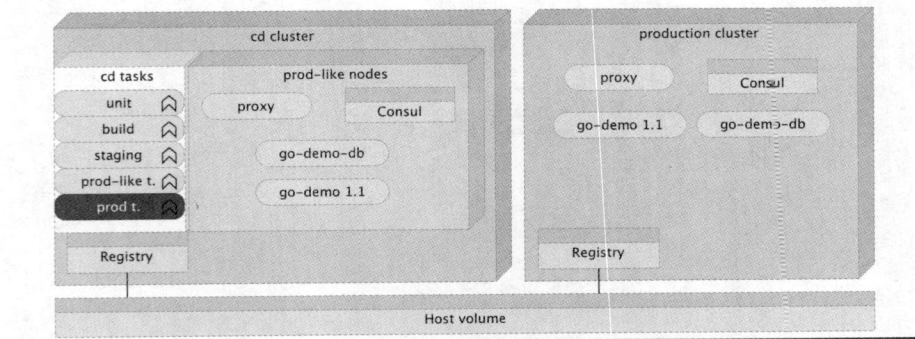

图 5-11 在生产集群内更新之后的服务上运行生产测试

我们更新了在生产集群内运行的版本，并运行了另一轮集成测试。没有失败发生，表明新版本能正确地在生产环境中运行。

5·7 现在怎么办
What Now?

我们是否完成了持续部署？答案是否定的。我们还没有创建自动化的持续部署流程，只是定义了可帮助我们自动运行流程的步骤。为了在每次提交时完全自动执行这个流程，需要使用某种持续部署工具。

现在使用 Jenkins 把手动步骤转换为完全自动化的持续部署流程。为了使整个过程能够正常工作，需要设置 Jenkins master、一些代理和一个部署管道作业。

在深入第 6 章之前，现在是时候休息一下了。像以前一样，我们会销毁创建的机器并重新开始：

```
docker-machine rm -f \
    swarm-1 swarm-2 swarm-3 \
    swarm-test-1 swarm-test-2 swarm-test-3
```

第 6 章

使用 Jenkins 自动化持续部署流程
Automating Continuous Deployment Flow with Jenkins

作为开发人员，我们最强大的工具就是自动化。

——斯科特·汉塞尔曼

我们已经知道完全自动化的持续部署流程所需的全部命令，现在需要一个工具来监视代码库中的变化，并在每次检测到提交时触发这些命令。

市场上有大量的 CI/CD 工具，我们选择使用 Jenkins，这并不意味着它是唯一的选择，也不意味着它对所有场景都是最好的选择。这里我们不会比较不同的工具，也不会提供使用 Jenkins 的决定背后的更多细节，这个话题可能需要一个单独的章节甚至整本书。相反，我们将直接从讨论 Jenkins 的架构开始。

6.1　Jenkins 架构
Jenkins Architecture

Jenkins 是一个基于单个 master 和多个 agent 组合的单体应用。

一方面，Jenkins master 可以看成是一个协调器。它监视源代码，在满足预先定义的条件时触发作业，存储日志和文件，并执行与 CI/CD 编排相关的其他大量任务。它不运行实际任务，但它能确保任务被执行。

另一方面，Jenkins agent 完成实际的工作。当 master 触发作业执行时，实际工作由代理执行。我们不能扩展 Jenkins master，至少不能像 go-demo 服务那样扩展。可以创建多个 Jenkins master，但它们不能共享同一个文件系统。由于 Jenkins 使用文件来存储其状态，因此，创建多个实例会导致完全分离的应用程序。由于缩放背后的主要原因是容错性和性能优势，而这些目标都不会通过扩展 Jenkins master 来完成。

如果 Jenkins 不能缩放，那么如何满足性能要求？可以通过添加代理来增加容量。一个 master 可以处理许多代理。大多数情况下，代理是一整个服务器（物理的或虚拟的）。单个 master 拥有数十个甚至数百个代理（服务器）并不罕见，转而由每个代理运行多个执行任务的程序。

传统上，Jenkins 的 master 和 agent 将在专用的服务器上运行。这本身就带来了一些问题。如果 Jenkins 正在专用服务器上运行，那么发生故障时会怎么样？要知道，故障迟早会发生。

对于许多组织来说，Jenkins 是关键任务。如果它不可操作，则不能发布新版本，无法运行计划任务，无法部署软件等。通常，Jenkins 故障通过把软件和记录其状态的文件一起转移到健康的服务器来解决。如果这个过程是手动完成的，那么通常情况下，停机时间可能很长。

本章会充分利用到目前为止学到的知识，并努力使 Jenkins 能够容错。我们可能无法完成零宕机时间，但至少会尽最大可能减少宕机时间。我们还将探索应用学到的方法来以（几乎）全自动的方式创建 master 和 Jenkins 代理。我们将尽可能让 master 容错，以及代理可动态扩展。

废话少说！让我们进入本章的实践环节。

6.2　搭建生产环境
Production Environment Setup

我们将从重新创建前面章节中使用的生产集群开始。

本章中的所有命令都在 06-jenkins.sh 中可用（https://gist.github.com/vfarcic/9f9995f90c6b8ce136376e38afb14588）Gist：

```
cd cloud-provisioning
```

```
git pull

scripts/dm-swarm.sh
```

进入之前克隆的 cloud-provisioning 代码库并拉取最新的代码。然后执行创建生产集群的 scripts/dm-swarm.sh（https://github.com/vfarcic/clcud-provisioning/blob/master/scripts/dm-swarm.sh）脚本。我们在第 5 章使用过同一个脚本。

现在确认集群确实被正确创建了：

```
eval $(docker-machine env swarm-1)

docker node ls
```

node ls 命令的输出如下（为简洁起见，删除了 ID）：

```
HOSTNAME   STATUS   AVAILABILITY   MANAGER STATUS
swarm-2    Ready    Active         Reachable
swarm-1    Ready    Active         Leader
swarm-3    Ready    Active         Reachable
```

现在生产集群已经启动并运行，我们可以创建 Jenkins 服务。

6.3 Jenkins 服务
Jenkins Service

传统上，我们会在单独的服务器上运行 Jenkins。即使选择与其他应用程序共享服务器资源，部署仍然是静态的。我们想运行一个 Jenkins 实例（用或者不用 Docker），并希望它从不发生故障，可问题在于每个应用程序迟早会失败，也许是因为进程停止，也许是因为整个节点挂掉。无论是哪种方式，Jenkins 像任何其他应用程序一样，将在某个时刻停止工作。

问题在于，Jenkins 已经成为许多组织中的关键应用。如果把任务的执行，或者更准确地说，把所有自动化流程的触发引入 Jenkins，那么将产生一个很强的依赖。如果 Jenkins 没有运行，那么代码不会被构建，不会被测试，也不会被部署。当然，如果 Jenkins 发生故障，可以将其重启。如果其运行的服务器停止工作，也可以将其部署到其他地方。假设故障在工作时间发生，那么停机时间不会很长。从停止工作的那一刻起，一个小时，或者两个小时，甚至更长的时间过去之后，有人会发现，然后通知其他人重新启动应用或启动新的服务器。这是很长一段时间吗？这取决于你的组织的规模。一件事情被依赖的人越多，当它不起作用时损失就越大。虽然这样的停机时间及其造成的损失并不是很严重，但要知道我们已经掌握的知识和工具可以避免这种情况，所要做的就是创建另一项服务并让 Swarm 处理剩下的事情。

给 Windows 用户的说明

Git Bash 会修改文件系统路径，为了防止修改，请在运行代码之前执行以下命令:

```
export MSYS_NO_PATHCONV=1
```

让我们创建一个 Jenkins 服务，在 cloud-provisioning 目录下运行下面的命令:

```
mkdir  -p docker/jenkins

docker  service create  --name  jenkins \
  -p 8082:8080 \
  -p 50000:50000 \
  -e JENKINS_OPTS="--prefix=/jenkins" \
  --mount "type=bind,source=$PWD/docker/jenkins,target=/var/ \
  jenkins_home"--reserve-memory 300m \
  jenkins:2.7.4-alpine

docker  service ps jenkins
```

给 Linux（比如 Ubuntu）用户的说明

Docker Machine 在其创建的 VM 主机内挂载用户目录，这允许我们共享文件。但是，该功能在 Linux 系统上运行的 Docker Machine 不起作用。目前，最简单的解决方法是去掉--mount 参数。稍后，当介绍到持久存储时，你将看到如何更有效地挂载卷。

好消息是这个问题很快就会解决。有关讨论请参阅问题 # 1376 （https://github.com/docker/machine/issues/1376）。一旦合并了 pull reuest # 2122（https://github.com/docker/machine/pull/2122），你就可以在 Linux 系统上使用自动挂载。

Jenkins 将其状态存储在文件系统中。因此，我们先在主机上创建一个目录，并将它用作 Jenkins 的 home 目录。由于我们位于主机用户的其中一个子目录中，因此 docker/jenkins 目录将被挂载到我们创建的所有机器上。

接下来创建该服务，它将内部端口 8080 公开为 8082，并公开了内部端口 50000。第一个端口用于访问 Jenkins UI，第二个端口用于 master 和 agent 之间的通信。我们还将 URL 前缀定义为/jenkins，并挂载了 jenkins 主目录（见图 6-1）。最后预留了 300 MB 的内存。

下载镜像后，service ps 命令的输出如下（为简洁起见，删除了 ID）：

```
NAME        IMAGE                NODE        DESIRED STATE    CURRENT STATE
jenkins.1   jenkins:2.7.4-alpine swarm-1     Running          Running 52 seconds ago
```

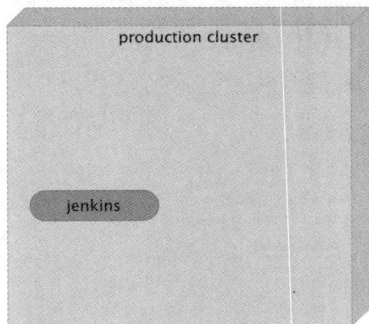

图 6-1　有 jenkins 服务的生产集群

Jenkins 2 改变了设置流程。虽然以前的版本允许我们在没有任何配置的情况下运行，但新版 Jenkins 强制我们手动执行一些流程。不幸的是，在撰写本文时，还没有好的 API 来帮助我们实现这个流程的自动化。虽然可以使用一些技巧，但与其引入的额外复杂的流程相比，这些好处还不够。毕竟，我们只会设置一次 Jenkins，所以并没有很强的动机将其自动化（至少在 Jenkins 提供配置 API 之前）。

让我们打开 UI：

```
open "http://$(docker-machine ip swarm-1):8082/jenkins"
```

给 Windows 用户的说明

Git Bash 可能不支持 open 命令，如果真是这样，则可以执行 docker-machine ip <SERVER_NAME> 来查找机器的 IP，然后直接在浏览器中打开 URL，比如上面的命令应该被替换为 docker-machine ip swarm-1，如果命令输出的是 1.2.3.4，则应该在浏览器里打开 http://1.2.3.4:8082/jenkins。

你会注意到的第一件事是要设置管理员密码，不少企业用户要求加强安全性，没有初始化会话的话，Jenkins 将无法被访问。如果你刚接触 Jenkins，或者刚接触第二版，可能想会知道密码是什么。密码被输出到日志（这里是标准输出 stdout）以及文件 secrets/initialAdminPassword 中，并将在安装过程结束时删除。

现在来看看 secrets/initialAdminPassword 文件的内容：

```
cat docker/jenkins/secrets/initialAdminPassword
```

输出是一个表示临时密码的长字符串。请复制它，返回到用户界面，将其粘贴到管理员密码字段，然后单击"Continue"（继续）按钮，如图 6-2 所示。

图 6-2　解锁 Jenkins 服务

一旦解锁 Jenkins，你将看到安装建议插件或选择适合需求的插件的选项。推荐的插件适合最常用的场景，所以将使用该选项。

请点击"Install suggested plugins"按钮。

一旦插件被下载并安装完成，就可以看到 Create First Admin User 的界面。请把用户名和密码都设置为 admin，剩下的字段请随意填写。填好之后，点击"Save and Finish"按钮，如图 6-3 所示。

图 6-3　Create First Admin User 界面

Jenkins 已经安装好，现在剩下的就是开始单击"Start using Jenkins"按钮。现在可以测试 Jenkins 故障转移是否有效。

6.4　Jenkins 故障转移
Jenkins Failover

动手停止服务并观察 Swarm，为此需先找出服务正在运行的节点，将 Docker 客户端指向它，然后删除容器：

```
NODE=$(docker service ps \
    -f desired-state=running jenkins \
    | tail -n +2 | awk '{print $4}')

eval $(docker-machine env $NODE)

docker  rm -f $(docker ps -qa \
    -f label=com.docker.swarm.service.name=jenkins)
```

我们列出了 Jenkins 进程并过滤出期望状态的进程，运行 `docker service ps -f desired-state =running jenkins`。输出被传送到 tail 命令，该命令将标题行 `tail -n +2` 删除，之后再次传送给 awk 命令，该命令将输出限制为包含运行进程的节点的第四列 `awk '{print $ 4}'`。最终结果存储在 NODE 变量中。

接着使用 eval 命令来创建将被 Docker 客户端用来操作远程引擎的环境变量。最后得到镜像 ID，并使用 ps 命令和 rm 命令的组合删除容器。

正如前面章节中学到的那样，如果容器发生故障，Swarm 会在集群内的某处再次运行它。当创建服务时，我们会告诉 Swarm 期望的状态是运行一个实例，然后 Swarm 会尽最大努力确保我们的期望得到满足。

让我们确认服务确实正在运行：

```
docker  service ps jenkins
```

如果 Swarm 决定在另一个节点上重新运行 Jenkins，则可能需要一些时间才能拉取到镜像。过一会儿之后，`service ps` 命令的输出应如下所示：

```
NAME        IMAGE           NODE    DESIRED STATE CURRENT STATE           ERROR
jenkins.1   jenkins:alpine  swarm-3 Running       Running less than a second ago
_ jenkins.1 jenkins:alpine  swarm-1 Shutdown      Failed 5 seconds ago          "task: non-zero exit (137)"
```

可以通过重新打开 UI 来最终确认：

```
open "http://$(docker-machine ip swarm-1):8082/jenkins"
```

给 Windows 用户的说明

Git Bash 可能不支持 open 命令，如果真是这样的话，则执行 docker-machine ip <SERVER_NAME> 来查找机器的 IP，然后直接在浏览器中打开 URL，比如上面的命令应该被替换为 docker-machine ip swarm-1，如果命令输出的是 1.2.3.4，则应该在浏览器里打开 http://1.2.3.4:8082/jenkins。

由于 Jenkins 不允许未经认证的用户访问，所以需要登录，请使用 admin 同时作为用户名和密码。

你会注意到，这一次，我们无需重复安装过程，尽管新的 Jenkins 镜像在不同的节点上运行，但由于挂载了的主机目录，所以其状态还是被保留了。

我们设法让 Jenkins 具有容错能力，但是并没有设法让它不停机地运行。由于其架构——Jenkins master 不能被缩放，因此，当我们通过移除容器来模拟故障时，没有别的实例可以接收流量。即使 Swarm 将其重新安排在不同的节点上，仍有一些停机时间。在短时间内，服务无法被访问。虽然这不是一个完美的状态，但我们已经设法将停机时间降至最低。让 Jenkins 能够容错，但无法在没有停机的情况下运行。考虑到其架构，我们已经尽力了。

接下来要介绍的是 Jenkins 代理，它们将实际执行持续部署流程。

6.5 Jenkins 代理
Jenkins Agent

运行 Jenkins 代理的方法有很多。其中大部分方法存在的问题是我们不得不通过 Jenkins UI 逐个添加代理，但我们不会这么做，而是尝试利用 Docker Swarms 的功能来扩展这些代理服务。

Jenkins Swarm Plugin（https://wiki.jenkins-ci.org/display/JENKINS/Swarm+Plugin）是一种可以用来实现可缩放代理的方法。在你开始得出错误的结论之前，我们必须说明这个插件与 Docker Swarm 无关，它们的唯一关系只是共用了 Swarm（群集）这个单词。

Jenkins Swarm Plugin（https://wiki.jenkins-ci.org/display/JENKINS/Swarm+Plu gin）允许我们自动发现附近的 master 并自动加入它们，这里只使用自动加入的功能。

我们会创建一个 Docker Swarm 服务，它将充当 Jenkins 代理并自动加入 master。

首先需要安装插件。

请按照以下代码打开插件管理器界面：

```
open "http://$(docker-machine ip swarm-1):8082/jenkins/pluginManager/available"
```

给 Windows 用户的说明

Git Bash 可能不支持 open 命令，如果真是这样的话，则执行 docker-machine ip <SERVER_NAME> 来查找机器的 IP，然后直接在浏览器中打开 URL，比如上面的命令应该被替换为 docker-machine ip swarm-1，如果命令输出的是 1.2.3.4，则应该在浏览器里打开 http://1.2.3.4:8082/jenkins。

接下来要搜索 Self-Organizing Swarm Plug-in Modules plugin。最简单的方法是在屏幕右上角的 Filter 框中输入插件名称。找到插件之后，请选中并单击"Install without restart"按钮。

现在插件已经安装好，可以设置第二个由三节点组成的集群。和以前一样，我们称之为 swarm-test。可以使用脚本 scripts/dm-test-swarm-2.sh（https://github.com/vfarcic/cloud-provisioning/blob/master/scripts/dm-test-swarm-2.sh）来运行创建机器并将它们加入集群所需的所有命令。

```
scripts/dm-test-swarm-2.sh

eval $(docker-machine env swarm-test-1)

docker node ls
```

node ls 命令的输出如下（为简洁起见，删除了 ID）：

```
HOSTNAME        STATUS    AVAILABILITY    MANAGER STATUS
swarm-test-2    Ready     Active          Reachable
swarm-test-1    Ready     Active          Leader
swarm-test-3    Ready     Active          Reachable
```

刚刚运行的脚本与之前使用的 dm-test-swarm.sh 脚本之间唯一的明显区别是这个脚本添加了一些标签。第一个节点被标记为 jenkins-agent，另外两个节点标记为 prod-like。这些标签背后的原因是，尽量区分开用于运行诸如构建和测试 jenkins-agent 等任务的节点，以及用于在模拟生产 prod-like 的环境中运行服务的节点。

现在来看看 swarm-test-1 节点：

```
eval $(docker-machine env swarm-test-1)

docker  node inspect swarm-test-1 --pretty
```

输出如下：

```
ID:                    3rznbsuvvkw4wf7f4qa32cla3
Labels:
 - env = jenkins-agent
Hostname:              swarm-test-1
Joined at:             2017-01-22 08:30:26.757026595 +0000 utc
Status:
 State:                Ready
 Availability:         Active
Manager Status:
 Address:              192.168.99.103:2377
 Raft Status:          Reachable
 Leader:               Yes
Platform:
 Operating System:         linux
 Architecture:         x86_64
Resources:
 CPUs:                 1
 Memory:               492.5 MiB
Plugins:
 Network:              bridge, host, null, overlay
 Volume:               local
Engine Version:        1.13.0
Engine Labels:
 - provider = virtualbox
```

如你所见，这个节点带有键值为 env 和 jenkins-agent 的标签。如果检查其他两个节点，就会发现它们也被标记了，只是标记值为 prod-like，如图 6-4 所示。

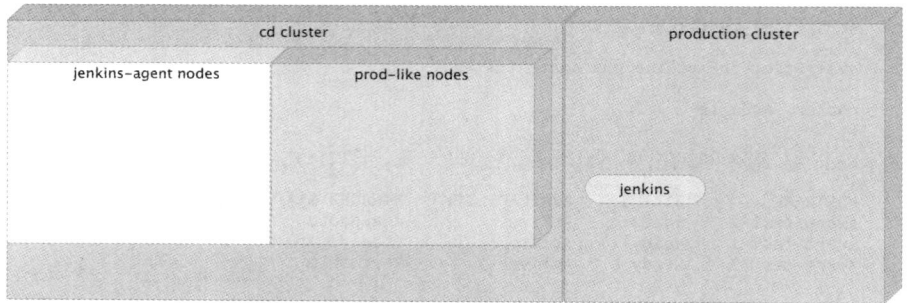

图 6-4 添加标签后的节点

现在已经搭建好了 swarm-test 集群，准备创建 Jenkins 代理服务，但是在这之前，让我们快速看一下要使用的镜像的定义。vfarcic/jenkins-swarm-agent Dockerfile（https://github.com/vfarcic/docker-jenkins-slave-dind/blob/master/Dockerfile）如下所示：

```
FROM docker:1.12.1

MAINTAINER Viktor Farcic <viktor@farcic.com>

ENV SWARM_CLIENT_VERSION 2.2
ENV DOCKER_COMPOSE_VERSION 1.8.0
ENV COMMAND_OPTIONS ""

RUN adduser -G root -D jenkins
RUN apk --update add openjdk8-jre python py-pip git

RUN wget -q
https://repo.jenkins-ci.org/releases/org/jenkins-ci/plugins/swarm-client/ \
${SWARM_CLIENT_VERSION}/swarm-client-${SWARM_CLIENT_VERSION}-jar-with- \
dependencies.jar -P /home/jenkins/
RUN pip install docker-compose

COPY run.sh /run.sh
RUN chmod +x /run.sh

CMD ["/run.sh"]
```

它使用 docker 作为基础镜像，接着是几个环境变量，这些变量定义了将要安装的软件版本。添加了 jenkins 用户以运行 Jenkins。随后安装 OpenJDK、Python 和 pip。Jenkins Swarm 客户端依赖 JDK，Docker Compose 依赖 Python 和 pip，设置好了前面这些前置条件之后，下载 Swarm JAR 并使用 pip 来安装 Docker Compose。

最后，复制 run.sh（https://github.com/vfarcic/docker-jenkins-slave-dind/blob/master/run.sh）脚本，设置其执行权限，并定义运行时命令来运行它。该脚本使用 Java 来运行 Jenkins Swarm 客户端。

在继续创建 Jenkins 代理服务之前，需要在运行代理的每个主机中创建 /workspace 目录，目前只在 swarm-test-1 节点上这么做。很快你会明白为什么需要这个目录：

```
docker-machine ssh swarm-test-1

sudo mkdir  /workspace && sudo chmod  777 /workspace && exit
```

进入 swarm-test-1 节点，创建目录，给它全部权限，然后退出机器。

理解了 vfarcic/jenkins-swarm-agent 镜像（或者至少它包含的内容）之后，可以继续并创建服务。

给 Windows 用户的说明

为了下一个命令使用的 --mount 参数能够正常工作，你需要阻止 Git Bash 修改文件系统路径。按照下面设置环境变量：

```
export MYSYS_NO_PATHCONV=1
```

```
export USER=admin

export PASSWORD=admin

docker service create --name jenkins-agent \
    -e COMMAND_OPTIONS="-master \
    http://$(docker-machine ip swarm-1):8082/jenkins \
    -username $USER -password $PASSWORD \
    -labels 'docker' -executors 5" \
    --mode global \
    --constraint 'node.labels.env == jenkins-agent' \
    --mount \
    "type=bind,source=/var/run/docker.sock,target=/var/run/docker.sock" \
    --mount \
    "type=bind,source=$HOME/.docker/machine/machines,target=/machines" \
    --mount "type=bind,source=/workspace,target=/workspace" \
    vfarcic/jenkins-swarm-agent
```

这次创建服务的命令比我们之前遇到的要长一些。COMMAND_OPTIONS 环境变量包含代理程序连接到 master 需要的所有信息。我们指定了 master 的地址-master http://$（docker-machine ip swarm-1）:8082/jenkins，定义了用户名和密码-username $USER -password $PASSWORD，标记了代理-labels 'docker'，并设置执行器的数量 -executors 5。

另外，我们声明服务为 global 并将其限制在 jenkins-agent 节点上。这意味着它将在每个带有匹配标签的节点上运行。虽然目前只有一台服务器，但我们很快会看到这样的设置提供的好处。

我们挂载了 Docker socket，这样发送到在容器内运行的 Docker 客户端的任何命令都将在主机上运行 Docker Engine（本例中为 Docker Machine）。因此，可以避免通过在 Docker 中运行 Docker 或者叫 DinD 造成的陷阱。有关更多信息请阅读文章 Using Docker-in-Docker for your CI or testing environment? Think twice （http://jpetazzo.github.io/2015/09/03/do-not-use-docker-in-docker-for-ci/）。

我们还挂载了包含密钥的主机（笔记本电脑）目录。这将允许我们向在另一个集群内运行的引擎发送请求。最后一个挂载命令将容器内的/workspace 目录暴露给了主机。在 Jenkins 代理中运行的所有构建都将使用该目录，如图 6-5 所示。

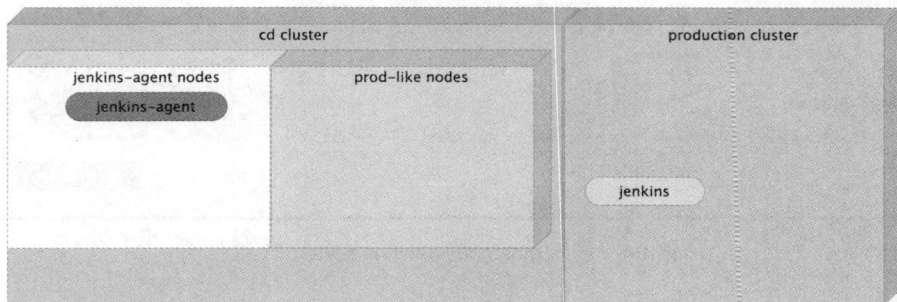

图 6-5 Jenkins 代理作为全局服务运行

我们来看看服务进程：

```
docker service ps jenkins-agent
```

输出如下（为简洁起见，删除了 ID）：

```
NAME           IMAGE                            NODE         DESIRED STATE  CURRENT STATE         ERROR PORTS
jenkins-agent... vfarcic/jenkins-swarm-agent:latest  swarm-test-1  Running        Running 2 minutes ago
```

正如你所看到的那样，这个服务是全局的，所以期望的状态是它在每个节点上运行。但是，由于我们将其限制在带有标签 jenkins-agent 的节点，因此容器仅在具有匹配标签的那些节点内运行。换句话说，服务只在 jenkins-agent 节点上运行。

让我们打开显示已注册代理的 Jenkins 页面：

```
open "http://$(docker-machine ip swarm-1):8082/jenkins/computer/"
```

给 Windows 用户的说明

Git Bash 可能不支持 open 命令，如果真是这样的话，则执行 docker-machine ip <SERVER_NAME> 来查找机器的 IP，然后直接在浏览器中打开 URL，比如上面的命令应该被替换为 docker-machine ip swarm-1，如果命令输出的是 1.2.3.4，则应该在浏览器里打开 http://1.2.3.4:8082/jenkins。

正如你所看到的，已经注册了两个代理（见图 6-6）。主代理在每个 Jenkins 实例中都默认运行。在笔者的机器上，作为 jenkins-agent 服务运行的代理被标识为 e0961f7c1801-d9bf7835：

S	Name ↓	Architecture	Clock Difference	Free Disk Space	Free Swap Space	Free Temp Space	Response Time	
	e0961f7c1801-d9bf7835	Linux (amd64)	In sync	16.60 GB	1.13 GB	16.60 GB	225ms	
	master	Linux (amd64)	In sync	248.80 GB	1.13 GB	16.63 GB	0ms	
	Data obtained	7 min 56 sec	7 min 56 sec	7 min 56 sec	7 min 56 sec	7 min 56 sec	7 min 56 sec	

Refresh status

图 6-6　加入 master 的 Jenkins Swarm 代理

由于使用了标签将服务限制在 swarm-test-1 节点上,所以目前我们只注册了一个代理(除 master 外,大多数情况下不应该这么做(指仅运行一个实例))。

代理配置为使用五个执行器,这意味着五个构建可以并行执行。请注意,这种情况下,执行器的数量是虚高的,因为每台机器只有一个 CPU。没有任何附加信息的话,我会将执行器的数量设置为与 CPU 的数量相同。这将是仅有的随时间变化而变化的基本计算。如果通过这些执行器执行的任务是 CPU 密集型的,那么可能需要减少执行器的数量。然而,为了达到这个练习的目的,五个执行器应该没有问题。我们只有一个服务,所以不会并行运行构建。

让我们假设这是真实的系统,并行构建的数量比执行器的数量多。这种情况下,有任务会排队等待执行器完成并释放资源。如果这是一个临时情况,则可以不需要做任何事情,执行的构建会结束,释放资源并运行排队的构建。但是,如果这种情况重复发生,排队构建的数量可能会开始增加,然后一切都会变慢。既然已经确认速度是持续集成、交付和部署过程的关键要素,当遇到阻碍时,就要想一些办法。这种情况下,需要增加可用执行器的数量,也就是增加代理的数量。

假设我们达到了极限并且需要增加代理的数量,那么在了解了全局 Swarm 服务如何工作之后,所要做的只是创建一个新节点:

```
docker-machine create  -d virtualbox swarm-test-4

docker-machine ssh swarm-test-4

sudo mkdir  /workspace && sudo chmod  777 /workspace && exit

TOKEN=$(docker swarm  join-token -q worker)

eval $(docker-machine env swarm-test-4)

docker  swarm  join \
```

```
--token $TOKEN  \
--advertise-addr $(docker-machine ip swarm-test-4) \
$(docker-machine ip swarm-test-1):2377
```

我们创建了 swarm-test-4 节点，并在里面创建了 /workspace 目录。然后得到令牌并将新创建的服务作为 worker 加入集群。

让我们确认新节点确实已添加到集群中：

```
eval $(docker-machine env swarm-test-1)

docker  node ls
```

node ls 命令的输出如下（为简洁起见，删除了 ID）：

```
HOSTNAME        STATUS    AVAILABILITY    MANAGER STATUS
swarm-test-3    Ready     Active          Reachable
swarm-test-2    Ready     Active          Reachable
swarm-test-1    Ready     Active          Leader
swarm-test-4    Ready     Active
```

Jenkins 代理是否在新创建的节点内运行呢？让我们来看看：

```
docker service ps jenkins-agent
```

service ps 命令的输出如下（为简洁起见，删除了 ID）：

```
NAME            IMAGE                                  NODE
jenkins-agent... vfarcic/jenkins-swarm-agent:latest   swarm-test-1
-----------------------------------------
DESIRED STATE  CURRENT STATE  ERROR  PORTS
Running        Running
```

由于该节点未标记为 jenkins-agent，因此该代理没在 swarm-test-4 服务器内运行。

添加标签，代码如下：

```
docker  node update  \
   --label-add env=jenkins-agent \
   swarm-test-4

docker  service ps jenkins-agent
```

这一次，输出有些不同（为简洁起见，删除了 ID）：

```
NAME            IMAGE                                  NODE          DESIRED STATE  CURRENT STATE         ERROR PORTS
jenkins-agent... vfarcic/jenkins-swarm-agent:latest swarm-test-4 Running        Running 1 second ago
jenkins-agent... vfarcic/jenkins-swarm-agent:latest swarm-test-1 Running        Running 4 mirutes ago
```

Swarm 检测到了新标签，然后运行容器，并将状态更改为运行状态。

让我们回到列出已连接代理的 Jenkins 页面：

```
open "http://$(docker-machine ip swarm-1):8082/jenkins/computer"
```

给 Windows 用户的说明

Git Bash 可能不支持 open 命令，如果真是这样的话，则执行 docker-machine ip <SERVER_NAME> 来查找机器的 IP，然后直接在浏览器中打开 URL，比如上面的命令应该被替换为 docker-machine ip swarm-1，如果命令输出的是 1.2.3.4，则应该在浏览器里打开 http://1.2.3.4:8082/jenkins。

如你所见，新的代理 b76e943ffe6c-d9bf7835 被添加到了列表里，如图 6-7 所示。

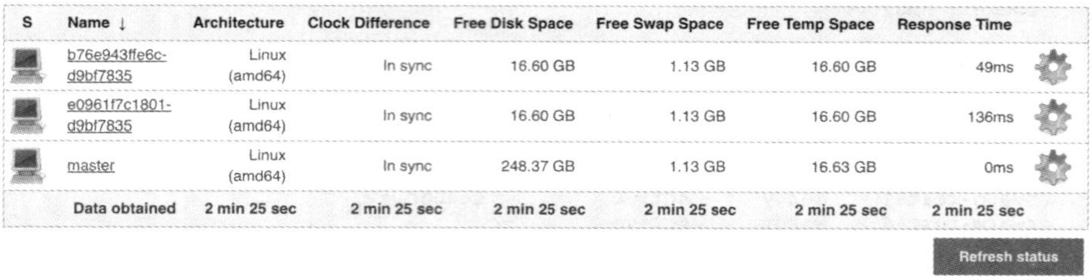

S	Name ↓	Architecture	Clock Difference	Free Disk Space	Free Swap Space	Free Temp Space	Response Time
	b76e943ffe6c-d9bf7835	Linux (amd64)	In sync	16.60 GB	1.13 GB	16.60 GB	49ms
	e0961f7c1801-d9bf7835	Linux (amd64)	In sync	16.60 GB	1.13 GB	16.60 GB	136ms
	master	Linux (amd64)	In sync	248.37 GB	1.13 GB	16.63 GB	0ms
	Data obtained	2 min 25 sec	2 min 25 sec	2 min 25 sec	2 min 25 sec	2 min 25 sec	2 min 25 sec

Refresh status

图 6-7　加入 master 的第二个 Jenkins Swarm 代理

这很简答，不是吗？通常情况下，我们不仅要创建新的服务器，还要运行代理并通过 UI 将其添加到 Jenkins 配置中。通过结合 Jenkins Swarm 插件和 Docker Swarm 全局服务，我们成功实现了大部分步骤的自动化。现在所要做的就是创建一个新节点并将其添加到 Swarm 集群中。

在继续并通过 Jenkins 实现持续部署流程自动化之前，我们应该在生产和类生产环境中创建服务。

6.6　在生产和类生产环境中创建服务
Creating Services in Production and Production-like Environments

由于服务只被创建一次，并在其某些方面发生变化时更新（例如新版本的新镜像），因此我们没有强烈的动机将服务创建添加到持续部署流程中，不然所得到的只是复杂性的增加，而没有任何实际的好处。因此，我们将手动创建所有服务，并在稍后讨论每次发行的新版本将如何触发自动化流程。

我们已经多次创建了 go-demo、go-demo-db、proxy、jenkins 和注册表服务，所

以这里不再解释并直接运行 scripts/dm-swarm-services-2.sh（https://github.com/
vfarcic/cloud-provisioning/blob/master/scripts/dm-swarm-services-2.sh），它将重
现前几章中的情形：

```
scripts/dm-swarm-services-2.sh

eval $(docker-machine env swarm-1)

docker  service ls
```

service ls 命令的输出如下（为简洁起见，删除了 ID）：

```
NAME        MODE          REPLICAS    IMAGE
go-demo     replicated 3/3           vfarcic/go-demo:1.0
jenkins     replicated 1/1           jenkins:2.7.4-alpine
go-demo-db  replicated 1/1           mongo:3.2.10
registry    replicated 1/1           registry:2.5.0
proxy       replicated 3/3           vfarcic/docker-flow-proxy:latest
```

　　所有的服务都在运行。现在运行的脚本与之前使用的 scripts/dm-swarm-
services.sh（https://github.com/vfarcic/cloud-provisioning/blob/master/scripts/dm-
swarm-services.sh）的唯一区别就是这次添加了注册表。

　　现在生产环境已经启动并运行，我们在 swarm-test 集群中创建了相同的服务
集。由于该集群是在类似生产环境中运行的服务以及 Jenkins 代理之间共享的，因
此我们将服务限制在 prod-like 节点上运行。

　　与生产集群一样，我们将通过脚本运行服务。这次将使用 scripts/dm-test-
swarm-services-2.sh（https://github.com/vfarcic/cloud-provisioning/blob/master/scripts/
dm-test-swarm-services-2.SH）：

```
scripts/dm-test-swarm-services-2.sh

eval $(docker-machine env swarm-test-1)

docker service ls
```

service ls 命令的输出如下（为简洁起见，删除了 ID）：

```
NAME          MODE          REPLICAS    IMAGE
jenkins-agent global     2/2           vfarcic/jenkins-swarm-agent:latest
registry      replicated 1/1           registry:2.5.0
go-demo       replicated 2/2           vfarcic/go-demo:1.0
proxy         replicated 2/2           vfarcic/docker-flow-proxy:latest
go-demo-db    replicated 1/1           mongo:3.2.10
```

　　现在这些服务运行在生产和类生产环境中，我们可以继续讨论采用 Jenkins 将
CD 流程自动化的方法。

6.7 使用 Jenkins 自动化持续部署流程
Automating Continuous Deployment Flow with Jenkins

Jenkins 是基于插件的，几乎每个功能都要有一个插件。如果要使用 Git，那么就有一个对应的 Git 插件。如果想使用 Active Directory 进行身份验证，那么也会有一个相应的插件。你应该明白了，几乎一切都是插件。而且，大多数插件都是由社区创建并维护的。当不确定如何完成某件事情时，插件目录（https://wiki.jenkins-ci.org/display/JENKINS/Plugins）通常是我们开始查找的第一个地方。

现在有超过 1200 个插件可用，由于种类繁多，大多数用户都通过插件完成几乎所有任务也就不奇怪了。Jenkins 老手会创建一项 Freestyle 作业，例如，克隆代码并构建二进制文件。接下来是另一个运行单元测试的作业，这项作业用于运行功能测试，等等。所有这些 Freestyle 作业都将被连接在一起。当第一项作业完成时，它将调用第二项作业，第二项作业调用第三项作业，依此类推。Freestyle 作业激发了对插件的大量使用。

我们会选择一个适合给定任务的插件，填写一些字段，然后点击保存。这种方法让我们能够在不需要了解不同工具如何工作的情况下自动执行这些步骤。需要执行一些 Gradle 任务？只需选择 Gradle 插件，填写几个字段，然后离开就可以了。

基于大量使用插件的这种做法可能是灾难性的。理解自动化及其背后的工具至关重要。此外，Freestyle 作业的滥用打破了行业的基本原则，所有东西都应该存储在代码库中，以易于进行代码评审、版本控制等，好的编码实践也应该应用到自动化代码中去。

我们将采取不同的方式。

我个人认为，构成 CI/CD 流水线的步骤应该在 Jenkins 这样的工具之外进行指定。我们应该能够在没有 CI/CD 工具的情况下定义所有命令，并且一旦我们确定所有事情都按预期工作，就可以将这些命令转换为 CI/CD 友好的格式。换句话说，自动化是第一位的，然后才是 CI/CD 工具。

幸运的是，不久前，Jenkins 推出了一个名为 Jenkins Pipeline 的新概念。与通过 Jenkins UI 定义的 Freestyle 作业不同，Pipeline 允许我们将 CD 流定义为代码。由于已经有了一套定义良好的命令，所以将它们转换成 Jenkins 流水线应该不是很难。

让我们试一试吧。

6.8 创建 Jenkins 流水线作业
Creating Jenkins Pipeline Jobs

我们先定义一些环境变量。声明这些变量的原因是要有一个地方来存储关键信息。这样，当某些信息发生变化时（例如集群入口点），只需要修改一个或两个变量，并且这些变化将传播到所有作业中。

让我们开始吧。首先，需要打开 Jenkins 全局配置界面

```
open "http://$(docker-machine ip swarm-1):8082/jenkins/configure"
```

给 Windows 用户的说明

Git Bash 可能不支持 open 命令，如果真是这样的话，则执行 docker-machine ip <SERVER_NAME> 来查找机器的 IP，然后直接在浏览器中打开 URL，比如上面的命令应该被替换为 docker-machine ip swarm-1，如果命令输出的是 1.2.3.4 的话，则应该在浏览器里打开 http://1.2.3.4:8082/jenkins。

一旦进入配置界面，请点击 Environment variables 复选框，然后点击"Add"按钮，将会看到"Name"和"Value"字段。我们将添加的第一个变量保存生产环境 IP。但是在输入之前，我们需要知道生产环境 IP 是什么。Routing mesh 将来自任何节点的请求重定向到目标服务，或者更确切地说，是与请求公开了相同端口的服务。因此，可以使用生产集群中的任何服务器作为我们的入口点。

要获得其中一个节点的 IP，可以使用 docker-machine ip 命令：

```
docker-machine ip swarm-1
```

结果视情况而定，在我的笔记本电脑上，输出如下：

```
192.168.99.107
```

请复制 IP 并返回到 Jenkins 配置界面。输入 `PROD_IP` 作为名称并将 IP 粘贴到值字段中。值得注意的是，我们刚刚引入了单点故障，如果 `swarm-1` 节点失败，那么所有使用此变量的作业也将失败。好消息是，可以通过更改此环境变量的值来快速修复此问题。坏消息是，其实我们可以做得更好，但不是用 Docker 机器。例如，如果要使用 AWS，就可以使用 Elastic IP。但是，现在尚未到 AWS 章节，因此目前更改环境变量是我们的最佳选择。

接下来应该添加另一个代表生产节点名称的变量。稍后会看到这个变量的用法。现在，请创建一个名称为 `PROD_NAME` 并且值为 `swarm-1` 的新变量。

在类生产集群 `swarm-test` 中，我们需要类似的变量。请输入值为 `swarm-test-1` 节点 IP（通过 `docker-machine ip swarm-test-1` 得到）的变量 `PROD_LIKE_IP` 以及值为 `swarm -test-1` 的变量 `PROD_LIKE_NAME`，如图 6-8 所示。

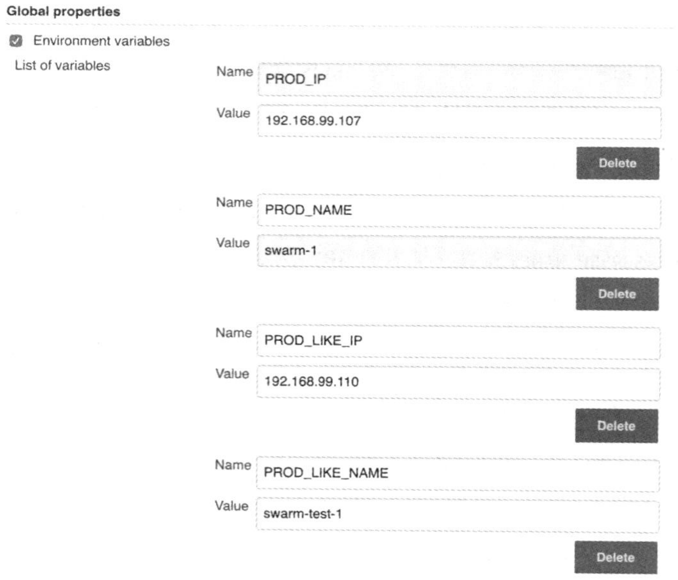

图 6-8　定义环境变量的 Jenkins 全局配置界面

一旦设置完 Environment variables，请点击"Save"按钮。

既然已经定义了环境变量，那么可以继续并创建一个 Jenkins 流水线作业用于自动执行我们实践过的持续部署步骤。

要创建新作业，请点击位于左侧菜单中的 New Item 链接。输入 go-demo 作为项目名称，选择 Pipeline，然后单击"OK"按钮。

Jenkins 流水线定义包含三个主要级别，即节点、阶段和步骤。我们将通过逐一学习这些级别来定义 go-demo Pipeline 代码。

6.9　定义流水线节点
Defining Pipeline Nodes

在 Jenkins Pipeline DSL 中，节点（node）是一个能够完成两件事的步骤，它通常借助于代理上的可用执行器完成工作。

节点通过将其包含的步骤添加到 Jenkins 构建队列中来调度这些步骤。这样，只要执行器时间片在节点上是空闲的，就会运行适当的步骤。

节点还会创建一个工作空间，也就是一个特定于指定作业的文件目录，其中可以进行资源密集型处理而不会对流水线性能产生负面影响。节点声明中包含的所有步骤执行完成后，由节点创建的工作空间会自动删除。在节点内完成所有重要工作（如构建或运行 shell 脚本）是一种最佳实践，因为阶段中节点块向 Jenkins 表明其内部步骤的资源密集程度足以进行调度，请求代理池提供帮助，并且只在需要时才锁定工作空间。

如果节点的定义让你感到困惑，请把它看成是一个用于执行步骤的地方。它指定将要执行任务的服务器（代理），可以是服务器的名称（由于节点配置与代理程序的紧密耦合，通常这么做是一个糟糕的主意），也可以是与代理程序中设置的标签集相匹配的一组标签。如果你回想起用来启动 Jenkins Swarm 代理服务的命令，就会记得我们使用了 -labels docker 作为命令选项之一。由于 Docker Engine 和 Compose 是我们需要的唯一可执行文件，所以这是我们指定节点时需要的唯一标签。

请在 go-demo 作业配置的 Pipeline 脚本字段中输入以下代码并按下"Save"按钮：

```
node("docker") {
}
```

我们只编写了 Pipeline 的第一个迭代。现在来运行它。请点击"Build Now"按钮。

作业开始运行并显示 "This Pipeline has run successfully, but does not define any stages" 的信息，我们马上就会更正这个问题，现在来看看日志，如图 6-9 所示。

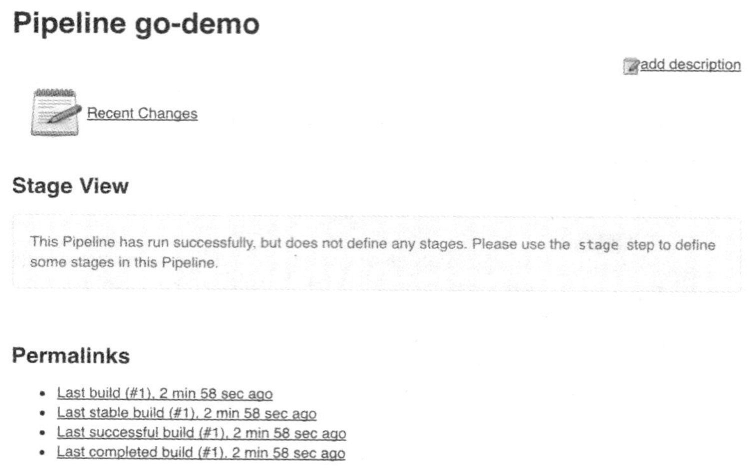

Pipeline go-demo

add description

Recent Changes

Stage View

This Pipeline has run successfully, but does not define any stages. Please use the `stage` step to define some stages in this Pipeline.

Permalinks

- Last build (#1), 2 min 58 sec ago
- Last stable build (#1), 2 min 58 sec ago
- Last successful build (#1), 2 min 58 sec ago
- Last completed build (#1), 2 min 58 sec ago

图 6-9　Jenkins 流水线作业的第一次构建

你可以通过单击构建编号#1 旁边的球形图标来访问日志。可以从位于界面左侧的 Build History 小部件访问所有构建。

输出如下：

```
Started by user admin
[Pipeline] node
Running on be61529c010a-d9bf7835 in /workspace/go-demo
[Pipeline] {
[Pipeline] }
[Pipeline] // node
[Pipeline] End of Pipeline
Finished: SUCCESS
```

这次构建并没有做很多事情。Jenkins 解析了节点定义以及决定使用代理 be61529c010a-d9bf7835（两个 Jenkins Swarm 服务实例之一）并运行目录/workspace/go-demo 中的步骤。目录结构很简单。构建生成的所有文件都位于与作业名称匹配的目录中。这种情况下，目录是 go-demo。

由于没有在节点内指定任何步骤，因此 Pipeline 几乎立即执行完任务并取得成功。让我们通过阶段来稍微将其调整下。

6.10 定义流水线阶段
Defining Pipeline Stages

阶段（stage）是执行任何任务时一个逻辑上的独立部分，具有锁定、排序和标记其流程部分相对于同一流程其他部分的参数。流水线语法通常由阶段组成。每个阶段的步骤都可以由一个或多个构建步骤。由于阶段是通过给流水线提供逻辑分区的功能来帮助其组织的，并且 Jenkins 流水线可视化功能是将阶段显示为流水线的独立部分，所以通过阶段完成工作是一种最佳实践。

使用手动命令练习的流程的阶段有哪些？可将定义过的命令分成以下几组。

（1）从代码库拉取最新代码。

（2）运行单元测试并构建服务及其 Docker 镜像。

（3）部署到测试环境并运行测试。

（4）给 Docker 镜像打上标签并推送到注册表。

（5）使用最新的镜像更新类生产环境中运行的服务并运行测试。

（6）使用最新的镜像更新生产环境中的服务并运行测试。

```
stage("Pull") {
}
stage("Unit") {
}
stage("Staging") {
}
stage("Publish") {
}
stage("Prod-like") {
}
stage("Production") {
}
```

应该将之前定义的节点与这些阶段相结合。更确切地说，它们都应该在节点块内部定义。

请从 scripts/go-demo-stages.groovy（https://github.com/vfarcic/cloud-provisioning/blob/master/scripts/go-demo-stages）复制并粘贴代码来替换现有的流水线定义。你可以通过单击位于界面顶部的面包屑内部的 go-demo 链接访问作业配置。进入主作业页面后，请点击位于左侧菜单中的"Configure"按钮。完成新的流水线定义的填写或粘贴后，保存并通过单击"Build Now"按钮重新运行该作业。

现在还没执行任何操作，但这次 Stage View 界面提供了更多信息，该界面上显示了之前定义的阶段，如图 6-10 所示。

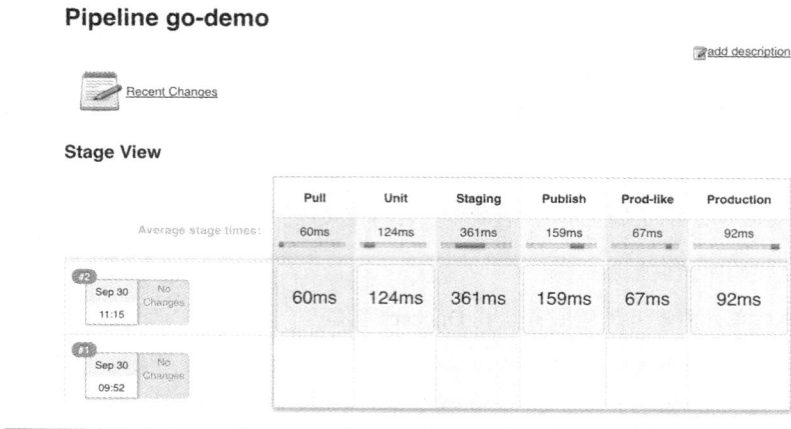

图 6-10　Jenkins 流水线节点查看界面

接下来定义在每个阶段内执行的步骤。

6.11　定义流水线步骤
Defining Pipeline Steps

在开始执行这些步骤之前，必须简要地提一下，人们一般使用几种不同的方法来定义 Jenkins 的作业。有些人更喜欢使用 Jenkins 插件，更极端的情况下，这种方法会导致每个动作都通过插件执行。需要执行 Gradle 任务吗？有一个（或两个）Gradle 插件。需要对 Docker 做些什么吗？很可能有一打 Docker 插件。如何使用 Ansible 进行配置管理？也有一个 Ansible 插件。

我不认为过分依赖插件是一件好事。我相信，即使没有 Jenkins，也应该有能力创建大部分（如果不是全部）的自动化。毕竟，使用一个能够让我们少写一行命令的插件就更有意义了？我不这么认为。这并不意味着我们不应该使用插件，但只有当其带来真正的和具体的额外价值时才应该使用它们。例如 Git 插件，它可以评估代码是否应该克隆还是拉取，它可以帮助管理认证，并且提供一些自动填充的能够与其他步骤结合使用的环境变量。

应该总是使用 Git 插件吗？不是的。假设我们要做的只是在已克隆的代码库中进行简单的拉取操作，不需要身份验证并且在后面的步骤中不会使用某些拉取信息（例如，提交 ID）。在这种情况下，最简单的做法可能就是最好的选择。从 Git 代码库拉取代码的最简单方法是什么？很显然，是通过 Shell 执行的 `git pull` 命令。

只有当我们知道正在做什么，并且以与 CI/CD 工具无关的方式完成流程时，才应该使用 Jenkins（或任何你选择的工具）并将整个流程结合在一起。这样就能理解流程，并且能够牢牢掌控要做的事情，不仅是从纯粹的自动化角度，而且可以从工具、流程和体系结构选择的角度。所有的部件都需要以一种有机和高效的方式协同工作。如果能够做到这一点，Jenkins 就像胶水一样将它们联系在一起，而不是作为我们开始工作时的基础。

现在来定义第一阶段所需的步骤。目标非常简单，从 Git 存储库获取代码。为了使事情稍微复杂一点，可能需要克隆或拉取代码。由于第一次构建时什么都没有，所以必须克隆代码。所有后续的构建只要将更新拉取到已克隆的代码中。虽然编写执行该逻辑的脚本代码相对简单，但这是使用 Jenkins 插件的一个绝好例子。更确切地说，我们将使用 Jenkins 流水线 git 步骤，这个步骤在后台使用一个 Git 插件。

Pipeline 的 Pull 阶段如下：

```
stage("Pull") { \
    git "https://github.com/vfarcic/go-demo.git" \
}
```

git 步骤是通过流水线域特定语言（Domain Specific Language，DSL）提供的许多步骤之一，它用于克隆代码。如果代码已经被克隆过，那么将会直接拉取。你可以在流水线步骤参考（https://jenkins.io/doc/pipeline/steps/）页面中找到更多信息。

请注意，在现实世界中，我们会在代码库中创建一个 web hook。无论何时有了新的提交，都会触发此作业。现在，我们将通过手动触发作业来模拟 web hook。

可以通过从 scripts/go-demo-pull.groovy（https://github.com/vfarcic/cloud-provisioning/blob/master/scripts/go-demo-pull.groovy）复制并粘贴代码来替换现有的流水线定义。完成后，请运行作业并观察构建日志。

让我们继续。

接下来的代码是前面章节中使用的命令的变体，用来运行单元测试并构建一个新的 Docker 镜像：

```
withEnv([
    "COMPOSE_FILE=docker-compose-test-local.yml"
]) {
    stage("Unit") {
        sh "docker-compose run --rm unit"
        sh "docker-compose build  app"
    }
}
```

我们将整个阶段封装在定义 COMPOSE_FILE 变量的 withEnv 块中。这样，每次执行 docker-compose 时，都不需要重复-f docker-compose-test-local.yml 参数。请注意，马上要定义的所有其他阶段也应该位于 withEnv 块内。

Unit 阶段内的步骤与我们在手动执行流程时所采用的步骤相同。唯一的区别是，这一次，我们把这些命令放在 sh DSL 的步骤中。它的目的很简单，用来运行一个 shell 命令。

现在将跳过这个作业并进入下一个阶段：

```
stage("Staging") {
try {
    sh "docker-compose up -d staging-dep"
    sh "docker-compose run --rm staging"
} catch(e) {
    error  "Staging failed"
  } finally {
    sh "docker-compose down"
  }
}
```

Staging 阶段有点复杂，这些命令位于 try/catch/finally 块中。采取这种方式的原因在于当事情失败时 Jenkins 的表现。如果前一阶段 Unit 中的某个步骤失败，则整个流水线构建将终止。当没有额外的动作时，这很适合我们。但是，在 Staging 步骤的情况下，要移除所有依赖容器并释放资源以做他用。换句话说，无论 Staging 测试的结果如何，docker-compose down 命令都应该被执行。如果你是程序员，则可能已经知道 finally 语句总是被执行，而不管 try 语句是否产生错误。在我们的例子中，finally 语句会停止构成此 Docker Compose 项目的所有容器。

现在进入发布阶段：

```
stage("Publish") {
  sh "docker tag go-demo \
    localhost:5000/go-demo:2.${env.BUILD_NUMBER}"
  sh "docker push \
    localhost:5000/go-demo:2.${env.BUILD_NUMBER}"
}
```

这个阶段没有神秘的东西，只是重复前几章中执行的相同命令，镜像被标记并推送到注册表中。

请注意，我们使用 BUILD_NUMBER 向标签提供唯一的版本号。它是 Jenkins 内置的环境变量之一，用于保存当前正在执行的构建的 ID 值。

Prod-like 阶段将引入额外的警告，如下所示：

```
stage("Prod-like") {
  withEnv([
    "DOCKER_TLS_VERIFY=1",
    "DOCKER_HOST=tcp://${env.PROD_LIKE_IP}:2376",
    "DOCKER_CERT_PATH=/machines/${env.PROD_LIKE_NAME}"
  ]) {
      sh "docker service update \
        --image localhost:5000/go-demo:2.${env.BUILD_NUMBER} \
        go-demo"
  }
  withEnv(["HOST_IP=${env.PROD_IP}"]) {
      for (i = 0; i <10; i++) {
        sh "docker-compose run --rm production"
      }
    }
}
```

由于使用滚动更新来替换旧版本，所以必须在整个过程中都运行测试。虽然可以创建一个脚本来验证是否更新了所有实例，但（这次）又不想搞得太复杂，所以我们直接运行十次测试。根据你测试的平均持续时间和更新所有实例所需的时间，可能要根据需要对其进行调整。出于演示的目的，在类生产环境中进行十轮测试应该足够了。

总之，在这个阶段，我们正在使用新版本更新服务，并在更新远程中运行十轮测试。

请注意，我们声明了更多的环境变量。具体来说，我们定义了 Docker 客户端连接到在远程主机上运行的 Docker Engine 所需的全部内容。

我们差不多完成任务了，现在已在类似生产环境中测试了该服务，可以将其部署到生产集群中。

Prod 阶段与 Prod-like 阶段几乎相同:

```
stage("Production") {
  withEnv([
    "DOCKER_TLS_VERIFY=1",
    "DOCKER_HOST=tcp://${env.PROD_IP}:2376",
    "DOCKER_CERT_PATH=/machines/${env.PROD_NAME}"
  ]) {
    sh "docker service update  \
    --image localhost:5000/go-demo:2.${env.BUILD_NUMBER} \
    go-demo"
  }
  withEnv(["HOST_IP=${env.PROD_IP}"]) {
    for (i = 0; i <10; i++) {
      sh "docker-compose run --rm production"
    }
  }
}
```

唯一的区别是,这一次,`DOCKER_HOST` 和 `PROD_IP` 变量都指向生产集群中的一台服务器。其余的与 `Prod-like` 阶段的相同。

请使用脚本 `/go-demo.groovy` 中的代码替换现有的流水线定义。完成后,请运行作业并观察构建日志。

稍等片刻,将执行完成作业,新版本将在生产群集中运行,如图 6-11 所示。

Stage View

		Pull	Unit	Staging	Publish	Prod-like	Production
Average stage times:		6s	1min 42s	1min 6s	1s	23s	23s
#4 Oct 05 18:53	No Changes	1s	5min 8s	3min 20s	3s	1min 8s	1min 9s
#3 Oct 05 18:43	No Changes	19s	81ms	50ms	70ms	51ms	50ms
#2 Oct 05 18:35	No Changes	74ms	70ms	234ms	52ms	404ms	47ms
#1 Oct 05 18:30	No Changes						

图 6-11 Jenkins 流水线阶段视图界

可以通过执行 `service ps` 命令确认新版本的服务更新确实成功了:

```
eval $(docker-machine env swarm-1)

docker  service ps go-demo
```

`service ps` 命令的输出如下(为简洁起见,删除了 ID):

就是这样！我们有了一条完整可用的（活蹦乱跳的）持续部署流水线。如果将 WebHook 添加到托管代码的 GitHub 存储库中，则每次有新的提交时，都会运行流水线。因此，除非流水线中的某个步骤失败，否则新版本将部署到兰产环境中。

6.12　现在怎么办
What Now?

使用代码来定义持续部署流程步骤的能力为我们提供了比以前使用 Freestyle 作业更多的灵活性。Docker Compose 允许我们执行任何类型的任务，而无须设置任何特殊的基础架构。只要它在容器内，任何东西都可以运行。最后，Docker Swarm 大大简化了类生产环境和生产环境中的部署。

我们只用到了 Jenkins Pipeline 的皮毛来自动化持续部署流程，还可以做很多改进。例如，可以使用流水线共享 Groovy 库插件（https://wiki.jenkins-ci.org/display/JE NKINS / Pipeline + Shared + Groovy + Libraries + Plugin）来将各步骤甚至整个阶段重构到函数中以减少代码重复；也可以创建一个 Jenkinsfile（https://jenkins.io/doc/book/pipeline/jenkinsfile/），将 Jenkins 的 Pipeline 定义移到服务代码库中，从而将与单个服务相关的所有内容保存在一个地方；还可以持续运行生产测试（不仅仅是在创建新版本时），并且应确保当服务不能正常工作或者不能按预期执行时通知我们。

我们将在其他时间讨论这些以及其他可能的改进。虽然不够完美，但目前来说，go-demo 流水线已经足够好了。

在深入第 7 章之前，先休息一下。像以前一样，销毁我们创建的机器并重新开始：

```
docker-machine rm -f \
    swarm-1 swarm-2 swarm-3 \
    swarm-test-1 swarm-test-2 \
    swarm-test-3 swarm-test-4
```

第 7 章

探索 Docker 远程 API
Exploring Docker Remote API

你可以批量生产硬件，但不能批量生产软件，也不能批量生产人的思想。

——加来道雄

到目前为止，可以通过客户端来使用 Docker，每当我们要做某件事的时候，唯一需要做的就是执行一个 docker 命令（例如：docker service create）。大多数情况下，当只使用命令行操作集群时，这也足够了。

如果想完成的事情客户端做不了会发生什么？如果希望从应用程序中操作 Docker，该怎么办？可以从整个集群上运行的所有容器获取统计信息吗？

对于这些问题和其他问题的一个可能的答案是采用除 Docker 公司提供的工具之外的工具。我们将在后面的章节中探讨它们中的相当一部分。

另一种方法是使用 Docker Remote API。毕竟，如果我们选择 Docker 生态系统的产品之一，那么它们很可能会用到 API。Docker Compose 使用 API 向 Docker Engine 发出命令，客户端也使用它来与远程引擎进行通信，你会发现 API 很有用。

默认情况下，Docker 守护进程监听 unix:///var/run/docker.sock，并且客户端必须具有 root 权限才能与守护进程交互。如果你的系统上存在名为 docker 的组，Docker 会将该套接字的所有权限赋予该组。这并不意味着套接字是访问 API 的唯一方法。确实还有不少其他方法，我鼓励你尝试不同的组合。出于本章的目的，这里我们只使用套接字，因为它是发送 API 请求最简单的方式。

7.1 搭建环境
Setting Up the Environment

与前面的章节一样，我们将开始创建一个用于实验的集群。

本章的所有命令都可以在 `07-api.sh`（https://gist.github.com/vfarcic/bab7f89f1cbd14f9895a9e0dc7293102）Gist 里找到。

请进入拉取代码库的 `cloud-provisioning` 目录。由于在你上次使用之后我可能会更新它，所以请发送拉取请求。最后运行已经很熟悉的 `script/dm-swarm.sh`，它将创建一个新的 Swarm 集群：

```
cd cloud-provisioning

git pull

scripts/dm-swarm.sh
```

集群已启动并正在运行。

使用 Docker Machine 创建的 VM 基于 Boot2Docker。这是专门为运行 Docker 容器而制作的轻量级 Linux 发行版。它完全在内存中运行，只有 38 MB 大小，启动时间大约为 5 秒。它基于 Tiny Core Linux（http://tinycorelinux.net/）。与更流行的 Linux 发行版的区别是其大小，它被裁剪到最低限度。这种方式很合适我们，如果采用容器，我们其实并不需要那些在 Ubuntu 和 RedHat 等发行版中通常看到的大多数内核模块。

这与我们在使用容器时所追求的简约风格一致。前面已经讨论过使用 Alpine 作为容器使用的基本镜像的原因，主要是它的大小（只有几 MB）。毕竟，为什么要把不需要的东西装到我们的容器里？这对主机操作系统来说也一样。在满足我们需求的前提下，越少越好。

这里有一个警告，Boot2Docker 是专门为开发而设计并调整的。目前将它用于任何类型的生产负载都是令人沮丧的。那也无损于其价值，只是我们需要明白它擅长什么，不擅长什么。

对 Boot2Docker 和 Tiny Core Linux 进行简短介绍的原因在接下来的部分。下面将会安装一些程序，并且需要知道我们正在使用的发行版的包管理工具。Tiny Core Linux 使用 `tce-load`。

在前面的章节中，我们在操作系统（MacOS、Linux 或 Windows）中执行了大部分命令。这一次，我们将在 Docker Machine 虚拟机中运行它们。我们将会使用 jq（`https://stedolan.github.io/jq/`），它用于格式化从 API 接收的 JSON 输出。jq 在大多数平台上都可使用，但我认为通过将你限制在虚拟机内可以避免可能出现的问题。第二个也是最重要的原因在于选择通过机器上可用的 Docker 套接字向 API 发送请求。

事不宜迟，下面将继续安装 curl 和 jq：

```
docker-machine ssh swarm-1
tce-load -wi curl wget
wget https://github.com/stedolan/jq/releases/download/jq-1.5/jq-linux64
sudo mv jq-linux64 /usr/local/bin/jq
sudo chmod +x /usr/local/bin/jq
```

进入 `swarm-1` 机器并使用 `tce-load` 来安装 `curl` 和 `wget`。由于 `jq` 不能通过 `tce-load` 安装，所以使用 `wget` 来下载二进制文件。最后将 `jq` 移动到 `bin` 目录并添加执行权限。

现在准备开始探索 Docker Remote API。

7.2　通过 Docker Remote API 操作 Docker Swarm
Operating Docker Swarm Through the Docker Remote API

我们不会介绍所有 API，官方文档（`https://docs.docker.com/engine/reference/api/docker_remote_api_v1.24/`）写得很好，并提供了足够的细节。相反，我们将探

索一些关于 Docker Swarm 的基本示例。下面将通过重复之前实践的一些客户端命令来了解如何使用 API。本章的目标是获取足够的知识，以便能够在你的应用程序中使用 API，以及作为在接下来的章节中探讨的不同服务之间的粘合剂。稍后我们将尝试利用这些知识来创建一个监控系统，该监控系统会将有关集群的信息存储在数据库中并执行一些操作。

下面针对 API 的可能场景来讨论一个简单的例子。

如果一个节点失败，那么 Swarm 会确保在它内部运行的容器被重新安排。但是，并不意味着这样就够了。我们可能希望发送一封电子邮件来指出某个节点失败。收到此类电子邮件后，有人会对节点失败的原因进行排查，并可能采取一些措施。由于 Swarm 缓解了这个问题，因此这些任务并不紧急。但是，不紧急并不意味着不需要做。

接下来的章节将尝试使集群更加健壮，并且 API 将在其中扮演至关重要的角色。现在，让我们简要介绍一下。

下面将从一个简单的例子开始，看一下集群由哪些节点组成：

```
curl \
    --unix-socket /var/run/docker.sock \
    http:/nodes | jq '.'
```

输出显示有三个节点，每个节点都有详细的信息。显示所有节点的所有信息对于本书来说太多，所以将输出限制在其中一个节点上。我们所要做的就是将节点的名称追加到前面的命令中：

```
curl \
    --unix-socket /var/run/docker.sock \
    http:/nodes/swarm-1 | jq '.'
```

输出如下：

```
[
  {
    "ID": "2vxiqun3wvh1l1g43utk2v5a7",
    "Version": {
      "Index": 23
    },
    "CreatedAt": "2017-01-23T20:30:00.402618571Z",
    "UpdatedAt": "2017-01-23T20:30:04.026051022Z",
    "Spec": {
      "Labels": {
        "env": "prod"
      },
      "Role": "manager",
      "Availability": "active"
    },
```

```
            "Description": {
                "Hostname": "swarm-1",
                "Platform": {
                    "Architecture": "x86_64",
                    "OS": "linux"
                },
                "Resources": {
                    "NanoCPUs": 1000000000,
                    "MemoryBytes": 1044131840
                },
                "Engine": {
                    "EngineVersion": "1.13.0",
                    "Labels": {
                        "provider": "virtualbox"
                    },
                    "Plugins": [
                        {
                            "Type": "Network",
                            "Name": "bridge"
                        },
                        {
                            "Type": "Network",
                            "Name": "host"
                        },
                        {
                            "Type": "Network",
                            "Name": "macvlan"
                        },
                        {
                            "Type": "Network",
                            "Name": "null"
                        },
                        {
                            "Type": "Network",
                            "Name": "overlay"
                        },
                        {
                            "Type": "Volume",
                            "Name": "local"
                        }
                    ]
                }
            },
            "Status": {
                "State": "ready",
                "Addr": "127.0.0.1"
            },
            "ManagerStatus": {
                "Leader": true,
                "Reachability": "reachable",
                "Addr": "192.168.99.100:2377"
            }
        },
```

上面的输出被截断并且只包含"Leader"节点，你的输出将包含三组以 ID 开头的节点。我们不会详细说明每个字段的含义，你应该已经熟悉它们中的大多数。

请参阅 Docker Remote API v1.24: Nodes（https://docs.docker.com/engine/reference/api/docker_remote_api_v1.24/#/nodes）以获取更多信息。

该 API 不仅限于查询，还可以使用它来执行 Docker 客户端（以及其他几个地方）可用的任何操作（以及更多）。例如，可以创建一项新服务：

```
curl -XPOST \
    -d '{
  "Name": "go-demo-db",
  "TaskTemplate": {
    "ContainerSpec": {
      "Image": "mongo:3.2.10"
    }
  }
}' \
    --unix-socket /var/run/docker.sock \
    http:/services/create | jq '.'
```

我们发送一个 POST 请求来创建一个名为 go-demo-db 的服务。该服务的镜像是
mongo:3.2.10。API 把服务的 ID 作为响应结果：

```
{
  "ID": "7157kfo9cp2vhed4bidrc8hfi"
}
```

更多信息请参考 Docker Remote API v1.24：创建一个服务（https://docs.
docker.com/engine/reference/api/docker_remote_api_v1.24/#create-a-service）。

可以列出所有服务以确认操作确实成功：

```
curl \
    --unix-socket /var/run/docker.sock \
    http:/services | jq '.'
```

输出如下：

```
[
  {
    "ID": "s73ez21cmshwu8okipejehvo0",
    "Version": {
      "Index": 26
    },
    "CreatedAt": "2017-01-23T20:47:27.247329291Z",
    "UpdatedAt": "2017-01-23T20:47:27.247329291Z",
    "Spec": {
      "Name": "go-demo-db",
      "TaskTemplate": {
        "ContainerSpec": {
          "Image":
          "mongo:3.2.10@sha256:532a19da83ee0e4e2a2ec6bc4212fc4af26357c040675d5c2\
          629a4e4c4563cef"
        },
        "ForceUpdate": 0
      },
      "Mode": {
        "Replicated": {
          "Replicas": 1
        }
      }
    },
    "Endpoint": {
      "Spec": {}
    },
    "UpdateStatus": {
      "StartedAt": "0001-01-01T00:00:00Z",
```

```
      "CompletedAt": "0001-01-01T00:00:00Z"
    }
  }
]
```

我们得到了一个服务列表（目前只有一个服务），并列出了其中的一些属性。我们可以看到创建服务的时间、副本的数量，等等。请参考 Docker Remote API v1.24：列 出 服 务（https://docs.docker.com/engine/reference/api/docker_remote_api_v1.24/#/list-services）以获取更多信息。

同样，可以检索单个实例的信息：

```
curl \
    --unix-socket /var/run/docker.sock \
    http:/services/go-demo-db | jq '.'
```

输出与我们列出所有服务时的输出几乎相同。唯一区别是这次我们得到了一个单一的结果，而服务列表返回了一个包含在[和]中的数组：

```
{
  "ID": "s73ez21cmshwu8okipejehvo0",
  "Version": {
    "Index": 26
  },
  "CreatedAt": "2017-01-23T20:47:27.247329291Z",
  "UpdatedAt": "2017-01-23T20:47:27.247329291Z",
  "Spec": {
    "Name": "go-demo-db",
    "TaskTemplate": {
      "ContainerSpec": {
        "Image":
        "mongo:3.2.10@sha256:532a19da83ee0e4e2a2ec6bc4212fc4af26357c040675d5c2
          629a4e4c4563cef"
      },
      "ForceUpdate": 0
    },
    "Mode": {
      "Replicated": {
        "Replicas": 1
      }
    }
  },
  "Endpoint": {
    "Spec": {}
  },
  "UpdateStatus": {
    "StartedAt": "0001-01-01T00:00:00Z",
    "CompletedAt": "0001-01-01T00:00:00Z"
  }
}
```

更多信息请参考 Docker Remote API v1.24：检查一个或多个服务（https://docs.docker.com/engine/reference/api/docker_remote_api_v1.24/#inspect-one-more-services）。

让我们稍微调整一下，扩展到三个副本。可以通过更新服务来实现这一目标。但是，在发送更新请求之前，需要该服务的版本和 ID，刚才发送的服务请求的输出中提供了这些信息。但是，由于我们尝试以易于自动化的方式执行操作，所以最好将这些值放在环境变量中。

可以使用 jq 过滤输出并返回一个特定值。

返回服务版本的命令如下：

```
VERSION=$(curl \
    --unix-socket /var/run/docker.sock \
    http:/services/go-demo-db | \
    jq '.Version.Index')

echo $VERSION
```

变量$ VERSION 的输出如下：

```
27
```

同样，也应该获取服务 ID：

```
ID=$(curl \
    --unix-socket /var/run/docker.sock \
    http:/services/go-demo-db | \
    jq --raw-output '.ID')

echo $ID
```

输出如下：

```
7157kfo9cp2vhed4bidrc8hfi
```

现在有了更新服务所需的所有信息，把副本数量更改为三个：

```
curl -XPOST \
    -d '{
  "Name": "go-demo-db",
  "TaskTemplate": {
    "ContainerSpec": {
      "Image": "mongo:3.2.10"
    }
  },
  "Mode": {
    "Replicated": {
      "Replicas": 3
    }
  }
}' \
    --unix-socket /var/run/docker.sock \
    http:/services/$ID/update?version=$VERSION
```

更多信息请参考 Docker Remote API v1.24：更新服务（https://docs.docker.com/engine/reference/api/docker_remote_api_v1.24/#update-a-service）

接下来可以列出任务并确认服务是否确实扩展到三个实例：

```
curl \
```

```
--unix-socket /var/run/docker.sock \
http:/tasks | jq '.'
```

输出如下:

```
[
  {
    "ID": "c0nev776zyuoaul51n5w9xc85",
    "Version": {
      "Index": 32
    },
    "CreatedAt": "2017-01-23T20:47:27.255828694Z",
    "UpdatedAt": "2017-01-23T20:47:51.3297552266Z",
    "Spec": {
      "ContainerSpec": {
        "Image":
          "mongo:3.2.10@sha256:532a19da83ee0e4e2a2ec6bc4212fc4af26357c040675d5c2\
          629a4e4c4563cef"
      },
      "ForceUpdate": 0
    },
    "ServiceID": "s73ez21cmshwu8okipejehvo0",
    "Slot": 1,
    "NodeID": "2vxiqun3wvh1l1g43utk2v5a7",
    "Status": {
      "Timestamp": "2017-01-23T20:47:51.295994806Z",
      "State": "running",
      "Message": "started",
      "ContainerStatus": {
        "ContainerID":
          "20112c904386733c6748bc186e84255640c9dc279fd3530b771616a1ef767957",
        "PID": 4238
      },
      "PortStatus": {}
    },
    "DesiredState": "running"
  },
  {
    "ID": "ptbp594sh5k2qey6lexafr31d",
    "Version": {
      "Index": 37
    },
    "CreatedAt": "2017-01-23T21:16:55.6808722244Z",
    "UpdatedAt": "2017-01-23T21:16:55.960585822Z",
    "Spec": {
      "ContainerSpec": {
        "Image":
          "mongo:3.2.10@sha256:532a19da83ee0e4e2a2ec6bc4212fc4af26357c040675d5c2\
          629a4e4c4563cef"
      },
      "ForceUpdate": 0
    },
    "ServiceID": "s73ez21cmshwu8okipejehvo0",
    "Slot": 2,
    "NodeID": "skj5sjemrvnusdop3ovcv6q7h",
    "Status": {
      "Timestamp": "2017-01-23T21:16:55.882919942Z",
      "State": "preparing",
      "Message": "preparing",
      "ContainerStatus": {},
      "PortStatus": {}
    },
    "DesiredState": "running"
  },
  {
    "ID": "rqa04bpvdcddkeia2x1d6r95r",
```

```json
      "Version": {
        "Index": 37
    },
    "CreatedAt": "2017-01-23T21:16:55.6812298Z",
    "UpdatedAt": "2017-01-23T21:16:55.960175605Z",
      "Spec": {
        "ContainerSpec": {
          "Image":
          "mongo:3.2.10@sha256:532a19da83ee0e4e2a2ec6bc4212fc4af26357c040675d5c2\
            629a4e4c4563cef"
      },
      "ForceUpdate": 0
    },
      "ServiceID": "s73ez21cmshwu8okipejehvo0",
      "Slot": 3,
      "NodeID": "lbgy0xih6n0w3nmzih0gnfvhd",
      "Status": {
      "Timestamp": "2017-01-23T21:16:55.881446699Z",
      "State": "preparing",
      "Message": "preparing",
      "ContainerStatus": {},
      "PortStatus": {}
    },
      "DesiredState": "running"
  }
]
```

如你所见，返回了三个任务，每个任务都代表 go-demo-db 服务的一个副本。

更多信息请参考 Docker Remote API v1.24：列出任务（https://docs.docker.com/engine/reference/api/docker_remote_api_v1.24/#list-tasks）以获取更多信息。

到目前为止，所有的 API 请求都与节点和服务有关。在某些情况下，我们可能需要降低级别并在容器级别上使用 API。例如，可能想要获取与单个容器相关的统计信息。

在继续之前，请确保所有任务的状态都正在运行。请重复 http:/tasks 请求以确认状态。如果任务没在运行，请稍等片刻再次检查。

要获取容器的统计信息，首先需要找出它正在运行的节点：

```
exit

eval $(docker-machine env swarm-1)

NODE=$(docker service ps \
    -f desired-state=running \
    go-demo-db \
    | tail -n 1 \
    | awk '{print $4}')

echo $NODE
```

退出 swarm-1 机器并使用 eval 创建环境变量，这些环境变量要求在主机上运行的 Docker 客户端使用 swarm-1 上运行的引擎。请注意，这些环境变量告诉客户端使用我们在本章中一直使用的相同的 API。

接下来检索构成 go-demo-db 服务的其中一个容器正在运行的节点。我们已经多次使用过类似的命令，所以不需要更详细地解释它。

$NODE 变量的输出如下所示：

```
swarm-2
```

在我的笔记本电脑上，正在寻找的容器运行在 swarm-2 节点。在你的机器上，可能是另一个节点。

现在可以进入节点并获取容器的 ID：

```
docker-machine ssh $NODE
ID=$(docker ps -qa | tail -n 1)
echo $ID
```

ID 变量的输出如下：

```
f8f345042cf7
```

最后准备获取统计数据。该命令如下：

```
curl\
    --unix-socket/var/run/docker.sock\
    http:/containers/$ID/stats
```

发送请求后，你将看到持续的统计数据流。当你看够了，请按下 Ctrl+C 停止。

如果想要实现自己的监控解决方案，流式统计可能是一个非常有用的功能。在许多其他情况下，我们可能希望禁用流式传输并且只获取单个记录集，可以通过将 stream 参数设置为 false 来实现这一点。

返回单个统计记录集的命令如下所示：

```
curl\
    --unix-socket/var/run/docker.sock\
    http:/containers/$ID/stats?stream=false
```

输出仍然太大，没办法在书中展示出来，因此你需要从屏幕上查看。

我们不会详细介绍统计数据中每个字段的含义，到了监控相关章节才会进行更深入的探索。现在需要注意的是，你可以为集群中的每个容器获取统计信息。

作为练习，创建一个脚本来检索节点上运行的所有容器，遍历虚拟机的所有容器以获取统计信息。

更多信息请参考 Docker Remote API v1.24：根据资源使用情况获取容器统计信息（`https://docs.docker.com/engine/reference/api/docker_remote_api_v1.24/#get-container-stats-based-on-resource-usage`）了解更多信息。

现在某种程度上几乎完成了与 Swarm 服务相关的基本 API 请求的探索，因此删除创建的服务：

```
curl-XDELETE \
    --unix-socket/var/run/docker.sock\
    http:/services/go-demo-db
curl\
    --unix-socket/var/run/docker.sock\
    http:/services
```

首先发送删除请求以删除 go-demo-db 服务，然后请求检索所有服务。后者的输出如下：

```
[]
```

服务不复存在，我们从集群中删除了它，因为那是我们创建的唯一一个，检索服务列表的请求返回一个空数组[]。

更多信息请参考 Docker Remote API v1.24：删除服务（`https://docs.docker.com/engine/reference/api/docker_remote_api_v1.24/#remove-a-service`）以获取更多信息。

最后，退出机器：

```
exit
```

现在你对 API 有了一个基本的了解，下面可以探索一个可能的用例。

7.3 使用 Docker Remote API 自动配置代理
Using Docker Remote API to Automate Proxy Configuration

到目前为止，我们一直是在给代理发送重新配置和删除请求，这样大大简化了配置。我们没有亲自更改 HAProxy 配置，而是让服务自行重新配置。我们使用 Consul 来持久化代理的状态。可以通过利用 Docker Remote API 来改进现有的设计吗？答案是可以的。

可以使用一个服务通过 API 来监视集群状态，而不是发送重新配置和删除请求，这个工具可以检测到新增和删除的服务，并将相同的请求发送到代理服务器，就像手动发送的一样。

我们可以走得更远。由于 API 允许检索与集群相关的任何信息，因此无需再将其存储在 Consul 中。无论何时服务的新实例被创建，它都可以从 API 中检索所需的所有信息。

总之，可以使用 API 来完全自动化对代理的配置及其状态的更改。可以创建一个新的服务来监视集群状态，也可以修改代理以在初始化期间查询该服务。

可以通过自行创造这样的一个服务来节省你一些时间，这个服务属于项目 Docker Flow Swarm Listener（`https://github.com/vfarcic/docker-flow-swarm-listener`）。

让我们看看它的实际效果。

7.4　将 **Swarm Listener** 与代理相结合
Combining the Swarm Listener with the Proxy

Docker Flow Swarm Listener（`https://github.com/vfarcic/docker-flow-swarm-listener`）项目使用了 Docker Remote API。它有很多用途，但现在只限于讨论那些可以帮助我们免于手动配置代理的功能。

我们将从创建两个网络开始：

```
eval$(docker-machineenvswarm-1)
```

```
docker network create --driver overlay proxy
```

```
docker network create --driver overlay go-demo
```

我们创建了这两个网络很多次，没有理由再去重复介绍它们的用处。唯一的区别是，这一次还有一个服务要连接到代理网络。

给 Windows 用户的说明

TIP Git Bash 修改文件系统路径，为了防止修改，请在运行代码块之前执行以下命令：
```
export MSYS_NO_PATHCONV=1
```

下面来创建 `swarm-listener` 服务：

```
docker service create --name swarm-listener\
    --network proxy \
    --mount \
    "type=bind,source=/var/run/docker.sock,target=/var/run/\
    docker.sock"\
-e DF_NOTIF_CREATE_SERVICE_URL=http://proxy:8080/v1/
    docker-flow-proxy/reconfigure \
-e DF_NOTIF_REMOVE_SERVICE_URL=http://proxy:8080/v1/
    docker-flow-proxy/remove\
    --constraint'node.role==manager'\
    vfarcic/docker-flow-swarm-listener
```

该服务连接到代理网络，挂载 Docker 套接字，并声明环境变量 `DF_NOTIF_CREATE_SERVICE_URL` 和 `DF_NOTIF_REMOVE_SERVICE_URL`，我们很快会看到这些变量的目的。该服务被限制在 manager 节点。

下一步是创建代理服务：

```
docker service create --name proxy \
    -p80:80 \
    -p443:443\
    --network proxy \
    -eMODE=swarm\
    -eLISTENER_ADDRESS=swarm-listener \
    vfarcic/docker-flow-proxy
```

我们打开了端口 80 和 443，外部请求将通过它们路由到目标服务。请注意，这次没有打开端口 8080。由于代理将接收来自 `swarm-listener` 的通知，因此不需要用于手动通知的 8080 端口。

代理连接到代理网络并将模式设置为 swarm。该代理必须与 listener 属于同一个网络，无论何时创建或删除服务以及何时创建代理的新实例，它们都会交换信息。

7.5 自动重新配置代理
Automatically Reconfiguring the Proxy

让我们创建已经很熟悉的 demo 服务：

```
docker service create --name go-demo-db\
    --network go-demo \
    mongo:3.2.10

docker service create --name go-demo \
    -e DB=go-demo-db \
    --network go-demo \
    --network proxy \
    --label com.df.notify=true \
    --label com.df.distribute=true \
    --label com.df.servicePath=/demo \
    --label com.df.port=8080 \
    vfarcic/go-demo:1.0
```

请注意这些标签，前面的章节中没有使用它们。现在事情发生了变化，它们是服务定义的关键部分。com.df.notify = true 告诉 swarm-listener 服务在创建或删除服务时是否发送通知。由于不想将 go-demo-db 服务添加到代理，因此只为 go-demo 服务定义标签。如果手动重新配置代理，其余标签与我们使用的查询参数相匹配。唯一的区别是标签前缀为 com.df。有关查询参数的列表请参阅（https://github.com/vfarcic/docker-flow-proxy#reconfigure）项目的 Reconfiguration 部分。

现在应该等到所有的服务都在运行。可以通过执行以下命令来查看其状态：

```
docker service ls
```

一旦所有副本都设置为 1/1，就可以通过代理向 go-demo 服务发送请求，从而看到 com.df 标签的效果：

```
curl-i"$(docker-machineipswarm-1)/demo/hello"
```

输出如下：

```
HTTP/1.1 2000K
Date: Thu,13Oct201618:26:18 GMT Content-Length:14
Content-Type:text/plain;charset=utf-8

hello, world!
```

我们向代理（唯一监听端口 80 的服务）发送了一个请求，并收到了 go-demo 服务的响应。一旦 go-demo 服务被创建，代理就会自动进行配置。

这个流程的工作方式如下。

Docker Flow Swarm Listener 在一个 Swarm manager 节点内部运行，并通过 Docker API 查询新创建的服务，一旦找到新的服务，它就会查找其标签。如果服务包含标签 com.df.notify（它可以包含任何值），则其余以 com.df 开头的标签将被检索。所有这些标签都用于组成请求参数。这些参数将追加到在 swarm-listener 服务中定义的由环境变量 DF_NOTIF_CREATE_SERVICE_URL 指定的地址，最后发出一个请求。在这种特殊情况下，这个请求将被用于重新配置服务 go-demo（服务的名称）的代理，服务使用/demo 作为路径，并在端口 8080 上运行。由于只运行代理的单个实例，因此在此示例中，distribute 标签不是必需的。但是，在生产中，应该运行至少两个代理实例（用于容错），参数 distribute 意味着重新配置所有代理实例。

请参阅重新配置（https://github.com/vfarcic/docker-flow-proxy#reconfigure）部分以获取与代理有关的所有参数。

7.6　从代理中删除服务
Removing a Service from the Proxy

由于 swarm-listener 正在监控 docker 服务，因此，如果删除了某个服务，则代理配置中的相关条目也要被删除：

```
docker service rmgo-demo
```

如果像查看任何其他容器服务的日志一样查看 Swarm Listener 日志，则会看到类似于以下内容的条目：

```
Sendingserviceremovednotificationtohttp://proxy:8080/v1/
docker-flow-proxy/remove?serviceName=go-demo
```

片刻之后，代理日志中会出现一个新条目：

```
Processingrequest/v1/docker-flow-proxy/remove?serviceName=go-demo
Processingremove request /v1/docker-flow-proxy/remove
Removinggo-democonfiguration
Removing thego-demo configurationfiles
Reloading theproxy
```

从现在开始，go-demo 服务无法通过代理访问。

Swarm Listener 检测到服务已被删除，向代理发送了通知，然后代理更改其配置并重新加载了底层的 HAProxy。

7.7　现在怎么办
What Now?

除了展示创建或删除服务时自动配置代理的潜能之外，swarm-listener 还展示了如何高效地使用 Docker Remote API。如果 Docker 或其生态系统中的工具不能满足你的需求，那么在 API 上编写自己的服务相对容易一些。事实上，在编写本章时，Swarm Mode 只有几个月的历史，并且没有太多的第三方工具可用于微调或扩展其行为。即使发现所有这些工具提供的功能都比你所需要的多或少，自己动手编写代码以将这些工具改造到完全如你所愿仍是一个好主意。

我鼓励你打开最喜欢的编辑器，并使用你选择的编程语言写一个服务。你可以监控服务，任何时候你的团队成员创建或删除了服务都会给你发送一封电子邮件。或者可以将统计信息整合到你最喜爱的监控工具中。

如果你对自己的服务没有想法，并且不恐惧 Go 语言（`https://gclang.org/`），那么可以尝试扩展 Docker Flow Swarm Listener（`https://github.com/vfarcic/docker-flow-swarm-listener`）。Fork 分支，添加一个新功能，并提一个拉取请求。

请记住，学习是金。如果唯一的结果是你学到了知识，那已经很不错了。如果它变得有用，那就更好了。

到了本章的最后，你也知道老规矩了，我们会销毁创建的机器并重新开始。

```
docker-machinerm-fswarm-1 swarm-2 swarm-3
```

第 8 章

使用 Docker Stack 和 Compose YAML
文件来部署 Swarm Services
Using Docker Stack and Compose YAML
Files to Deploy Swarm Services

复制并粘贴是一个设计错误。

——大卫·帕纳斯

我在 Docker 相关讲座和研讨会期间收到的最常见问题一般都与 Swarm 和 Compose 有关。

有人问：我该如何在 Docker Swarm 中使用 Docker Compose？

我：不能！你可以把 Compose 文件转换为支持部分 Swarm 功能的 Bundle。如果想充分利用 Swarm，请做好为 docker service create 命令加上一长串参数的准备。

这样的回答令人失望。Docker Compose 向我们展示了在 YAML 文件中指定所有内容的优势，而不需要试图记住必须传递给 docker 命令的所有参数。它允许我们将服务定义存储在代码库中，从而提供可重现且记录完备的流程来管理它们。Docker Compose 取代了 bash 脚本，我们也很喜欢它。然后，Docker v1.12 出现了，这给我们带来了一个艰难的选择。我们应该采用 Swarm 并放弃 Compose 吗？自 2016 年夏季以来，Swarm 和 Compose 呈现出不同的发展路线，这的确让人有些痛苦。

但是，经过近半年的分离，它们又回到了一起，我们可以见证它们的第二次蜜月。某种意义上，对于 Swarm 服务，我们不需要 Docker Compose 二进制文件，但是可以使用它的 YAML 文件。

Docker Engine v1.13 在 stack 命令中引入了对 Compose YAML 文件的支持，与此同时，Docker Compose v1.10 推出了其格式的新版本 3 的格式，两者相结合允许我们使用已经熟悉的 Docker Compose YAML 格式来管理 Swarm 服务。

我假设你已熟悉 Docker Compose，也不会详细介绍它的所有功能，相反，我们将演示一个创建几个 Swarm 服务的例子。

下面将探讨如何通过 Docker Compose 文件和 `docker stack deploy` 命令创建 Docker Flow Proxy（`http://proxy.dockerflow.com/`）服务。

8.1　搭建 Swarm 集群
Swarm Cluster Setup

要使用 Docker Machine 搭建一个 Swarm 集群的例子，请运行以下命令。

本章中的所有命令均可以在 `07-docker-stack.sh`（`https://gist.github.com/vfarcic/57422c77223d40e97320900fcf76a550`）Gist 中找到。

```
cd cloud-provisioning
git pull
scripts/dm-swarm.sh
```

现在我们准备部署 `docker-flow-proxy` 服务。

8.2　通过 Docker Stack 命令创建 Swarm 服务
Creating Swarm Services Through Docker Stack Commands

我们将从创建一个网络开始。

给 Windows 用户的说明

你可能会遇到卷不能被正确映射的问题。如果你遇到了 Invalid volume specification 错误，请设置环境变量 COMPOSE_CONVERT_WINDOWS_PATHS 为 0：

`export COMPOSE_CONVERT_WINDOWS_PATHS=0`

请确保这个变量在你运行 docker-compose 或者 docker stack deploy 之前被设置。

```
eval $(docker-machine env swarm-1)

docker  network create  --driver overlay proxy
```

代理网络将专门用于代理容器和连接到网络的服务。

现在将使用代码库 vfarcic/docker-flow-proxy（https://github.com/vfarcic/docker-flow-proxy）中的 docker-compose-stack.yml（https://github.com/vfarcic/docker-flow-proxy/blob/master/docker-compose-stack.yml）来创建 docker-flow-proxy 和 docker-flow-swarm-listener 服务。

docker-compose-stack.yml 文件的内容如下：

```
version: "3"

services:

  proxy:
    image: vfarcic/docker-flow-proxy
    ports:
      - 80:80
      - 443:443
    networks:
      - proxy
    environment:
      - LISTENER_ADDRESS=swarm-listener
      - MODE=swarm
    deploy:
      replicas: 2
  swarm-listener:
    image: vfarcic/docker-flow-swarm-listener
    networks:
      - proxy
    volumes:
      - /var/run/docker.sock:/var/run/docker.sock
    environment:
      - DF_NOTIFY_CREATE_SERVICE_URL=http://proxy:8080/v1/\
docker-flow-proxy/reconfigure
      - DF_NOTIFY_REMOVE_SERVICE_URL=http://proxy:8080/v1/\
docker-flow-proxy/remove
    deploy:
      placement:
        constraints: [node.role == manager]

networks:
  proxy:
    external: true
```

格式是按照 version 3（docker stack 部署要求必须是这个版本）编写的。

它包含 proxy 和 swarm-listener 两项服务。既然你已经熟悉了代理，这里不再探讨每个参数的含义。

与以前的 Compose 版本相比，大多数新参数都在 deploy 中定义。你可以将该部分视为特定于 Swarm 的参数的占位符。这种情况下，我们指定代理服务要有两个副本，而 swarm-listener 服务应该被限定为 manager 角色。为这两个服务定义的所有其他内容都使用与早期 Compose 版本相同的格式。

YAML 文件的底部是服务中引用的网络列表。如果服务没有指定任何网络，则将自动创建默认网络。来自其他 stack 的服务要能够与代理进行通信，所以这里选择手动创建网络。我们手动创建一个网络并在 YAML 文件中将其定义为外部网络。

现在基于之前探讨的 YAML 文件创建 stack：

```
curl -o docker-compose-stack.yml \
    https://raw.githubusercontent.com/\
vfarcic/docker-flow-proxy/master/docker-compose-stack.yml

docker  stack  deploy  \
    -c docker-compose-stack.yml proxy
```

第一条命令从 vfarcic/docker-flow-proxy（https://github.com/vfarcic/docker-flow-proxy）代码库下载了 Compose 文件 docker-compose-stack.yml（https://github.com/vfarcic/docker-flow-proxy/blob/master/docker-compose-stack.yml）。第二个命令创建了构成 stack 的服务。

通过 stack ps 命令可以看到堆栈的任务：

```
docker stack ps proxy
```

输出如下（为简洁起见，删除了 ID）：

```
NAME                      IMAGE                                        NODE
proxy_proxy.1             vfarcic/docker-flow-proxy:latest             node-2
proxy_swarm-listener.1    vfarcic/docker-flow-swarm-listener:latest    node-1
proxy_proxy.2             vfarcic/docker-flow-proxy:latest             node-3
-----------------------------------------------------------------
DESIRED STATE CURRENT STATE       ERROR  PORTS
Running       Running 2 minutes ago
Running       Running 2 minutes ago
Running       Running 2 minutes ago
```

现在正在运行代理的两个副本（在发生故障的情况下具有高可用性）以及 swarm-listener 的一个副本。

8.3 部署更多 stack
Deploying More Stacks

让我们部署另一个 stack。

这次我们使用的 Docker stack 定义在 vfarcic/go-demo（https://github.com/vfarcic/go-demo/）库的 Compose 文件 docker-compose-stack.yml（https://github.com/vfarcic/go-demo/blob/master/docker-compose-stack.yml）中。如下所示：

```
version: '3'

services:

  main:
    image: vfarcic/go-demo
    environment:
      - DB=db
    networks:
      - proxy
      - default
    deploy:
      replicas: 3
      labels:
        - com.df.notify=true
        - com.df.distribute=true
        - com.df.servicePath=/demo
        - com.df.port=8080

  db:
    image: mongo
    networks:
      - default

networks:
  default:
    external: false
  proxy:
    external: true
```

该 stack 定义了两个服务（main 和 db），它们将通过由 stack 自动创建的默认网络相互通信（不需要 docker network create 命令）。由于 main 服务是一个 API，它可以通过代理访问，所以也把它连到代理网络。

需要特别注意的一点是，我们使用 deploy 部分来定义特定于 Swarm 的参数。这种情况下，main 服务定义应该有三个副本和一些标签。与前一个 stack 一样，我们不会详细介绍每个服务。如果你想深入了解 main 服务使用的标签，请访问 Running Docker Flow Proxy In Swarm Mode With Automatic Reconfiguration（http://proxy.dockerflow.com/swarm-mode-auto/）教程。

下面来部署 stack：

```
curl-odocker-compose-go-demo.yml\
    https://raw.githubusercontent.com/\
vfarcic/go-demo/master/docker-compose-stack.yml

docker stack deploy \
    -cdocker-compose-go-demo.ymlgo-demo

docker stack psgo-demo
```

我们下载了创建服务的 stack 定义，执行 stack deploy 命令，并运行 stack ps 命令列出属于 go-demo stack 的任务。输出如下（为简洁起见，删除了 ID 和 ERROR PORTS 列）：

```
NAME              IMAGE                        NODE    DESIRED STATE
go-demo_main.1    vfarcic/go-demo:latest       node-2  Running
go-demo_db.1      mongo:latest                 node-2  Running
go-demo_main.2    vfarcic/go-demo:latest       node-2  Running
go-demo_main.3    vfarcic/go-demo:latest       node-2  Running
--------------------------------------------------------------
CURRENT STATE
Running 7 seconds ago
Running 21 seconds ago
Running 19 seconds ago
Running 20 seconds ago
```

由于 Mongo 数据库比 main 服务要大得多，因此需要更多的时间才能拉取到，从而导致一些故障。go-demo 服务如果无法连接到数据库，就会失败。一旦数据库服务正在运行，main 服务就应该恢复正常，会看到三个副本的当前状态为运行中。

片刻之后，swarm-listener 服务将从 go-demo stack 中检测到 main 服务，并向代理发送重新配置自身的请求。可以通过向代理发送 HTTP 请求来查看结果：

```
curl-i"http://$(docker-machineipswarm-1)/demo/hello"
```

输出如下：

```
HTTP/1.1 2000K
Date: Thu,19Jan201723:57:05 GMT Content-Length:14
Content-Type:text/plain;charset=utf-8

hello, world!
```

代理被重新配置，并使用基路径/demo 将所有请求从 go-demo stack 转发到 main 服务。

8.4 stack, 用还是不用
To Stack or Not to Stack

Docker stack 是 Swarm Mode 的一个很好的补充。我们不必跟 docker service create 命令打交道，这些命令往往具有永无止境的参数列表。使用 Compose YAML 文件中指定的服务，可以使用简单的 docker stack deploy 命令替换那些长命令。如果这些 YAML 文件存储在代码库中，就可以将任何其他软件工程领域相同的实践应用于服务部署。我们可以跟踪更改、执行代码审查、与他人共享等。

添加 Docker stack 命令及其提供 Compose 文件的功能是 Docker 生态系统的一个非常受欢迎的补充。

在本书的其余部分，我们将在探索新服务时使用 docker service create 命令，并使用 docker stack deploy 命令来创建我们熟悉的那些服务。如果在将 docker service create 命令转换为 stack 时遇到问题，请查看 vfarcic/docker-flow-stacks （https://github.com/vfarcic/docker-flow-stacks）代码库。它包含我们将使用的一些服务的 stack。期待你把自己的 stack 贡献出来，请 fork 代码库并发起拉取请求。如果你在使用 stack 时遇到问题，请新开一个问题。

8.5 清理
Cleanup

请删除创建的 Docker Machine 虚拟机，你可能需要这些资源来执行其他任务：

```
exit
docker-machinerm -fswarm-1 swarm-2 swarm-3
```

第 9 章

定义日志策略
Defining Logging Strategy

今天的大多数软件都非常像埃及的金字塔,数百万块砖头堆在一起,没有完整的结构,只是由蛮力和成千上万个奴隶来完成。

——阿兰·凯

我们已经达到拥有完全运行的 Swarm 集群和定义好的持续部署流水线的水平,该流水线将在每次提交时更新我们的服务。现在可以花时间编写代码并将其推送到代码仓库,因为该过程的其余部分都是自动化的。最后可以把时间花在为我们工作的组织带来真正价值的任务上。我们可以投入时间为正在开发的服务提供新功能。然而,当出现问题时,就需要停止打磨新功能并去排查问题。

当发现问题时,我们倾向于做的第一件事就是检查日志。日志绝不是用于调试问题的唯一数据源,我们还需要很多指标(第 10 章将详细介绍)。但是,即使日志不是关注的唯一内容,它们通常也是一个良好的开端。

给《微服务运维实战(第一卷)》读者的说明

下面的内容与《微服务运维实战(第一卷)》中的内容相同。如果你对这些内容仍然印象深刻,请自由跳到 Setting up LogStash and ElasticSearch 作为日志记录数据库(#logging-es)的子章节。在我编写完 2.0 以来,我发现了一些更好的方法来处理日志,特别是在 Swarm 集群中。

对 DevOps 实践和工具的探索引导，我们进行集群和扩展。因此，我们开发了一个系统，允许以一种简单而有效的方式将服务部署到集群。结果可能是在由许多服务器组成的集群上运行容器的数量不断增加。

监控一台服务器很容易，在单台服务器上监控许多服务会有一些困难。在许多台服务器上监控许多服务需要全新的思维方式和一套新的工具。当你开始拥抱微服务、容器和集群时，创建的服务及其实例的数量将开始急剧增加，构成集群的服务器也是如此。现在不能再登录节点上去查看日志，要看的话实在太多了。最重要的是，它们分布在许多台服务器中。前一天我们只在一台服务器上部署了两个服务实例，但明天可能会把八个实例部署到六台服务器上。

我们需要有关系统的历史和（近）实时信息，这些信息可以是日志、硬件利用率、健康检查、网络流量和其他内容的形式。存储历史数据的需求并不新鲜，并且已经被使用了很长时间。但是，信息传播的方向会随着时间的变化而变化。过去大多数解决方案都是基于集中式数据采集器，但现在由于服务和服务器都是非常动态的，所以我们倾向于将数据收集器分散化。

集群日志和监控所要做的就是，分散的数据采集器将信息发送到集中的解析服务和数据存储。有很多专门为这一需求而设计的产品，从本地部署到云解决方案，以及介于二者之间的产品。可以使用许多解决方案，如 FluentD（http://www.fluentd.org/）、Loggly（https://www.loggly.com/）、GrayLog（https://www.graylog.org/）、Splunk（http://www.splunk.com/）和 DataDog（https://www.datadoghq.com/）。我通过选择 ELK 协议栈（ElasticSearch（https://www.elastic.co/products/elasticsearch）、LogStash（https://www.elastic.co/products/logstash）和 Kibana（https://www.elastic.co/products/kib ana））向你展示这些概念，它的优势在于免费、文档充分、高效且使用广泛。ElasticSearch（https://www.elastic.co/products/elasticsearch）是实时搜索和分析的最佳数据库，它是分布式的、可扩展的、高可用的并提供了复杂的 API。LogStash（https://www.elastic.co/products/logstash）允许我们集中处理数据，它可以很容易扩展到自定义数据格式，并提供大量的可以满足几乎任何需求的插件。Kibana（https://www.elastic.co/products/kibana）是一个分析和可视化平台，有直观的界面，位于 ElasticSearch 之上。

我们使用 ELK 协议栈并不意味着它是最好的解决方案。这都取决于具体用例和特定需求。我会介绍使用 ELK 协议栈进行集中式日志记录和监控的原理。一旦理解了这些原理，就可以在选择其他栈的时候运用这些原理。

我们切换了讨论问题的顺序，在讨论集中日志的需求之前先选择了工具，下面补救一下。

9.1 集中日志的需求
The Need for Centralized Logging

大多数情况下，日志消息会被写入文件中。这并不是说写入文件是存储日志的唯一方式，也不代表这是最有效的方式。然而，由于大多数团队都在以某种形式使用基于文件的日志，因此暂且认为你的情况也是如此。基于上面的假设，我们也确定了应该应对的第一件事。容器希望我们将日志发送到 stdout 和 stderr，只有转发到标准输出的日志条目才能通过 docker logs 命令获取，而且设计用于处理容器日志的工具也希望如此。它们会假设条目没有写入文件，而是发送到了标准输出。即使不使用容器，我们相信 stdout 和 stderr 也是服务应该记录日志的地方，然而，这就是另外一回事了。现在，我们将专注于容器，并假设你把日志输出到 stdout 和 stderr，如果没有，大多数日志库会允许你将日志记录目标更改为标准输出和标准错误。

大多数情况下，我们不关心日志中写的是什么。当一切运作良好时，不需要花费宝贵的时间浏览日志。日志并不是用来打发时间的小说，也不是用来增长知识的技术书籍，日志是在某些地方出错的时候用来提供有价值的信息。

情况似乎很简单。我们将信息写入日志中，大多数时候我们会忽略这些日志，当出现问题时，会立刻查询它们并找出问题的原因。至少，这正是许多人所希望的。现实远比这些更复杂。除了最简单的系统外，调试过程要复杂得多。应用程序和服务几乎总是相互关联的，通常不太容易知道是哪一个导致了问题。虽然问题表现在一个应用程序中，但调查原因往往表明是在另一个应用程序上。例如，服务可能未实例化。花时间读日志后，可能会发现原因在数据库中，该服务无法连接到它并且无法启动。知道了症状，但还不知道原因，我们需要切换到数据库日志来查找原因。用这个简单的例子，我们知道了只看一个地方的日志是不够的。

随着在集群上运行分布式服务，情况的复杂度呈指数级增长。哪个服务实例会发生故障？它运行在哪个服务器上？发起请求的上游服务是什么？罪魁祸首所在节点的内存和硬盘使用情况如何？正如你可能已经猜到的那样，要找到问题根源，查找、收集和过滤信息往往非常复杂。系统越大，难度就越大。即使是单体应用程序，事情也很容易失控。

如果采用微服务的方式，那么这些问题会成倍增加。除了最简单和最小的系统外，集中式日志都是必需的。相反，当出现问题时，许多人一开始从一台服务器跑到另一台服务器，从一个文件跳到另一个文件，就像一只无头鸡——没有方向地跑来跑去。我们倾向于接受日志给我们带来的混乱，并将其视为自己专业性的一部分。

在集中式日志中寻求什么呢？集中式日志带来的诸多好处中，最重要的有如下几点。

- 一种解析数据并近乎实时地将其发送到中心数据库的方法。

- 数据库处理近乎实时数据查询和分析的能力。

- 通过过滤后的图表、看板等对数据进行可视化呈现。

我们已经选择了能够满足所有这些要求（甚至更多）的工具。ELK 栈（ElasticSearch、LogStash 和 Kibana）可以做到这一切。正如我们探索过的所有其他工具一样，这个栈可以很容易扩展以满足我们设定的特殊需求。

现在我们对于想要完成的工作有一个模糊的概念，并且有工具可以完成它们，下面探讨一些可用的日志策略。我们将从最常用的场景开始，慢慢地转向采用更复杂也更有效的方式来定制日志策略。

废话不多说，现在我们创建用来集中式日志记录以及稍后用于监控的环境。

9.2　将 ElasticSearch 设置为日志数据库
Setting Up ElasticSearch As the Logging Database

和之前一样，首先要创建已经熟悉的节点（swarm-1、swarm-2 和 swarm-3）：

```
cd cloud-provisioning

git pull

scripts/dm-swarm.sh
```

ⓘ　本章的所有命令都可以在 08-logging.sh（https://gist.github.com/vfarcic/
c89b73ebd32dbf8f849531a842739c4d）Gist 中找到。

我们要创建的第一个服务是 Elastic Search（https://hub.docker.com/_/
elasticsearch），由于需要从其他服务中访问它，所以还会创建一个名为 elk 的网
络：

```
eval $(docker-machine env swarm-1)

docker network create --driver overlay elk

docker service create \
    --name elasticsearch \
    --network elk \
    --reserve-memory 500m \
    elasticsearch:2.4
```

片刻之后，elasticsearch 服务将启动并运行，可以使用 service ps 命令检查状
态：

```
docker service ps elasticsearch
```

输出如下（为简洁起见，删除了 IDs 和 ERROR PORTS 列）：

```
NAME            IMAGE            NODE      DESIRED STATE
elasticsearch.1 elasticsearch:2.4 swarm-1   Running
------------------------------------------------------
CURRENT STATE
Running 19 seconds ago
```

如果 elasticsearch 仍未运行，请稍等片刻再继续。现在我们有了一个可以存
储日志的数据库，下一步就是创建一个用来解析日志条目并将结果转发给
ElasticSearch 的服务。

9.3 将 **LogStash** 设置为日志解析器和转发器
Setting Up LogStash As the Logs Parser and Forwarder

完成了 ELK 栈的中 E，现在让我们转到 L。LogStash 需要一个配置文件，可使用 vfarcic/cloud-provisioning（https://github.com/vfarcic/cloud-provisioning）代码库中已有的一个。创建一个新目录，复制 conf/logstash.conf（https://github.com/vfarcic/cloud-provisioning/blob/master/conf/logstash.conf）配置，并在 logstash 服务中使用它：

```
mkdir -p docker/logstash

cp conf/logstash.conf \
    docker/logstash/logstash.conf

cat docker/logstash/logstash.conf
```

logstash.conf 文件的内容如下：

```
input {
  syslog { port => 51415 }
}

output {
  elasticsearch {
    hosts => ["elasticsearch:9200"]
  }
  # Remove in  production stdout {
    codec => rubydebug
  }
}
```

这是一个非常简单的 LogStash 配置，用于在端口 51415 上监听 syslog 条目。

每个条目会被发送到两个输出：elasticsearch 和 stdout。由于 logstash 和 elasticsearch 连接的是同一个网络，所以可以直接把服务名作为主机名。

第二个输出把所有内容发送到 stdout。请注意，在生产环境中运行 LogStash 之前，应删除此配置，它会产生不必要的开销，如果服务很多的话，那么开销会很大。这里这么配置，仅仅是为了展示日志是如何经过 LogStash 的。在生产中，你无须查看标准输出，而是使用 Kibana 查看整个系统的日志。

让我们继续并创建第二个服务。

给 Windows 用户的说明

为了能够让以下命令中的 mount 参数正常工作，你需要阻止 Git Bash 修改文件系统路径。设置环境变量：

```
exprt MSYS_NO_PATHCONV=1
```

```
docker service create --name logstash \
    --mount "type=bind,source=$PWD/docker/logstash,target=/conf" \
    --network elk \
    -e LOGSPOUT=ignore \
    --reserve-memory 100m \
    logstash:2.4 logstash -f /conf/logstash.conf
```

我们创建了一个名为 logstash 的服务，并将主机卷 docker/logstash 作为/conf挂载到容器中。这样就可以在容器内使用当前位于主机上的配置文件。

请注意，挂载卷不是将配置放入容器内的最佳方式。相反，应该将配置文件构建在镜像中，我们应该创建一个 Dockerfile，它可能如下所示：

```
FROM logstash

RUN mkdir /config/
COPY conf/logstash.conf /config/

CMD ["-f", "/config/logstash.conf"]
```

这个配置文件不应该经常更改（如果会更改的话），因此，基于 logstash 创建新镜像的方式要比挂载卷的要好得多。但是，为了简单起见，我们使用 mount。一旦你开始应用从本章中学到的东西，就要记得构建镜像。

我们还定义了环境变量 LOGSPOUT，现在还用不到，稍后会对其进行说明。

logStash 服务现在应该已经启动并正在运行，让我们再次确认：

```
docker service ps logstash
```

输出应如下所示：

```
NAME         IMAGE         NODE      DESIRED STATE   CURRENT STATE
logstash.1   logstash:2.4  swarm-1   Running         Running 2 seconds ego
```

如果当前状态仍未运行，请稍等片刻并重复 service ps 命令。只有在 logstash 运行之后，我们才能继续。

现在可以确认 logStash 正确初始化。我们需要找出它正在运行的节点，获取容器的 ID，然后输出日志：

```
LOGSTASH_NODE=$(docker service ps logstash | tail -n +2 | awk '{print $4}')

eval $(docker-machine env $LOGSTASH_NODE)

LOGSTASH_ID=$(docker ps -q \
    --filter label=com.docker.swarm.service.name=logstash)

docker logs $LOGSTASH_ID
```

上一个 logs 命令的输出如下：

```
{:timestamp=>"2016-10-19T23:08:06.358000+0000", :message=>"Pipeline \
 main started"}
```

"Pipeline main started"意味着 LogStash 正在运行并等待输入。

在建立一种从集群内的所有容器发送日志的解决方案之前，先执行一个中间步骤来确认 LogStash 确实可以在端口 51415 上接收 syslog 条目，创建一个名为 logger-test 的临时服务：

```
eval $(docker-machine env swarm-1)

docker service create \
    --name logger-test \
    --network elk \
    --restart-condition none \
    debian \
    logger -n logstash -P 51415 hello world
```

该服务会连接到 elk 网络，以便与 logstash 服务进行通信。

我们需要把重启条件设置为空，否则进程结束之后容器会停止，Swarm 会将其检测为失败并重新安排它。换句话说，如果没有把重启条件设置为空，Swarm 将进入无限循环，一直试图重新安排将要停止的容器。

正在执行的命令会发送一个 syslog 消息给在端口 51415 上运行的 logstash。消息内容是 hello world。

让我们再次输出 LogStash 日志：

```
eval $(docker-machine env $LOGSTASH_NODE)

docker logs $LOGSTASH_ID
```

输出如下：

```
{
    "message" => "<5>Oct 19 23:11:47 <someone>: hello world\u0000",
    "@version" => "1",
    "@timestamp" => "2016-10-19T23:11:47.882Z",
        "host" => "10.0.0.7",
```

```
        "tags" => [
        [0] "_grokparsefailure_sysloginput"
        ],
            "priority" => 0,
            "severity" => 0,
            "facility" => 0,
    "facility_label" => "kernel",
    "severity_label" => "Emergency"
}
```

首先 Swarm 需要下载 debian 镜像，并且一旦发送了 logger 消息，LogStash 就必须接受日志条目。LogStash 处理第一个条目需要一些时间，所有后续的条目会被立刻处理。如果你的输出与上面的输出不一样，请稍等片刻，然后重复执行logs命令。

正如你所看到的，LogStash 收到了 hello world 消息。它还记录了其他一些字段，如时间戳和主机，请忽略错误消息_grokparsefailure_sysloginput。可以配置LogStash 来正确解析日志消息，但由于后面不会再用到它，所以就不再浪费这个时间了。很快会看到更好的转发日志的方式。

LogStash 充当消息的解析器并将其转发给 ElasticSearch。现在你得相信我的话。很快就会看到如何存储并探索这些消息。

把 logger-test 服务删除，它的目的只是演示我们有一个接受系统日志消息的LogStash 实例：

```
eval $(docker-machine env swarm-1)

docker  service rm logger-test
```

通过调用 logger 发送消息很棒，但这并不是我们想要完成的目标。

我们的目标是能够转发集群中任意位置运行的所有容器中的日志。

9.4 从 Swarm 集群内任意位置运行的所有容器转发日志
Forwarding Logs From All Containers Running Anywhere Inside a Swarm Cluster

不管日志在哪里运行，如何转发所有容器中的日志？一种可能的解决方案是配置日志驱动程序（https://docs.docker.com/engine/admin/logging/overview/）。可以
使用--log-driver 参数为每个服务指定一个驱动程序。该驱动程序可以是 syslog 或
任何其他支持的选项。这会解决我们的日志传送问题。但为每个服务都配置参数
是枯燥的，更重要的是，我们可能很容易忘记给某一两个服务指定参数，只有在
遇到问题并需要日志之后才发现这个疏忽。让我们看看是否有另一种方法来实现
相同的结果。

可以在每个节点上指定一个日志驱动程序作为 Docker 守护进程的配置选项。
这肯定会让设置更加容易，毕竟，服务器的数量会比服务的数量少。如果要选择
是在创建服务时设置驱动还是将驱动作为守护进程的配置，那么我会选择后者。
但是，我们要设法在不改变默认守护进程配置的情况下达到目标，我们更希望能
够继续工作而不涉及任何特殊的配置工具。幸运的是，我们还有别的选择。

可以利用名为 logspout 的项目来发送所有容器中的日志（https://github.com/
gliderlabs/logspout）

LogSpout 是在 Docker 中运行的 Docker 容器的日志路由器。它会连接主机上的
所有容器，然后在任何我们想要的地方路由容器的日志，它也有一个可扩展的模
块系统。这是一个几乎无状态的日志工具。它不是用来管理日志文件或查看历史
记录，它只是一个工具，让你的日志出现在该出现的地方。

如果你阅读项目文档，就会发现里面没有关于如何将其作为 Docker 服务运行
的说明。不过这不重要，因为到目前为止，你可以把自己当成创建服务的专家。

一个服务需要提供什么样的能力才能够转发集群内全部节点上所有容器中的
日志呢？由于我们希望将其转发给已经连接到 elk 网络的 LogStash，所以也应该将
LogSpout 接入同一网络。我们需要该服务从所有节点发送日志，因此它应该是全
局的。该服务需要知道目的地是名为 logstash 的服务，并且 logstash 监听 51415 端
口。最后，LogSpout 的一个要求是主机的 Docker 套接字要连接在服务容器内，
LogSpout 将用其监控日志。

创建满足所有这些目标和要求的服务的命令如下。

给 Windows 用户的说明

为了能够让以下命令中的 mount 参数正常工作，你需要阻上 Git Bash 修改文件系统路径。设置环境变量：

```
exprt MSYS_NO_PATHCONV=1
```

```
docker service create --name logspout \
    --network elk \
    --mode  global \
    --mount \
"type=bind,source=/var/run/docker.sock,target=/var/run/\
    docker.sock"
    -e SYSLOG_FORMAT=rfc3164 \
    gliderlabs/logspout syslog://logstash:51415
```

我们创建了一个名为 `logspout` 的服务，将它连接到 `elk` 网络，设置为全局服务，并挂载 Docker 套接字。容器创建后会执行的命令是 `syslog://logstash:51415`，这告诉了 LogSpout 我们想要使用 syslog 协议将日志发送到在端口 `51415` 上运行的 `logstash`。

该项目是 Docker Remote API 用途的一个例子。`logspout` 容器将使用 API 来获取所有当前正在运行的容器的列表并流式传输其日志。这已经是集群中使用 API 的第二个产品（第一个是 Docker Flow Swarm Listener（`https://github.com/vfarcic/docker-flow-swarm-listener`））。

让我们看看刚创建的服务的状态：

```
docker service ps logspout
```

输出如下（为简洁起见，删除了 IDs 和 ERROR PORTS 列）：

```
NAME      IMAGE                      NODE    DESIRED STATE
logspout  gliderlabs/logspout:latest swarm-3 Running
logspout  gliderlabs/logspout:latest swarm-2 Running
logspout  gliderlabs/logspout:latest swarm-1 Running
------------------------------------------------------
CURRENT STATE
Running 11 seconds ago
Running 10 seconds ago
Running 10 seconds ago
```

该服务以全局模式运行，因此每个节点内都有一个实例。

现在来测试 `logspout` 服务是否确实将所有日志发送到了 LogStash。所要做的就是创建一个服务来生成一些日志，并从 LogStash 的输出中观察它们。可以使用

registry 来测试到目前为止所做的设置：

```
docker service create --name registry \
    -p 5000:5000 \
    --reserve-memory 100m \
    Registry
```

在检查 LogStash 日志之前，应该等到 registry 运行：

```
docker service ps registry
```

如果当前状态仍未运行，请稍等片刻。

现在可以查看 logstash 日志，并确认 logspout 把由 registry 生成的日志条目发送给了它：

```
eval $(docker-machine env $LOGSTASH_NODE)
```

```
docker logs $LOGSTASH_ID
```

输出中的一个条目如下所示：

```
{
    "message" => "time=\"2016-10-19T23:14:19Z\" level=info \
        msg=\"listening on [::]:5000\" go.version=go1.6.3 \
        instance.id=87c31e30-a747-4f70-b7c2-396dd80eb47b version=v2.5.1 \n",
            "@version" => "1",
      "@timestamp" => "2016-10-19T23:14:19.000Z",
            "host" => "10.0.0.7",
        "priority" => 14,
    "timestamp8601" => "2016-10-19T23:14:19Z",
        "logsource" => "c51c177bd308",
          "program" => "registry.1.abszmuwq8k3d7comu504lz2mc",
              "pid" => "4833",
         "severity" => 6,
         "facility" => 1,
        "timestamp" => "2016-10-19T23:14:19Z",
    "facility_label" => "user-level",
    "severity_label" => "Informational"
}
```

和之前使用 logger 测试 LogStash 输入时一样，我们看到了消息、时间戳、主机和其他一些 syslog 字段，还得到了保存生成日志的容器 ID 的 logsource 以及保存容器名称的 program。在排查哪个服务和容器产生错误时，两者都会很有用。

如果回头看我们用来创建 logstash 服务的命令，你会注意到环境变量 LOGSPOUT = ignore。它告诉 LogSpout 要忽略该服务，或者更确切地说，构成该服务的所有容器（的日志）。如果没有定义它，LogSpout 会将所有 logstash 日志转发到 logstash，从而产生一个无限循环。正如我们已经讨论过的，在生产中不应该将 LogStash 条目输出到 stdout。我们只是为了更好地理解它是如何工作的。如果将 stdout 输出从 logstash 配置中移除，则不需要环境变量 LOGSPOUT = ignore。logstash 日志也将存储在 ElasticSearch 中。

现在将所有日志发送到了 LogStash，然后再到 ElasticSearch，接下来将探讨如何查看日志。

9.5 探索日志
Exploring Logs

将所有日志放在中央数据库中是一个良好的开端，但它不能让我们以简单的和用户友好的方式探索它们。我们不能指望开发人员调用 ElasticSearch API 来调查哪里出了问题。我们需要一个允许我们可视化并过滤日志的 UI，需要 ELK 协议栈中的 K。

> **给 Windows 用户的说明**
>
> 你可能会遇到使用 Docker Compose 不能正确映射卷的问题。如果你看到的是 Invalid volume specification 错误，则请设置环境变量 COMPOSE_CONVERT_WINDOWS_PATHS 为 0：
>
> Export COMPOSE_CONVERT_WINDOWS_PATHS=0
>
> 请确保每次运行 docker-compose 或者 docker stack deploy 的时候已经设置了该变量。

让我们再创建一个服务，这次是 Kibana。除了需要此服务与 logspout 和 elasticsearch 服务进行通信外，还希望通过代理将其公开，因此还将创建 swarm-listener 和 proxy 服务。让我们来看看：

```
docker network create --driver overlay proxy

curl -o docker-compose-stack.yml \
    https://raw.githubusercontent.com/\
vfarcic/docker-flow-proxy/master/docker-compose-stack.yml

docker stack deploy \
    -c docker-compose-stack.yml proxy
```

我们创建了 proxy 网络，下载了含有服务定义的 Compose 文件，并部署了由
swarm-listener 和 proxy 服务组成的 proxy 栈。它们与我们在第 8 章中执行的命令相
同，因此不需要再次解释。

在创建 kibana 服务之前唯一缺少的东西是等到 swarm-listener 和 proxy 都启动
并运行。

请执行 docker service ls 命令以确认两个服务都有副本正在运行。

现在准备创建 kibana 服务了。

给 Windows 用户的说明

Git Bash 会把文件系统路径替换掉，为了防止替换，请在运行代码块之前
执行以下命令：

```
export MSYS_NO_PATHCONV=1
```

```
docker service create --name kibana \
    --network elk \
    --network proxy \
-e ELASTICSEARCH_URL=http://elasticsearch:9200 \
    --reserve-memory 50m \
    --label com.df.notify=true \
    --label com.df.distribute=true \
    --label com.df.servicePath=/app/kibana,/bundles,/elasticsearch \
    --label com.df.port=5601 \
kibana:4.6
```

将它连接到 elk 和 proxy 网络，连接第一个是因为需要与 elasticsearch 服务进
行通信，而连接第二个则需要与 proxy 进行通信。我们还设置了 ELASTICSEARCH_URL
环境变量，它告诉了 Kibana 数据库的地址，并保留了 50m 的内存。最后，我们定义
了一些标签，这些标签将被 swarm-listener 用来通知 proxy 服务的存在，这次 com.df.
servicePath 标签有三条匹配 Kibana 使用的路径。

在打开 UI 之前，让我们确认 kibana 正在运行：

```
docker service ps kibana
```

用户界面可以通过以下命令打开：

```
open "http://$(docker-machine ip swarm-1)/app/kibana"
```

让我们克隆代码并运行脚本。

给 Windows 用户的说明

Git Bash 可能不支持 open 命令，如果真是这样的话，请执行 `docker-machine ip <SERVER_NAME>` 来查找机器的 IP，然后直接在浏览器里打开 URL，比如上面的命令应该被替换为 `docker-machine ip swarm-1`。如果命令输出的是 `1.2.3.4`，则应该在浏览器里打开 `http://1.2.3.4:8082/jenkins`。

应该看到让你配置 ElasticSearch 索引的界面。

现在可以通过点击顶部菜单中的"Discover"按钮来浏览日志。

默认情况下，Kibana 会显示过去 15 分钟内生成的日志。根据产出日志后所经过的时间，15 分钟可能会比实际的时间短。我们会把这个时间段增加到 24 小时。

请选择 `@timestamp` 作为 Time-field name，然后点击"Create"按钮以在 ElasticSearch 中生成 LogStash 的索引，如图 9-1 所示。

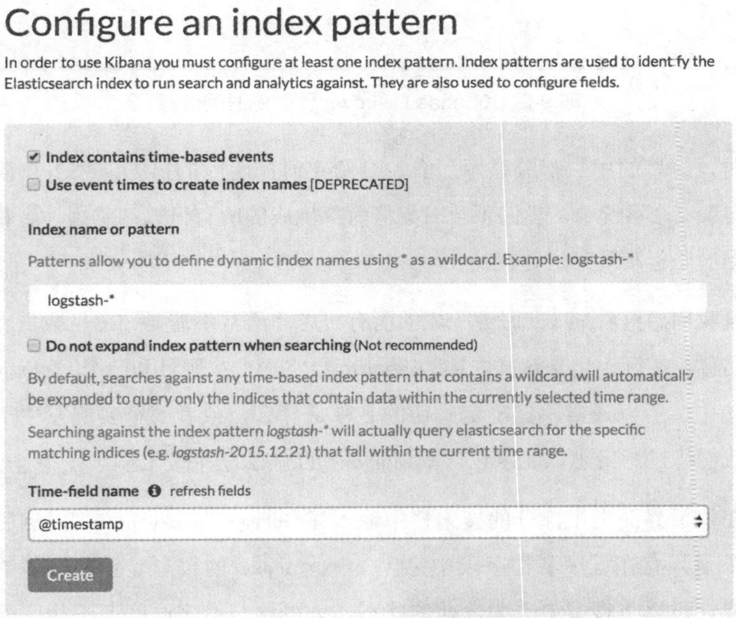

图 9-1 Kiana 配置索引模式的界面

请点击右上角菜单中的 Last 15 minutes，可以看到基于时间来过滤结果的众多选项。

请点击 Last 24 hours 链接，并观察右上角菜单的时间的变化。现在点击"Last 24 hours"按钮来隐藏过滤器，如图 9-2 所示。

更多的信息可以在 Kibana 文档的 Setting the Time Filter（https://www.elastic. co/guide/en/kibana/current/discover.html#set-time-filter）部分找到：

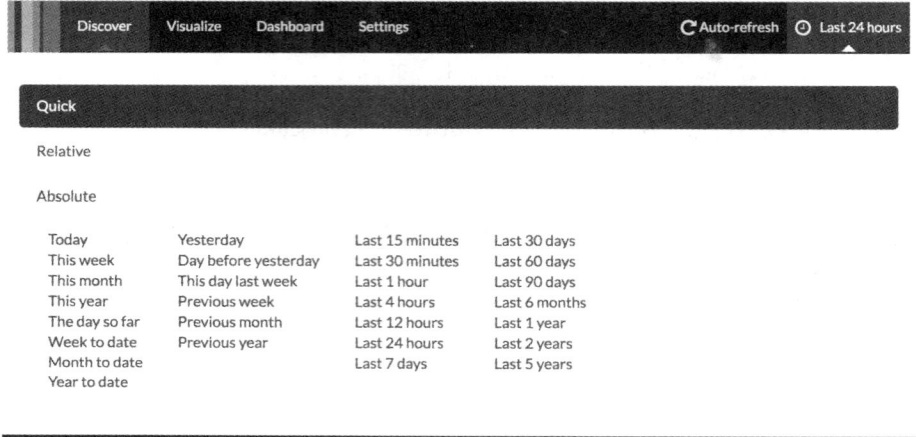

图 9-2　Kibanas Discover 界面的时间过滤

此时，屏幕的中央部分显示所有符合给定时间跨度的日志。大多数情况下，在"真实"生产系统中，我们不会对集群内部生成的所有日志都感兴趣。相反，我们会根据一些标准对其进行过滤。

假设我们想查看 proxy 服务生成的所有日志，通常不需要知道生成日志的程序的确切名称，实际上也是这样，因为 Swarm 会将一个实例号和一个 hashtag 添加到容器名称中，所以通常不能确定确切的名称是什么，或者哪个实例发生了问题。相反，我们将过滤日志以显示包含单词 proxy 的程序的所有日志。

请在位于界面上半部分的搜索栏中输入 program: "proxy_proxy"，然后按回车键。结果是只有在程序名称字段中包含 proxy_proxy 的日志显示在屏幕的主要部分。同样，可以将搜索更改为之前的状态，并列出与给定时间范围相匹配的所有日志。我们所要做的就是在搜索栏中输入*并按回车键。

有关更多信息，请参阅 Kibanas 文档的 Searching Your Data（https://www. elastic.co/guide/en/kibana/current/discover.html＃search）部分。

与当前查询匹配的所有字段列表位于左侧菜单中。点击它可以看到其中一个字段的最匹配值。例如，可以单击 program 字段并查看在指定时间内生成日志的所有程序。我们可以使用这些值作为过滤结果的另一种方式。请点击 `proxy.1.4psvagyv4bky2lftjg4a` 旁边的+号（在这样的情况下，哈希值将不一样）。我们得到了与在搜索栏中输入 `program:"proxy.1.4psvagyv4bky2lftjg4a:"` 相同的结果。

有关更多的信息，请参阅 Kibana 文档的 Filtering by Field（`https://www.elastic.co/guide/en/kibana/current/discover.html#field-filter`）部分。

界面主体可显示每行中的选定字段，并可选择查看并显示所有信息。事实上，默认字段（Time 和_source）的用处不大，所以我们会将其改掉。

请点击左侧菜单中 program 旁边的"Add"按钮，你会看到 program 列被添加到 Time 列中。请重复这个过程添加 host 和@timestamp 字段，如图 9-3 所示。

要查看有关特定条目的更多信息，请单击指向右侧的箭头。包含所有字段的表格将显示在其下方，你将能够浏览与特定日志条目相关的所有详细信息。

有关更多的信息，请参阅 Kibana 文档的 Filtering by Field（`https://www.elastic.co/guide/en/kibana/current/discover.html#document-data`）部分。

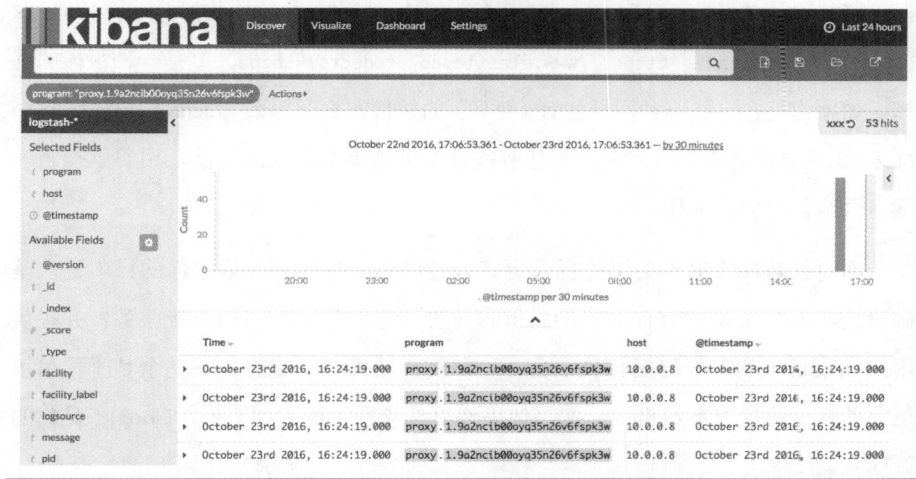

图 9-3 Kibana 的 Discover 页面

在围绕 Kibana 的短途体验中，唯一剩下的就是保存刚创建的过滤器，请单击顶部菜单中的"Save Search"按钮以保存现在创建的内容。键入搜索名称，然后单击"Save"按钮。你的过滤器现已保存，并且可通过顶部菜单中的"Load Saved Search"按钮进行访问。

就这样，现在你已经了解了如何探索存储在 ElasticSearch 中的日志的基础知识。如果你想知道可视化和看板界面能做什么，我只能说它们对于日志不是很有用；如果开始添加其他类型的信息，如资源使用情况（例如，内存、CPU、网络流量等），那么它们会变得更有趣。

9.6　讨论其他日志解决方案
Discussing Other Logging Solutions

ELK 是你应该为日志记录的目的选择的解决方案吗？这是一个很难回答的问题。市场上有很多类似的工具，而且几乎不可能给出一个通用的答案。

你喜欢免费的解决方案吗？如果是，那么 ELK（ElasticSearch（https://www.elastic.co/products/elasticsearch）、LogStash（https://www.elastic.co/products/logstash）和 Kibana（https://www.elastic.co/products/kibana））是一种很棒的选择。如果你正在寻找一种同样便宜（免费）的替代方案，那么 FluentD（http://www.fluentd.org/）值得一试。许多其他解决方案可能更适合你的需求，用谷歌搜索一下将会给你大量的选择。

你对把解决方案作为服务提供更感兴趣吗？你想让别人维护你的日志记录基础设施吗？如果是，有许多提供将日志托管在它们数据库中的收费服务，并提供用来探索日志的友好界面。我不会一一举例，因为我决定将本书完全基于你可以运行的开源解决方案。再说一次，如果你更喜欢别人维护的服务，Google 是你的好朋友。

9.7 现在怎么办
What Now?

我们只涉及 ELK 协议栈可以做的事情的表面。ElasticSearch 是一个非常强大的数据库，可以轻松扩展并存储大量数据。LogStash 提供了几乎无限的可能性，允许我们将任何数据源用作输入（在我们的例子中是 syslog），将其转换为我们认为有用的任何形式，并输出到许多不同的目的地中（在我们的例子中为 ElasticSearch）。当有需要时，你可以使用 Kibana 来查看系统生成的日志。最后，LogSpout 让这一切成为可能，它能确保集群中运行的任何容器产生的所有日志都被收集并发送给 LogStash。

本章的目标是探索处理大量日志的潜在解决方案，并让你了解如何从 Swarm 集群内运行的服务中收集日志。你知道了关于 logging 的一切吗？可能没有。不过，我希望你有一个很好的基础来更进一步地探讨这个主题。

即使你选择使用不同的工具，这个过程仍然是一样的。使用工具从你的服务中收集日志，将它们发送到某个数据库，并在需要时使用 UI 来浏览它们。

现在有了只提供部分信息的日志，我们需要找到问题的原因。日志通常是不够的。我们需要来自系统的指标，也许服务使用的内存比集群提供的要多，也许系统响应的时间太久，或者服务中可能有内存泄漏，这些东西很难通过日志找到。

我们不仅需要了解系统的当前指标，还需要了解它过去的表现。即使我们有这些指标，也需要一个能够在发生问题时通知我们的进程。查看日志和指标虽然可以给我们提供用来调试问题的大量信息，但首先我们需要知道问题的存在。我们需要一个进程，当出现问题或者在实际问题发生之前通知我们。即使有了这样的系统，也应该更进一步，尽量防患于未然。这种预防通常可以自动化，毕竟，当其中一些问题可以由系统自动修复时，为什么还要手动修复所有问题？最终目标是建立一个自我修复系统，只有当意外事件发生时，才需要人工干预。

我们面前的度量标准、通知、自我修复系统和其他待处理任务的内容对于一个章节来说太多了，所以我们一步一步做。目前，我们已经完成了日志部分，接下来将讨论收集指标的不同方法，并使用它们来监控集群以及在其中运行的服务。

一如既往，我们将以销毁结束本章：

```
docker-machine rm -f swarm-1 swarm-2 swarm-3
```

第 10 章

收集指标与监控集群
Collecting Metrics and Monitoring the Cluster

让我们改变一下对构建软件的传统态度。与其想象我们的主要任务是指导计算机做什么，不如集中精力向人们解释我们想要计算机做什么。

——高纳德

我们成功地在集群中加入了集中式日志记录功能。运行在任何节点内的任何容器中的日志都将被发送到中心位置。它们存储在 Elasticsearch 中，可以通过 Kibana 查看。但是，可以轻松访问所有日志并不意味着我们拥有了调试问题或防止问题发生的所有信息。我们需要在日志之外补充关于系统的其余信息。单单日志提供的信息远远不能满足我们的需要。

10.1 集群监控系统的需求
The Requirements of a Cluster Monitoring System

迄今为止，我们所做的一切，先不提在本书其余部分将要完成的任务，降低系统复杂性的同时也在某种程度上增加了其复杂性。使用 Docker Swarm 扩展服务比只使用容器更简单。一方面，Docker 已经简化了我们之前的过程，加上自带服务发现的新的networking功能，结果就是简单到令人难以置信。另一方面，表面下隐藏着复杂性。如果尝试将迄今为止使用的动态工具与在（和）别的时期创造的工具结合起来，那么可以很容易观察到这种复杂性的一种表现方式。

以 Nagios（`https://www.nagios.org/`）为例，我不会说不能用它来监控系统（当然可以）。我要说的是，它会与我们迄今设计的新系统架构发生冲突。我们的系统比以前的复杂得多。副本的数量在波动。虽然今天可能有四个服务实例，明天上午可能有六个，但到了下午又只有三个。它们分布在集群的多个节点上，并且四处移动，服务器不停地被创建和销毁。我们的集群和它内部的一切都是真正动态的和弹性的。

我们构建的系统的动态特性不适合 Nagios。Nagios 期望服务和服务器相对静态，期望我们提前定义好一切。这种方式的问题在于我们没法提前获得这些信息，而 Swarm 可以。即使我们得到了需要的信息，它也会很快改变。

我们正在建立的系统是高度动态的，我们要用来监控这样一个系统的工具需要能够处理这种动态性。

不仅如此，大多数"传统"工具倾向于将整个系统视为一个黑匣子，这么做的原因是，一方面具有一定的优势，另一方面是它可以让我们将服务与系统的其他部分解耦。在许多（但不是全部）情况下，白盒监控意味着需要将监控代码库添加到服务中，并在其周围编写一些代码，以便它们可以暴露服务的内部。

在选择向你的服务中添加一些与其工作不是很相关的内容之前，请三思。当采用微服务的方式时，我们在实现服务功能时应该尽量关注其主要目标。对于购物车来说，它应该是一个 API，允许我们添加和删除项目。将别的代码和库文件添加到这个服务，以方便它可以在服务发现存储中注册自己，或者将其指标暴露给监视工具，这样会产生很多的耦合。一旦这样做了，未来的选择就会非常有限，且对系统进行更改可能需要更多的时间和精力。

设法避免将服务发现与我们的服务耦合起来。go-demo 服务没有任何关于服务发现的知识，但我们的系统还是拥有了需要的所有信息。还有很多其他的例子，组织掉入陷阱并开始将其服务与周围的系统耦合起来。这种情况下，我们主要关注的是能否在监控方面取得同样的效果？能否把为服务编写的代码和生成指标的代码解耦？

再一次，白盒监控提供了黑盒没有的很多好处。还有一点，理解服务的内部让我们能够对粒度更小的细节进行操作，如果将系统视为黑盒，那冷无法得到这些信息。

在为高可用性和快速响应时间而设计的分布式系统的世界里，仅限于健康检查和 CPU，内存和磁盘使用的监控是不够的。我们已经拥有了可确保服务健康的 Swarm，并且可以轻松写出检查重要资源使用情况的脚本。我们需要的不仅仅是这些，需要的是不会引入不必要耦合的白盒监控，还需要智能告警以便在出现问题时通知我们甚至自动解决问题。理想情况下，可以在发生问题之前得到告警并执行自动修复。

对监控系统的一些要求如下。

- 一种去中心化的方式来生成指标，以应对集群的高度动态性。

- 一个多维数据模型，可根据需要在多个维度上进行查询。

- 一种高效的查询语言，可以让我们利用监控数据模型创建有效的告警和可视化。

- 简单，允许（几乎）任何人在没有额外培训的情况下使用该系统。

本章将继续之前开始的工作，探索如何导出不同的指标集合，如何收集这些指标，如何查询这些指标以及如何通过看板呈现这些指标。

在开始之前，应该做出一些选择，监控解决方案应使用哪些工具？

10.2　选择正确的数据库来存储系统指标
Choosing the Right Database to Store System Metrics

在 DevOps 2.0 Toolkit 中，反对像 Nagios（https://www.nagios.org/）和 Icinga（https://www.icinga.org/）这样的"传统"监控工具。相反，对于日志和系统指标，

选择使用 Elasticsearch。在第 9 章中重申了使用 Elasticsearch 作为日志解决方案的选择。可以将其扩展到用于存储指标么？当然可以。应该这样做吗？应该将其作为存储系统指标的地方吗？有更好的解决方案吗？

如果用作存储系统指标的数据库，Elasticsearch 最大的问题在于它不是时间序列类型的数据库。Elasticsearch 能够以非结构化的方式进行自由文本搜索和存储数据，从而使得存储日志受益匪浅。但是，对于系统指标，我们可能会使用不同类型的数据存储，可能需要一个时间序列数据库。

时间序列数据库是围绕优化存储和检索时间序列数据的方式而设计的。它们的一个最大好处是以非常紧凑的格式存储信息，使其能够管理大量的数据。如果对基于时间数据的存储需求与其他类型的数据库（包括 Elasticsearch）进行比较，就会发现时间序列数据库的效率更高。换句话说，如果数据是基于时间的指标，那么请使用专为这些数据设计的数据库。

大多数（如果不是全部的话）时间序列数据库的最大问题是分布式存储。通过副本来运行它们是不太可能的，或者说是一个挑战。说白了，这样的数据库被设计为只运行一个实例。幸运的是，通常不需要在这些数据库中存储长期数据，并且可以定期清理它们。一方面，如果长期存储是必须的，那么解决方案应该是将聚合的数据导出到其他类型的数据库，比如 Elasticsearch 中，特别是在涉及复制和分片的时候。但是，在你应得"疯狂"并开始导出数据之前，请确保你确实需要这样做。时间序列数据库可以轻松地在单个实例中存储大量信息。你不需要因为容量的原因去扩展它们。另一方面，如果数据库发生故障，Swarm 就会重新安排它，并且只会丢失几秒钟的信息。这种情况不应该是一场灾难，因为我们处理的是聚合数据，而不是单条交易。

InfluxDB（https://www.influxdata.com/）是最重要的时间序列数据库之一，Prometheus（https://prometheus.io/）是一种常用的替代方案。除了表明将使用后者外，我们将跳过这两种产品的比较。这两种解决方案都是监控解决方案的可靠选择，Prometheus 具有我们不应忽视的潜在优势。社区计划将以 Prometheus 格式原生地公开 Docker 指标。撰写这篇文章的时候，还没有固定的日期，但我们会尽最大努力围绕该计划设计系统。如果你想亲自监控进度，则请查看 Docker issue

27307（https://github.com/docker/docker/issues/27307）。我们将以这样一种方式使用 Prometheus，一旦 Docker 原生指标可用，就可以切换过去。

让我们开始行动并创建本章中使用的集群。

10.3　创建集群
Creating the Cluster

这次将创建比以前更多的服务，因此需要更大的集群，这不是因为服务的要求非常高，而是因为每个虚拟机只有一个 CPU 和 1 GB 内存，这样的机器可不值得吹嘘。这一次，我们将创建一个由五台机器组成的集群。除了增加集群的容量之外，其他一切都与以前一样，所以没有理由再次重复这个过程。我们只需执行 scripts/dm-swarm-5.sh（https://github.com/vfarcic/cloud-provisioning/blob/master/scripts/dm-swarm-5.sh）：

> 本章的所有命令都可以在 09-monitoring.sh（https://gist.github.com/vfarcic/271fe5ab7eb6a3307b9f062eadcc3127）Gist 中找到。

```
cd cloud-provisioning

git pull

scripts/dm-swarm-5.sh

eval $(docker-machine env swarm-1)

docker node ls
```

docker node ls 命令的输出如下（为简洁起见，删除了 ID）：

```
HOSTNAME  STATUS  AVAILABILITY  MANAGER STATUS
swarm-4   Ready   Active
swarm-2   Ready   Active        Reachable
swarm-1   Ready   Active        Leader
swarm-5   Ready   Active
swarm-3   Ready   Active        Reachable
```

我们创建了一个包含五个节点的 Swarm 集群，其中三个作为 manager，其余作为 worker。

现在可以创建之前用过的服务，由于练习过很多次，所以将从 Compose 文件 vfarcic/docker-flow-proxy/docker-compose-stack.yml（https://github.com/vfarcic/

docker-flow-prox/blob/master/docker-compose-stack.yml）和 vfarcic/go-demo/docker-compose-stack.yml（https://github.com/vfarcic/go-demo/blob/master/docker-compose-stack.yml）创建 stack：

给 Windows 用户的说明

你可能会遇到使用 Docker Compose 不能正确映射卷的问题。如果你看到的是 Invalid volume specification 错误，那么请设置环境变量 COMPOSE_CONVERT_WINDOWS_PATHS 为 0：

Export COMPOSE_CONVERT_WINDOWS_PATHS=0

请确保你每次运行 docker-compose 或者 docker stack deploy 的时候已经设置该变量。

```
docker network create --driver overlay proxy

curl -o proxy-stack.yml \
    https://raw.githubusercontent.com/\
vfarcic/docker-flow-proxy/master/docker-compose-stack.yml

docker stack deploy \
    -c proxy-stack.yml proxy

curl -o go-demo-stack.yml \
    https://raw.githubusercontent.com/\
vfarcic/go-demo/master/docker-compose-stack.yml

docker stack deploy \
    -c go-demo-stack.yml go-demo

docker service create --name util \
    --network proxy \
    --mode global \
    alpine sleep 1000000000

docker service ls
```

一段时间后，docker service ls 命令的输出如下（为简洁起见，删除了 ID）：

```
NAME            REPLICAS   IMAGE                                 COMMAND
swarm-listener  1/1        vfarcic/docker-flow-swarm-listener
go-demo         3/3        vfarcic/go-demo:1.2
util            global     alpine                                sleep 1000000000
go-demo-db      1/1        mongo:3.2.10
proxy           3/3        vfarcic/docker-flow-proxy
```

使用从 GitHub 存储库下载的 stack 来创建除 util 之外的所有服务。目前，我们的集群正在托管着演示服务 go-demo 和 go-demo-db、proxy、swarm-listener 以及将用来测试监控指标的可以全局调度的 util 服务。

接下来准备开始生成一些指标。

10.4 Prometheus 指标
Prometheus Metrics

Prometheus 将所有数据存储为时间序列，它是属于同一个指标和相同标签的带有时间戳的数据流。标签为指标提供了多个维度。

例如，如果希望根据来自代理的 HTTP 请求导出数据，那么可能会创建一个名为 proxy_http_requests_total 的指标。这样的指标可以有请求方法、状态和路径的标签。这三个标签可以指定如下：

```
{method="GET", url="/demo/person", status="200"}
{method="PUT", url="/demo/person", status="200"}
{method="GET", url="/demo/person", status="403"}
```

最后需要一个指标值，在我们的例子中，它将是请求的总数。

将指标名称、标签和值组合在一起，示例结果可能如下所示：

```
proxy_http_requests_total{method="GET", url="/demo/person", status="200"}
654
proxy_http_requests_total{method="PUT", url="/demo/person", status="200"}
143
proxy_http_requests_total{method="GET", url="/demo/person", status="403"}
13
```

通过这三个指标，可以看到有 654 个成功的 GET 请求，143 个成功的 PUT 请求和 13 个失败的 GET 请求 HTTP 403。

既然这些指标的格式还算得上清晰，那么可以讨论一下生成指标并将它们提供给 Prometheus 的不同方式。

Prometheus 基于拉取机制，从配置的目标中拉取指标。有两种方式可以生成对 Prometheus 友好的数据。一个是主动测量我们自己的服务，Prometheus 为 Go（https://github.com/prometheus/client_golang）、Python（https://github.com/prometheus/client_python）、Ruby（https://github.com/prometheus/client_ruby）和 Java（https://github.com/prometheus/client_java）提供了客户端。除此之外，还有相当多的用于其他语言的非官方库。测量是指公开服务的指标。在某种程度上，测量你的代码和记录日志类似。

尽管测量是提供将要存储在 Prometheus 中的数据的首选方式，但建议不要这样做。也就是说，除非没有别的手段能够获得相同的数据。建议的原因在于我们希望保持微服务与系统的其他部分解耦。如果能够把服务发现隔离在服务范围之外，那么也许可以对指标进行相同的处理。

当服务无法被测量，或者根本不想测量的时候，可以利用 Prometheus exporters，它们用于收集已经存在的指标并将其转换为 Prometheus 格式。你会看到，系统已经公开了相当多的指标。期望所有解决方案都以 Prometheus 格式提供指标是不现实的，因此将使用 exporters 进行转换。

当拉取数据不能满足要求时，我们可以改变方向并推送数据。尽管拉取是 Prometheus 获取指标的首选方式，但有些情况下这种方法并不合适。一个例子是短期批处理作业。他们可能短到 Prometheus 无法在其工作完成并销毁之前提取数据。这种情况下，批处理作业可以将数据推送到 Prometheus 可以从中获取指标的 Push Gateway（`http://github.com/prometheus/pushgateway`）。

有关当前支持的 exporters 列表，请参阅 Prometheus 文档的 Exporters and Ingegrations（`https://prometheus.io/docs/instrumenting/exporters/`）部分。

现在，在简要介绍指标之后，我们准备创建将托管 exporters 的服务。

10.5 导出系统范围的指标
Exporting system wide metrics

下面将从 Node Exporter 服务（`https://github.com/prometheus/node_exporter`）开始。它会导出与服务器相关的各种类型的指标。

给 Windows 用户的说明

TIP

为了使下一个命令中的挂载生效，你需要阻止 Git Bash 转换文件系统路径。设置环境变量：

`export MSYS_NO_PATHCONV=1`

本章包含许多使用挂载的 docker service create 命令。在你执行这些命令之前，请确保环境变量 MYS_NO_PSTHCONV 存在并且被设置为 1：

`echo $MSYS_NO_PATHCONV`

```
docker service create \
    --name node-exporter \
    --mode global \
    --network proxy \
```

```
--mount "type=bind,source=/proc,target=/host/proc" \
--mount "type=bind,source=/sys,target=/host/sys" \
--mount "type=bind,source=/,target=/rootfs" \
prom/node-exporter:0.12.0 \
-collector.procfs /host/proc \
-collector.sysfs /host/proc \
-collector.filesystem.ignored-mount-points \
"^/(sys|proc|dev|host|etc)($|/)"
```

由于需要 node-explorer 在每台服务器上都可用，因此可指定该服务为全局的。通常，我们将它连接到专门用于监控工具的单独网络（例如，monitoring）。但是，本地运行的 Docker 机器可能会遇到两个以上网络的问题。由于已经通过 scripts/dm-swarm-services-3.sh（https://github.com/vfarcic/cloud-provisioning/blob/master/scripts/dm-swarm-services-3.sh）创建了 go-demo 和 proxy 网络，所以达到了安全限制。出于这个原因，我们也会使用现有的 proxy 网络来监控服务。在运维"真实"集群时，应该为监控服务创建一个单独的网络。

我们也挂载了几个卷。

/proc 目录非常特别，它也是一个虚拟文件系统。它有时被称为进程信息伪文件系统。它不包含"真实"文件，而是包含运行时系统信息（例如，系统内存、安装的设备、硬件配置等）。

因此，/proc 目录可以被视为内核的控制和信息中心。实际上，相当多的系统工具只是简单地调用这个目录中的文件。例如，lsmod 与 cat/proc/modules 相同，而 lspci 是 cat/proc/pci 的同义词。通过更改位于该目录中的文件，甚至可以在系统运行时读取/更改内核的 sysctl 参数。node-exporter 服务将用它来找到系统内部运行的所有进程。

现代 Linux 发行版包含一个作为虚拟文件系统的/sys 目录（sysfs，可与作为/procfs 的/proc 比较），它存储并允许修改连接到系统的设备，而许多传统的 UNIX 和类 Unix 操作系统使用/sys 作为内核源码树的符号链接。

sys 目录是 Linux 提供的虚拟文件系统。它通过关于各种内核子系统、硬件设备和相关的设备驱动程序的信息从内核的设备模型导出到用户空间来提供一组虚拟文件。通过将其公开为一个卷，服务可以收集有关内核的信息。

最后定义 prom/node-exporter 镜像并传递给它几个命令参数。我们为/proc 和/sys 指定了目标卷，然后忽略容器内的挂载点。

更多信息请访问 Node Exporter 项目（https://github.com/prometheus/node_exporter）。

此时，该服务应该正在集群内运行，让我们确认一下：

```
docker service ps node-exporter
```

serivce ps 命令的输出如下（为简洁起见，删除了 ID）：

```
NAME            IMAGE                        NODE     DESIRED STATE
node-exporter... prom/node-exporter:0.12.0   swarm-5  Running
node-exporter... prom/node-exporter:0.12.0   swarm-4  Running
node-exporter... prom/node-exporter:0.12.0   swarm-3  Running
node-exporter... prom/node-exporter:0.12.0   swarm-2  Running
node-exporter... prom/node-exporter:0.12.0   swarm-1  Running
------------------------------------------------------
CURRENT  STATE         ERROR PORTS
Running  6 seconds ago
Running  7 seconds ago
Running  7 seconds ago
Running  7 seconds ago
Running  7 seconds ago
```

现在快速查看 node-exporter 服务提供的指标。我们将使用 util 服务来获取指标：

```
UTIL_ID=$(docker ps -q --filter \
    label=com.docker.swarm.service.name=util)

docker exec -it $UTIL_ID \
    apk add --update curl drill

docker exec -it $UTIL_ID \
    curl http://node-exporter:9100/metrics
```

curl 输出的示例如下：

```
# HELP go_gc_duration_seconds A summary of the GC invocation durations.
# TYPE go_gc_duration_seconds summary
go_gc_duration_seconds{quantile="0"} 0
go_gc_duration_seconds{quantile="0.25"} 0
go_gc_duration_seconds{quantile="0.5"} 0
go_gc_duration_seconds{quantile="0.75"} 0
go_gc_duration_seconds{quantile="1"} 0
go_gc_duration_seconds_sum 0
go_gc_duration_seconds_count 0
...
```

如你所见，这些指标采用 Prometheus 友好的格式。请浏览 Node Exporter collectors（https://github.com/prometheus/node_exporter#collectors），以获取有关每个指标含义的更多信息。现在，应该知道你需要的大部分节点信息都是可用的，并且稍后将由 Prometheus 进行拉取。

由于通过 Docker 网络发送请求，因此得到的是负载均衡之后的响应，从而无法确定哪个节点产生了输出。当配置 Prometheus 时，必须更具体并跳过网络负载均衡。

现在有了关于服务器的信息，应该添加特定于容器的指标，我们将使用称为**容器顾问**的 cadvisor。

cadvisor 使得容器用户能够理解其正在运行的容器的资源使用情况和性能特征。它是一个持续运行的守护进程，用于收集、聚合、处理和导出有关正在运行的容器的信息。具体而言，对于每个容器，它保留了资源隔离参数、历史资源使用情况、完整的历史资源使用情况的直方图和网络统计，这些数据在容器和机器范围内被导出，它原生支持 Docker 容器。

下面来创建这个服务：

```
docker service create --name cadvisor \
    -p 8080:8080 \
    --mode global \
    --network proxy \
    --mount "type=bind,source=/,target=/rootfs" \
    --mount "type=bind,source=/var/run,target=/var/run" \
    --mount "type=bind,source=/sys,target=/sys" \
    --mount "type=bind,source=/var/lib/docker,target=/var/lib/docker" \
    google/cadvisor:v0.24.1
```

就像 node-exporter 一样，cadvisor 是全局服务，并连接到了代理网络。它挂载了几个目录，允许它监视主机上的 Docker 统计信息和事件。由于 cadvisor 带有 Web UI，因此打开了端口 8080，这将允许我们在浏览器中打开它。

在继续之前，应该确认服务确实在运行：

```
docker service ps cadvisor
```

service ps 的输出如下（为简洁起见，删除了 ID）：

```
NAME          IMAGE                        NODE     DESIRED STATE
cadvisor...   google/cadvisor:v0.24.1      swarm-3  Running
cadvisor...   google/cadvisor:v0.24.1      swarm-2  Running
cadvisor...   google/cadvisor:v0.24.1      swarm-1  Running
cadvisor...   google/cadvisor:v0.24.1      swarm-5  Running
cadvisor...   google/cadvisor:v0.24.1      swarm-4  Running
CURRENT STATE           ERROR PORTS
Running 3 seconds ago
Running 3 seconds ago
Running 3 seconds ago
Running 8 seconds ago
Running 3 seconds ago
```

现在可以打开 UI 了。

给 Windows 用户的说明

TIP

Git Bash 可能不支持 open 命令，如果真是这样的话，执行 docker-machine ip <SERVER_NAME> 来查找机器的 IP，然后直接在浏览器里打开 URL，比如上面的命令应该被替换为 docker-machine ip swarm-1，如果命令输出的是 1.2.3.4，则应该在浏览器里打开 http://1.2.3.4:8080/。

```
open "http://$(docker-machine ip swarm-1):8080"
```

随意向下滚动，浏览 cadvisor 提供的不同图形和指标（见图 10-1），如果还不够，就可以通过单击屏幕顶部的 Docker Containers 链接来获取有关运行容器的信息。

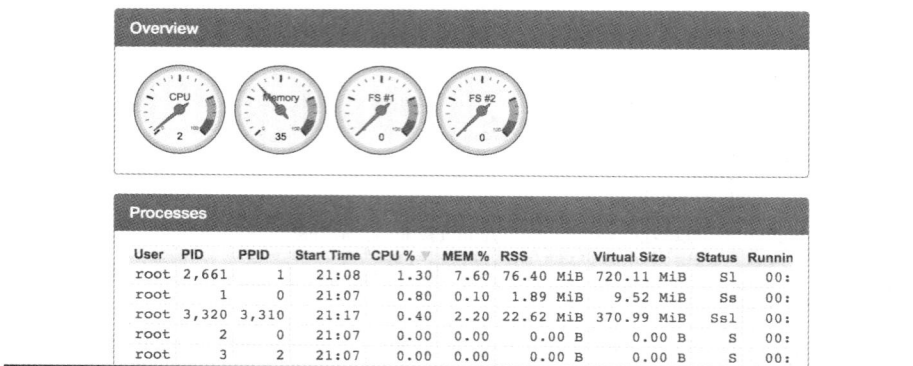

图 10-1　cadvisor 界面

尽管在第一眼看来它可能令人印象深刻，但 UI 除了对单个服务器或多或少有用之外，其他情况下都没什么用处。由于被设计为一个监控单个节点的工具，所以它在 Swarm 集群中的用途不大。

首先，页面和它发出的所有请求都由 ingress 网络进行负载均衡。这意味着不仅不知道哪个服务器返回了 UI，而且返回由指标和图形使用的数据的请求也是负载均衡的。换句话说，来自所有服务器的不同数据是混在一起的，给了我们一个非常不准确的画面。可以跳过使用该服务并使用 docker run 命令运行镜像（针对每个服务器重复）。但是，尽管这样可以让我们看到特定的服务器（数据），但我们还是被迫从一台服务器跳转到另一台服务器，因此该解决方案仍然不够好。我们的目标不止于此，需要从整个集群收集并可视化数据，而不是单个服务器。因此，必须抛弃用户界面。

作为一个侧面说明，某些类型的指标在 node-exporter 和 cadvisor 服务之间存在重叠。你可能会试图选择其中一种，但他们的关注点不一样，只有两者结合才能完成整个画面图景。由于我们确定托管在 Swarm 集群内的 UI 没有用处，所以没有必要公开端口 8080。因此，我们应该将其从服务中删除。你可能会试图删除该服务并在不暴露该端口的情况下再次创建该服务。没必要这么做，相反，可以通过更新服务来消除端口：

```
docker service update \
    --publish-rm 8080 cadvisor

docker service inspect cadvisor -pretty
```

通过检查 service inspect 命令的输出，你会注意到该端口未打于（它根本不存在）。

现在，cadvisor 服务正在运行，我们不会受到无用的 UI 的干扰，因此可以快速查看 cadvisor 导出的指标：

```
docker exec -it $UTIL_ID \
    curl http://cadvisor:8080/metrics
```

curl 输出的示例如下：

```
# TYPE container_cpu_system_seconds_total counter
container_cpu_system_seconds_total{id="/"} 22.91
container_cpu_system_seconds_total{id="/docker"} 0.32
```

我们取得了不错的进展。我们正在导出服务器和容器的指标，可以不停地继续添加指标，并将本章扩充到令人难以忍受的篇幅。下面将把创建提供额外信息的服务作为你稍后要做的练习。现在进入 Prometheus 章节，毕竟，如果不能查询和可视化，那么拥有指标就没有多大用处。

10.6 拉取、查询和可视化 Prometheus 指标

Scraping, Querying, and Visualizing Prometheus Metrics

Prometheus 服务器旨在从测量服务中提取指标。然而，由于想避免不必要的耦合，所以使用 exporters 提供需要的指标。这些 exporters 已经作为 Swarm 服务正在运行，现在准备通过 Prometheus 来利用它们。

为了实例化 Prometheus 服务，应该创建一个带有在集群中运行的 exporters 的配置文件。在这样做之前，需要获取 exporter 服务所有实例的 IP。如果你回想起第4 章，那么可以通过在服务名前添加 task. 前缀得到所有的 IP。

为了获取 node-exporter 服务的所有副本列表，可以从 util 服务的一个实例中得到它：

```
docker exec -it $UTIL_ID \
    drill tasks.node-exporter
```

输出的相关部分如下：

```
;; ANSWER SECTION:
tasks.node-exporter.    600 IN  A   10.0.0.21
tasks.node-exporter.    600 IN  A   10.0.0.23
tasks.node-exporter.    600 IN  A   10.0.0.22
tasks.node-exporter.    600 IN  A   10.0.0.19
tasks.node-exporter.    600 IN  A   10.0.0.20
```

现在得到了所有当前正在运行的服务副本的 IP。

IP 列表本身是不够的，需要告诉 Prometheus 应该以动态的方式使用它们。每次拉取新数据时都应该咨询 task.<SERVICE_NAME>。幸运的是，Prometheus 可以通过dns_sd_configs 进行配置，以将某个地址用于服务发现。有关可用选项的更多信息，请参阅文档的配置（https://prometheus.io/docs/operating/configuration/）部分。

知道了 dns_sd_configs 选项的存在，可以继续下去并定义 Prometheus 配置。下面将使用为本章准备的配置文件，它位于 conf/prometheus.yml（https://github.com/vfarcic/cloud-provisioning/blob/master/conf/prometheus.yml）。

下面快速浏览一下：

```
cat conf/prometheus.yml
```

输出如下：

```
global:
  scrape_interval: 5s

scrape_configs:
  - job_name: 'node'
    dns_sd_configs:
      - names: ['tasks.node-exporter']
        type: A
        port: 9100
  - job_name: 'cadvisor'
    dns_sd_configs:
      - names: ['tasks.cadvisor']
        type: A
```

```
      port: 8080
  - job_name: 'prometheus'
    static_configs:
      - targets: ['prometheus:9090']
```

我们定义了三个作业，前两个作业 node 和 cadvisor 使用了 dns_sd_configs（DNS 服务发现配置）选项。两者都将 tasks.<SERVICE_NAME>定义为名字，类型为 A（你可以从 drill 输出中找到类型），并定义了内部端口。最后一个 prometheus 作业将提供内部指标。

请注意，我们将 scrape_interval 设置为五秒。在生产中，你可能需要更细化的数据并将其更改为例如 1 秒的时间间隔。注意，间隔越短，成本越高。如果越频繁地拉取指标，就需要更多的资源来完成这些工作、查询这些结果，乃至存储数据。尽量在数据粒度和资源使用之间找到平衡点。创建 Prometheus 服务非常简单（就像几乎所有其他 Swarm 服务一样）。

下面将从创建一个用于持久化 Prometheus 数据的目录开始：

```
mkdir -p docker/prometheus
```

现在可以创建服务：

```
docker service create \
    --name prometheus \
    --network proxy \
    -p 9090:9090 \
    --mount "type=bind,source=$PWD/conf/prometheus.yml, \
    target=/etc/prometheus/prometheus.yml" \
    --mount "type=bind,source=$PWD/docker/\
    prometheus,target=/prometheus" \
    prom/prometheus:v1.2.1
docker service ps prometheus
```

我们创建了 docker/prometheus 目录用于持久化 Prometheus 状态。

这项服务非常普通。它用于连接到代理网络、公开端口 9090，并挂载配置文件和状态目录。

service ps 命令的输出如下（为了简洁，删除了 ID 和 ERROR 列）：

```
NAME           IMAGE                   NODE      DESIRED STATE
prometheus.1   prom/prometheus:v1.2.1  swarm-3   Running
----------------------------------------
CURRENT STATE
Running 59 seconds ago
```

请注意，扩展此服务毫无意义，Prometheus 被设计作为单实例工作。大多数情况下，这不会有什么问题，因为它可以轻松地存储和处理海量数据。如果失败，Swarm 就会将其重新安排在别的地方，这种情况下，只会丢失几秒钟的数据。

让我们打开它的用户界面并探索可以做些什么。

给 Windows 用户的说明

Git Bash 可能不支持 open 命令，如果真是这样，则请执行 docker-machine ip <SERVER_NAME>来查找机器的 IP，然后直接在浏览器里打开 URL，比如上面的命令应该被替换为 docker-machine ip swarm-1，如果命令输出的是 1.2.3.4，则应该在浏览器里打开 http://1.2.3.4:9090/。

```
open "http://$(docker-machine ip swarm-1):9090"
```

我们应该做的第一件事是检查它是否注册了所有导出的目标。

请单击顶部菜单中的"Status"按钮，然后选择"Target"。你应该可以看到与构成集群的五个服务器相匹配的五个 cadvisor 目标。同样，有五个 node 目标，最后注册了一个 prometheus 目标，如图 10-2 所示。

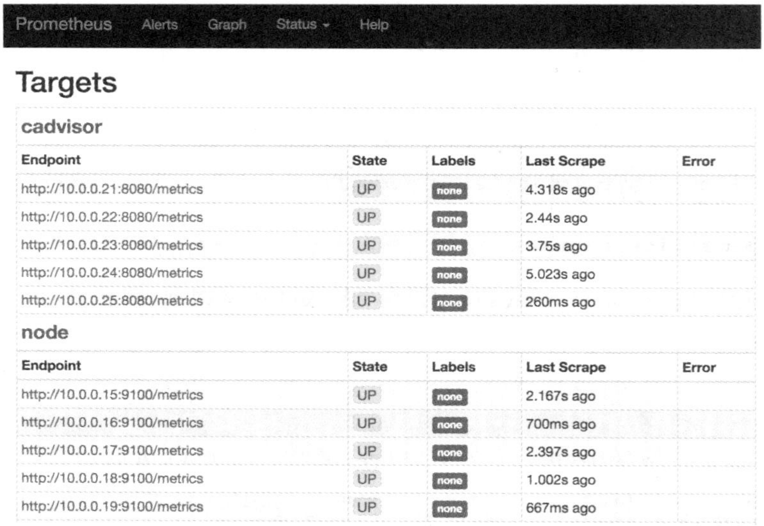

Targets

cadvisor

Endpoint	State	Labels	Last Scrape	Error
http://10.0.0.21:8080/metrics	UP	none	4.318s ago	
http://10.0.0.22:8080/metrics	UP	none	2.44s ago	
http://10.0.0.23:8080/metrics	UP	none	3.75s ago	
http://10.0.0.24:8080/metrics	UP	none	5.023s ago	
http://10.0.0.25:8080/metrics	UP	none	260ms ago	

node

Endpoint	State	Labels	Last Scrape	Error
http://10.0.0.15:9100/metrics	UP	none	2.167s ago	
http://10.0.0.16:9100/metrics	UP	none	700ms ago	
http://10.0.0.17:9100/metrics	UP	none	2.397s ago	
http://10.0.0.18:9100/metrics	UP	none	1.002s ago	
http://10.0.0.19:9100/metrics	UP	none	667ms ago	

图 10-2 注册在 Prometheus 中的目标

现在确认所有目标确实已经注册并且 Prometheus 开始抓取它们提供的指标，我们可以探索获取的数据并通过即时查询可视化方法。

请单击顶部菜单中的"Graph"按钮，从光标列表中的"插入度量"列表中选择 node_memory_MemAvailable，然后单击"Execute"按钮。

你应该看到一个表格，其中包含指标列表以及每个指标的值。大多数人更喜欢数据的直观表示，可以通过单击列表上方的"Graph"选项卡获得，请点击它。

你应该可以看到五个服务器中每个服务器的可用内存。内存显示为指定时间段内的演变，可以使用位于图形上方的字段和按钮进行调整。我们创建 prometheus 服务并没有多久，所以应该将时间缩短到 5~15 分钟。

通过在"Expression"字段中键入查询（或本例中为指标的名称），可以实现相同的结果。稍后将执行一些更复杂的查询，这些查询无法通过从光标列表的 -insert 指标中选择单个指标来定义，如图 10-3 所示。

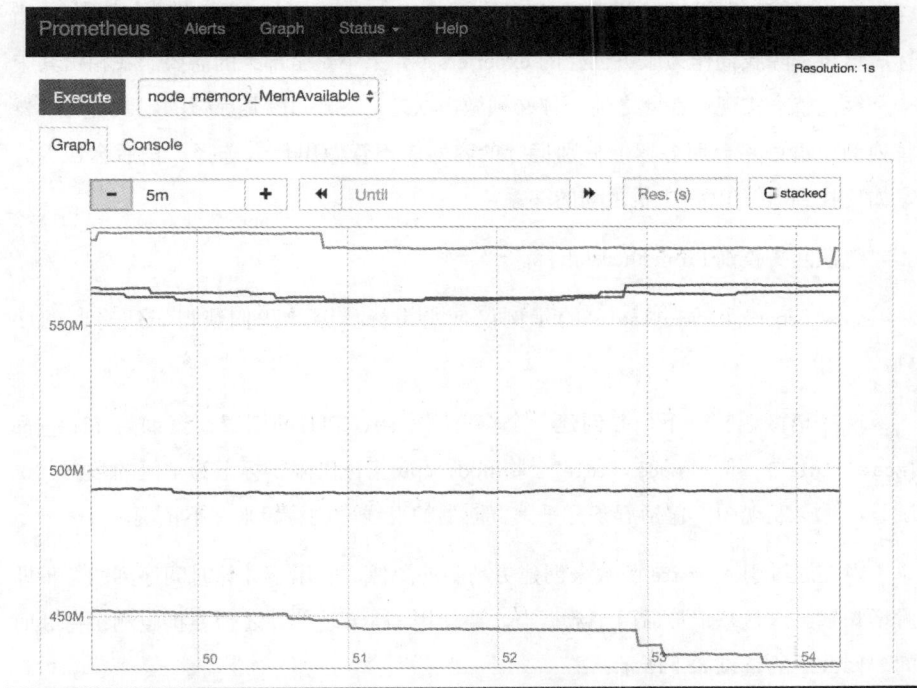

图 10-3 Prometheus 可用内存图

现在可能是讨论迄今建立的系统的一个主要缺点的好时机，我们没有可以轻松把数据与特定服务器相关联的信息。由于地址列表是通过 Docker 网络检索的，

Docker 网络为每个副本创建一个虚拟 IP，所以这些地址不是服务器的地址。没有简单的解决方法（据我所知），所以有两种选择，一种方法是将 exporters 作为"普通"容器运行（例如，docker run），而不是作为服务，这种方法的优点是可以将网络类型设置为主机并获取服务器的 IP，这种方式的问题是需要分别为每个服务器运行 exporters。

除了每次向集群添加新服务器，还需要再次运行所有导出程序，这么做还不算太糟糕。为了使事情更加复杂，这也意味着我们需要更改 Prometheus 配置，或者仅为此目的添加单独的服务注册表。

另一种方法就是等待。无法从服务副本中检索主机 IP 是众所周知的限制。它记录在几个地方，其中之一是问题 25526（https://github.com/docker/docker/issues/25526）。与此同时，社区已经决定从 Docker Engine 原生提供 Prometheus 指标。这将去除我们作为服务创建的 exporters（如果不是全部）的需要。我相信其中一个很快就会实现。在此之前，你必须做出决定，忽略 IP 是虚拟的，或者将容器替换为集群中每台服务器上分别运行的容器。不管做出什么选择，稍后会告诉大家如何找到虚拟 IP 和主机之间的关系。

现在回头查询 Prometheus 指标。

node_memory_MemAvailable 的示例仅使用指标，因此我们获得了所有时间序列。

现在稍微调整一下，并创建一个将返回空闲 CPU 的图表。查询为 node_cpu {mode ="idle"}。使用 mode ="idle"会将 node_cpu 指标仅限于标记为空闲的数据。试试看，你会发现图中包括五条几乎垂直向上的直线。这看起来并不正确。

现在通过引入 irate 函数来创建更精确的图像，它用于计算时间序列的每秒即时增长率。这是基于最后两个数据点。要使用 irate 功能，还需要指定测量持续时间，修改后的查询如下所示：

```
irate(node_cpu{mode="idle"}[5m])
```

由于正在从 cadvisor 服务中抽取指标，所以也可以查询别的容器指标。例如，可以查看每个容器的内存使用情况。

请执行以下查询：

`container_memory_usage_bytes`

请执行查询并查看结果。你会看到每节点 5 分钟测量一次的 CPU 空闲使用率，
如图 10-4 所示。

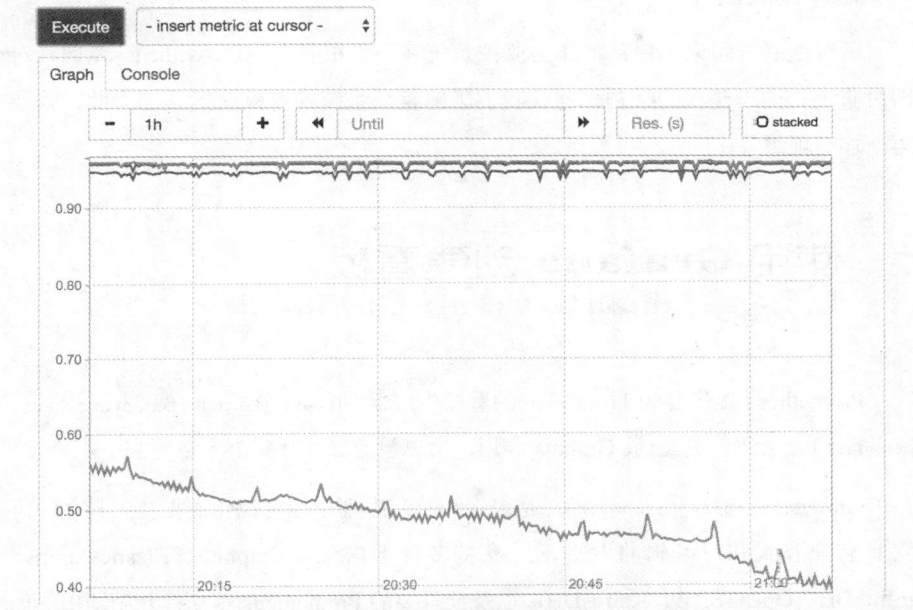

图 10-4　Prometheus CPU 空闲使用率图

如果通过图表浏览结果，则会发现 cadvisor 使用的内存最多（在我的计算机上
大约为 800 MB），这看起来不太对，该服务应该有更小的开销。如果查看它的标
签，则会注意到 ID 是/。这是通过 cadvisor 传递的所有容器的总内存的累积结果。
我们应该使用！=运算符将其从结果中排除。

请执行以下查询：

`container_memory_usage_bytes{id!="/"}`

这一次，结果更有意义，使用最多内存的服务是 Prometheus 本身。

以前的查询使用标签 id 来过滤数据。与！=运算符结合使用时，它会排除 id 设
置为/的所有指标。

即使这样一个小集群，容器的数量可能对单个图表来说还是太大，所以我们

可能希望将结果限制为单个服务。这可以通过使用 `container_label_com_docker_` `swarm_service_name` 过滤数据来完成。

下面来看看所有 cadvisor 副本的内存使用情况：

```
container_memory_usage_bytes{container_label_com_docker_swarm_service_\
name="cadvisor"}
```

所有这些看起来不错，但作为监控系统并不是很有用。Prometheus 专门针对即时查询，而不是作为一种创建让我们了解整个系统的看板的工具。为此，需要再添加一项服务。

10.7 使用 **Grafana** 创建看板
Using Grafana to Create Dashboards

Prometheus 提供名为 PromDash 的看板生成器（`https://github.com/prometheus/` `promdash`）。然而，它已被 Grafana 弃用，所以没有必要在集群中运行它。

Grafana（`http://grafana.org/`）是查询和时间序列指标可视化的主要工具之一。它具有交互式和可编辑的图形，并支持多种数据源。Graphite、Elasticsearch、InfluxDB、OpenTSDB、KairosDB，以及最重要的 Prometheus 都支持开箱即用。如果这还不够，则可以通过插件添加其他数据源。Grafana 是一个真正丰富的用户界面，已经确立了自己的市场领导地位。最重要的是，它是免费的。

下面创建一个 grafana 服务：

```
docker  service create  \
    --name  grafana  \
    --network proxy  \
    -p 3000:3000 \
    grafana/grafana:3.1.1
```

一会儿后，副本的状态应该处于正在运行中：

```
docker service ps grafana
```

service ps 命令的输出如下（为简洁起见，删除了 ID）：

```
NAME         IMAGE               NODE      DESIRED STATE  CURRENT STATE
grafana.1    grafana/grafana3.1.1 swarm-1   Running        Running 24 seconds
ago
```

现在服务正在运行，可以打开 UI 了。

给 Windows 用户的说明

Git Bash 可能不支持 open 命令，如果真是这样，则请执行 docker-machine ip <SERVER_NAME> 来查找机器的 IP，然后直接在浏览器里打开 URL，比如上面的命令应该被替换为 docker-machine ip swarm-1，如果命令输出的是 1.2.3.4，则应该在浏览器里打开 http://1.2.3.4:3000/。

```
open "http://$(docker-machine ip swarm-1):3000"
```

你将看到登录界面。默认的用户名和密码是 admin，登录界面。

用户名、密码以及许多其他设置都可以通过配置文件和环境变量进行调整。由于在 Docker 容器中运行 Grafana，所以环境变量是更好的选择。有关更多信息，请访问官方文档的配置（http://docs.grafana.org/installation/configuration/）部分。

我们应该做的第一件事是添加 Prometheus 作为数据源。

请点击位于屏幕左上角的"Grafana"图标，选择"数据源"，然后点击"+Add data source"按钮。

我们将它命名为 Prometheus，并为 Type 选择相同的名称。输入 http://prometheus:9090 作为 Url 并点击"Add"按钮。从现在开始，可以查看和查询 Prometheus 中存储的任何指标。

现在来创建第一个看板。

请点击"Grafana"图标，选择"Dashboards"，然后点击"+New"。在屏幕的左上方有一个绿色的竖直按钮，点击它，选择添加面板，然后选择图形。你将看到包含测试指标的默认图。除非你想欣赏漂亮的线条，否则它不是非常有用。我们将 Panel 数据源从默认更改为 Prometheus。输入 irate（node_cpu {mode ="idle"} [5m]）作为查询。一会儿后，你会看到一个 CPU 使用率的图。

默认情况下，图表显示 6 个小时的数据。这种情况下，如果你是一个慢读者，那可能没有问题，毕竟你花了那么长时间来创建 prometheus 服务并阅读后面的文本。我们假设你只有半个小时的数据，并希望更改图表的时间轴。

请单击位于屏幕右上角的"Last 6 hours（最近 6 个小时）"按钮，然后单击"Last 30 minutes（最近 30 分钟）"链接，如图 10-5 所示。

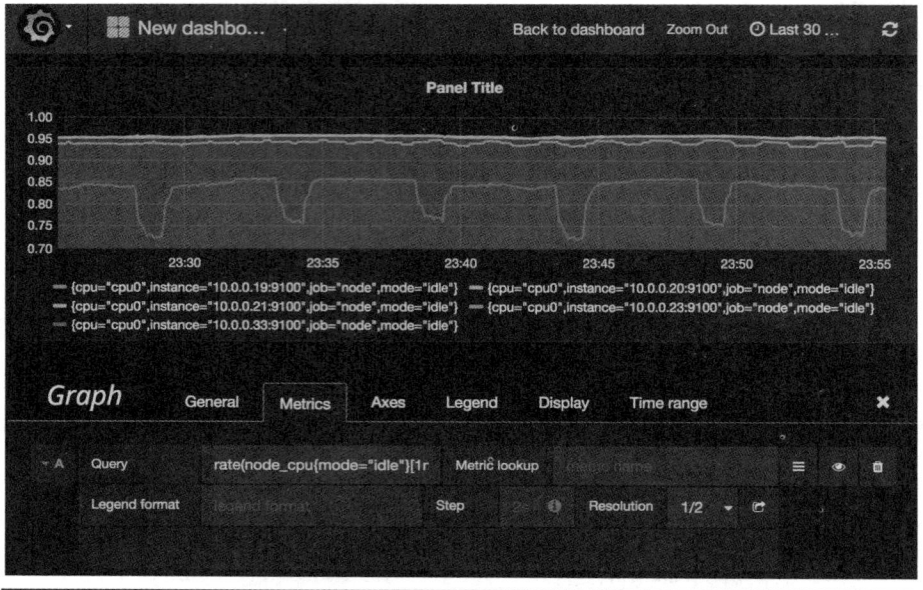

图 10-5　从 Prometheus 获取的 CPU 使用率的 Grafana 图

有很多选项可以自定义，以使图形适合你的需求，我会把这些任务留给你继续探索其提供的不同选项。

如果像我一样懒，那么你可能要跳过创建需要的所有图表和看板并使用别人的劳动成果。幸运的是，Grafana 社区非常活跃，并且由其成员制作了不少看板。

请在 grafana.net（http://grafana.net）中打开 dashboards（https://grafana.net/dashboards）部分。你会在左侧看到一些过滤器，以及常规的搜索栏。例如，可以搜索 node exporter。

我鼓励你稍后再探索所有提供的 node exporter 看板。现在选择 Node Exporter Server Metrics（https://grafana.net/dashboards/405）。在页面内，你会看到"Download Dashboard"按钮。使用它来下载带看板定义的 JSON 文件。

现在回到 grafana 服务。

给 Windows 用户的说明

Git Bash 可能不支持 open 命令，如果真是这样，则请执行 docker-machine ip <SERVER_NAME> 来查找机器的 IP，然后直接在浏览器里打开 URL，比如上面的命令应该被替换为 docker-machine ip swarm-1，如果命令输出的是 1.2.3.4，则应该在浏览器里打开 http://1.2.3.4:3000/。

```
open "http://$(docker-machine ip swarm-1):3000"
```

再次打开隐藏在 Grafana 图标后面的 Dashboards 选项并选择 Import。点击"Upload .json file"按钮并打开刚刚下载的文件。我们将保留 Name 不变并选择 Prometheus 作为数据源。最后，点击"Save & Open"按钮完成。

奇迹发生了，我们得到了属于同一个节点相当多的图表。但是：图表大多是空的，因为默认持续时间是 7 天，而我们只有 1 个小时左右的数据。将时间范围更改为例如 1 小时。图表开始变得有意义。

让我们稍微调整一下，添加更多的服务器。请单击所选节点的 IP/端口，然后再选择其他节点。可以看到每个节点的指标，如图 10-6 所示。

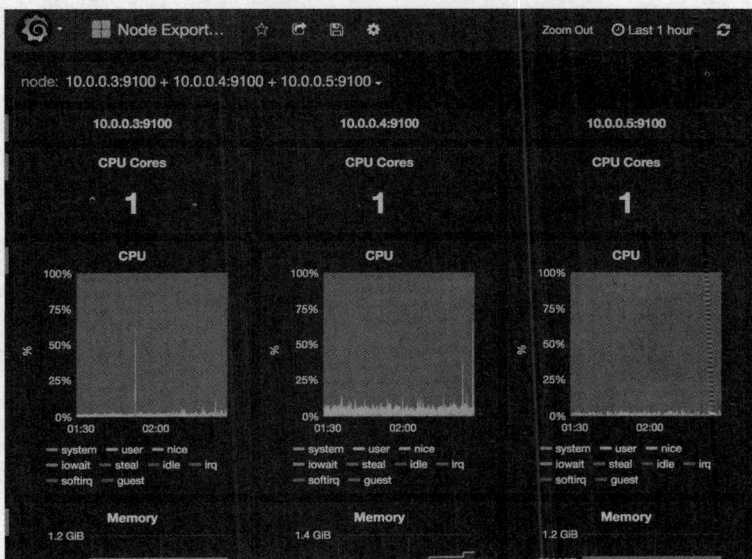

图 10-6　Grafana 仪表板，其中包含来自 Prometheus 的选定节点的指标

当想要比较所选节点之间的指标时，这个仪表板很有用，但我认为，如果想关

注单个节点，那么它就不那么有用了。这种情况下，Node Exporter 服务器统计信息（https://grafana.net/dashboards/704）仪表板可能是更好的选择。请按照相同的步骤将其导入 grafana 服务。

你仍然可以更改仪表板中显示的节点（界面左上角的 IP）。但是与其他仪表板不同，这个仪表板一次只显示一个节点。

在特定情况下，这两个仪表板都非常有用。一方面，如果要比较多个节点，那么 Node Exporter 服务器指标（https://grafana.net/dashboards/405）可能是更好的选择。另一方面，当想专注于特定的服务器时，Node Exporter 服务器统计信息（https://grafana.net/dashboards/704）仪表板可能是更好的选择。你应该导入其他 Node Exporter 仪表板并尝试使用它们，可能会发现它们比我建议的更有用。

你迟早需要创建自己的仪表板，以便更好地满足自己的需求。即使在这种情况下，我仍然建议你先导入社区制作的一个看板并修改它，而不是从头开始。也就是说，在你更熟悉 Prometheus 和 Grafana 之前，请参考图 10-7。

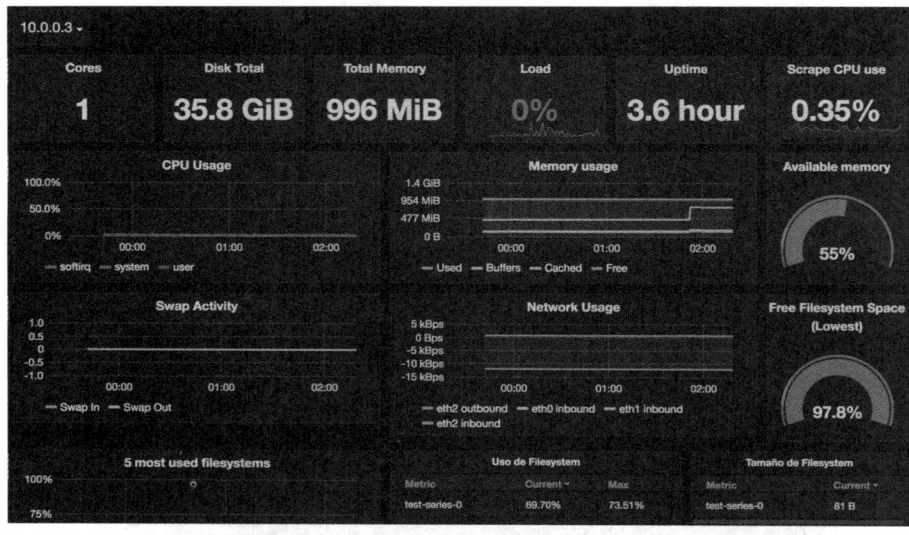

图 10-7　带有 Prometheus 单节点指标的 Grafana 仪表板

我们将创建的下一个仪表板来自 Elasticsearch 的日志，让我们先设置日志记录服务。

我们不会详细介绍日志记录服务，因为已经在第 9 章学习过：

```
docker service create \
    --name elasticsearch \
    --network proxy \
    --reserve-memory 300m \
    -p 9200:9200 \
    elasticsearch:2.4
```

在开始 logstash 服务之前，应该确认 elasticsearch 正在运行：

```
docker service ps elasticsearch
```

service ps 命令的输出应该和下面的输出类似（为简洁起见，删除了 ID 和错误

端口列）：

```
NAME             IMAGE             NODE     DESIRED STATE CURRENT STATE
elasticsearch.1 elasticsearch:2.4 swarm-2 Running        Running 1 seconds
ago
```

现在可以创建一个 logstash 服务：

```
docker service create \
--name logstash \
--mount "type=bind,source=$PWD/conf,target=/conf" \
--network proxy \
-e LOGSPOUT=ignore \
logstash:2.4 \
logstash -f /conf/logstash.conf
```

首先确认它正在运行，然后再转到前面的日志记录服务：

```
docker service ps logstash
```

serivce ps 命令的输出应该和下面的输出类似（为简洁起见，删除了 ID 和

ERROR PORTS 列）：

```
NAME        IMAGE        NODE     DESIRED STATE CURRENT STATE
logstash.1 logstash:2.4 swarm-2 Running        Running 2 minutes ago
```

最后还会创建一个 logspout 服务：

```
docker service create \
    --name logspout \
    --network proxy \
    --mode global \
    --mount "type=bind,source=/var/run/docker.sock,\
target=/var/run/docker.sock" \
    -e SYSLOG_FORMAT=rfc3164 \
    gliderlabs/logspout \
    syslog://logstash:51415
```

并确认它正在运行：

```
docker service ps logspout
```

serivce ps 命令的输出应该和下面的输出类似（为简洁起见，删除了 ID 和

ERROR PORTS 列）：

```
NAME          IMAGE                       NODE     DESIRED STATE CURRENT STATE
logspout...   gliderlabs/logspout:latest  swarm-1 Running        Running 9
seconds ago
logspout...   gliderlabs/logspout:latest  swarm-5 Running        Running 9
seconds ago
logspout...   gliderlabs/logspout:latest  swarm-4 Running        Running 9
seconds ago
logspout...   gliderlabs/logspout:latest  swarm-3 Running        Running 9
seconds ago
logspout...   gliderlabs/logspout:latest  swarm-2 Running        Running 10
seconds ago
```

既然日志记录是可操作的，那么应该将 Elasticsearch 添加为另一个 Grafana 数据源。

给 Windows 用户的说明

Git Bash 可能不支持 open 命令，如果真是这样，则请执行 docker-machine ip <SERVER_NAME>来查找机器的 IP，然后直接在浏览器里打开 URL，比如上面的命令应该被替换为 docker-machine ip swarm-1，如果命令输出的是 1.2.3.4，则应该在浏览器里打开 http://1.2.3.4:3000/。

```
open "http://$(docker-machine ip swarm-1):3000"
```

请点击 Grafana 图标，然后选择数据源，将会打开一个带有当前定义过的数据源的界面（目前只有 Prometheus）。点击"+Add data source"按钮。

我们将使用 Elasticsearch 作为名称和类型。Url 应该是 http://elasticsearch:9200，索引名称的值应该设置为"logstash- *"。完成后点击"Add"按钮。

现在可以创建，更准确来说是导入第三个仪表板。这一次将导入一个主要关注 Swarm 服务的仪表板。

请打开 Docker Swarm 和容器概述（https://grafana.net/dashboards/609）仪表板页面，下载它并将其导入 Grafana。在 Grafana 的导入看板界面，将被要求设置一个 Prometheus 和两个 Elasticsearch 数据源。点击"Save & Open"后，将看到一个仪表板，其中一般会包含与 Docker Swarm 和容器有关的指标。

你会注意到仪表板中的一些图形是空的，这不是错误，而是表明服务不准备被监控。让我们用仪表板所期望的一些额外信息来更新它们。

10.8 在 Grafana 中探索 Docker Swarm 和容器概览仪表板
Exploring Docker Swarm and Container Overview Dashboard in Grafana

仪表板中缺少主机名。如果选择主机名列表，就会注意到它是空的。背后的原因在于 node-exporters 服务。由于它在容器内部运行，所以并不知道底层主机的名称。

我们已经评估过 node-exporters 的 IP 不是很有用，因为它们表示的是网络端点的地址。我们真正需要的是"真正的"主机 IP 或主机名称。由于无法从 Docker 服务获取真正的 IP，所以替代方法是使用主机名。然而，由于没有提供官方的 node-exporters 容器，所以需要寻求替代方案。

下面将使用由 GitHub 用户 bvis 创建的镜像更改 node-exporter 服务。该项目可以在 bvis/docker-node-exporter（https://github.com/bvis/do cker-node-exporter）GitHub 存储库中找到。因此，我们将删除 node-exporter 服务，并基于 basi/node-exporter（https://hub.docker.com/r/basi/node-exporter/）镜像创建一个新服务。

```
docker service rm node-exporter

docker service create \
    --name node-exporter \
    --mode global \
    --network proxy \
    --mount "type=bind,source=/proc,target=/host/proc" \
    --mount "type=bind,source=/sys,target=/host/sys" \
    --mount "type=bind,source=/,target=/rootfs" \
    --mount "type=bind,source=/etc/hostname,target=/etc/\
    host_hostname" \
    -e HOST_HOSTNAME=/etc/host_hostname \
    basi/node-exporter:v0.1.1 \
    -collector.procfs /host/proc \
    -collector.sysfs /host/proc \
    -collector.filesystem.ignored-mount-points \
    "^/(sys|proc|dev|host|etc)($|/)" \
    -collector.textfile.directory /etc/node-exporter/ \
    -collectors.enabled="conntrack,diskstats,\
    entropy,filefd,filesystem,loadavg,\
    mdadm,meminfo,netdev,netstat,stat,textfile,time,vmstat,ipvs"
```

除了使用不同的镜像 basi/node-exporter，还挂载了 /etc/hostname 目录，容器可以从中检索名称底层主机。我们还添加了环境变量 HOST_HOSTNAME 以及一些额外的收集器。

我们不会详细解释这个命令，因为它与之前使用的相似。附加参数的含义可以在项目的 README（https://github.com/bvis/docker-node-exporter）文件中找到。

要注意的是，新的 node-exporters 服务将包括主机名和由 Docker 网络创建的虚拟 IP。可以用它来建立两者之间的关系。

其实可以更新之前运行的服务，而不是创建新的服务，但我决定不这样做，这样你可以看到完整的命令，以便于你在生产集群中选择使用节点指标。

请返回已在你的浏览器中打开的 Grafana 仪表板，然后刷新屏幕 Ctrl + R 或 Cmd + R。你会注意到，一些原来空的图表由于从新的 node-exporter 来的指标出现了彩色。

Hostnames 列表在左侧显示了所有节点的 IP，在右侧显示了主机名。现在可以选择主机和节点的 CPU 使用率、节点的可用磁盘、节点的可用内存和节点的磁盘 I/O 的任意组合，图像也会相应更新，如图 10-8 所示。

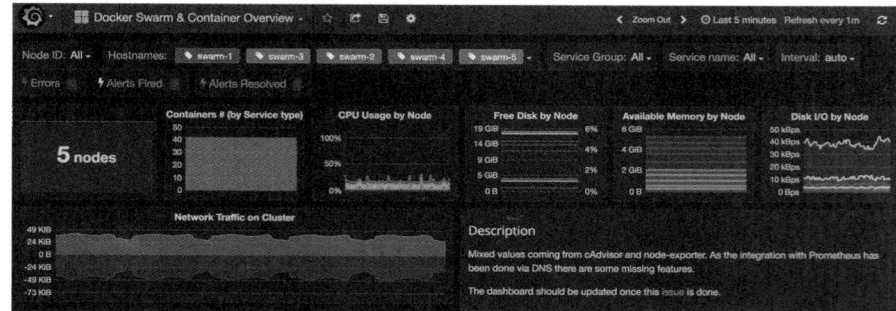

图 10-8　带有节点指标的 Docker Swarm Grafana 仪表板

不仅获得了仪表板所需的部分数据，而且建立了虚拟 IP 和主机名之间的关系。现在你可以找出其他仪表板中使用的虚拟 IP 和主机名之间的关系。特别是，如果监视 Node Exporter 仪表板并发现有问题需要修复，则可以返回到 Swarm 仪表板并找出对应的主机。

直到问题 27307（https://github.com/docker/docker/issues/27307）被修复之前，主机名解决方案虽然不是最好的，但应该还是一种体面的方案，选择取决于你。通过将虚拟 IP 与主机相关联的功能，我选择坚持使用 Docker 服务，而不是采用非 Swarm 解决方案。

接下来需要解决的是服务组的问题。

如果你打开 Service Group 列表，就会发现它是空的。背后的原因在于仪表板的配置方式，它期望通过容器标签 com.docker.stack.namespace 来区分服务，由于没有指定任何标签，因此列表只包含"All"选项。

应该有哪些服务组？这个问题的答案视情况而定。随着时间的推移，你将定义最适合你组织的服务组。目前把服务分成数据库、后端和基础设施。我们将 go-demo-db 放到 db 组中，将 go-demo 放到后端，其余的放到 infra 下面。虽然 elasticsearch 是一个数据库，但也是基础设施服务的一部分，因此把它放到 infra 下面。

现在可以为现有服务添加标签。没有必要删除它们并创建新的。相反，可以通过使用 --container-label-add 参数来执行 docker service update 命令而添加 com.docker.stack.namespace 标签。

将放入组中的第一项服务是 go-demo_db：

```
docker service update \
    --container-label-add \
    com.docker.stack.namespace=db \
    go-demo_db
```

确认标签确实被加上了：

```
docker service inspect go-demo_db \
    --format \
    "{{.Spec.TaskTemplate.ContainerSpec.Labels}}"
```

--format 参数让我们避免了冗长的输出，并只显示我们感兴趣的内容。

service inspect 命令的输出如下：

```
map[com.docker.stack.namespace:db]
```

正如你所看到的，com.docker.stack.namespace 标签已加上并且保存了值 db。

应该对 go-demo 服务执行相同的操作，并将其放入后端组：

```
docker service update  \
    --container-label-add \
    com.docker.stack.namespace=backend \
    go-demo_main
```

最后一组是 infra，由于该组包含相当多的服务，因此只用一条命令更新它们：

```
for s in \
    proxy_proxy \
    logspout \
```

```
        logstash \
        util \
        prometheus \
        elasticsearch
do
        docker service update \
            --container-label-add \
            com.docker.stack.namespace=infra \
            $s
Done
```

我们遍历所有服务的名称并为每个服务执行 service update 命令。

请注意，service update 命令会重新安排副本。这意味着容器将停止运行并且以新的参数再次运行。在所有服务全面运作之前，可能需要一段时间。请使用 docker service ls 列出服务，并在继续之前确认它们全部正在运行。一旦所有副本都启动，就应该返回到 Grafana 仪表板并刷新屏幕（Ctrl + R 或 cmd + R）。

这次，当打开服务组列表时，就会注意到我们创建的三个组现已可用。继续往前，并选择一个或两个组。你会看到与服务相关的图表正在发生相应的变化。

还可以按服务名称筛选结果，并将某些图表中显示的指标限制为选定的一组服务。

如果向下滚动到仪表板的中间，就会注意到与代理相关的网络图有很多的服务，而排除了代理的网络图是空的。可以通过代理选择器进行更正，它允许定义哪些服务应该被视为代理。请打开列表并选择代理，如图 10-9 所示。

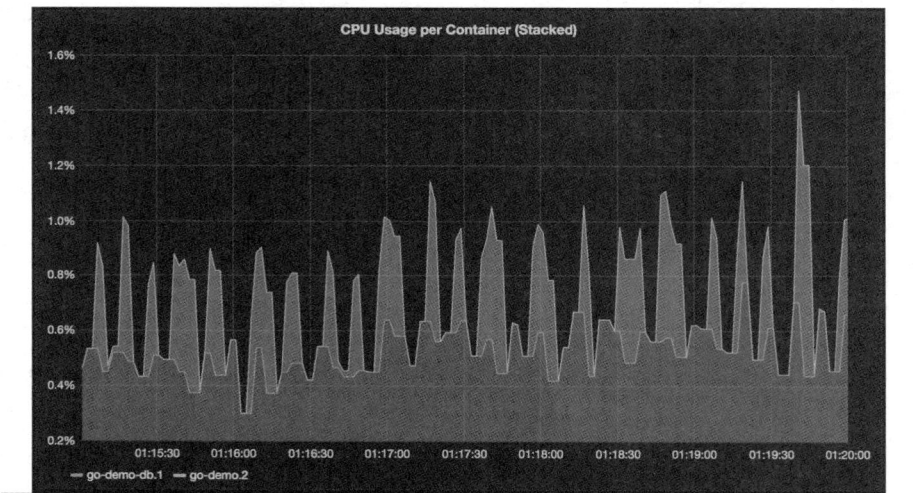

图 10-9　带有网络流量图的 Grafana 仪表板

与代理相关的两个网络图现在仅限于代理服务，或者更具体地说，是我们定义的服务。底部现在包含所有其他服务的指标。分别监控外部流量和内部流量是有用的。通过代理图，可以看到外部来源的进出流量，而另外两个网络图则用于服务之间的内部通信。

现在生成一些流量并确认这些变化反映在代理图中。下面生成 100 个请求：

```
for i in {1..100}
do
    curl "$(docker-machine ip swarm-1)/demo/hello"
done
```

如果回去看代理网络图表，应该会看到流量激增。请注意，仪表板每分钟刷新一次数据。如果仍然看不到峰值，可能需要等一会，单击位于屏幕右上角的"Refresh"按钮，或改变刷新频率，请参考图 10-10。

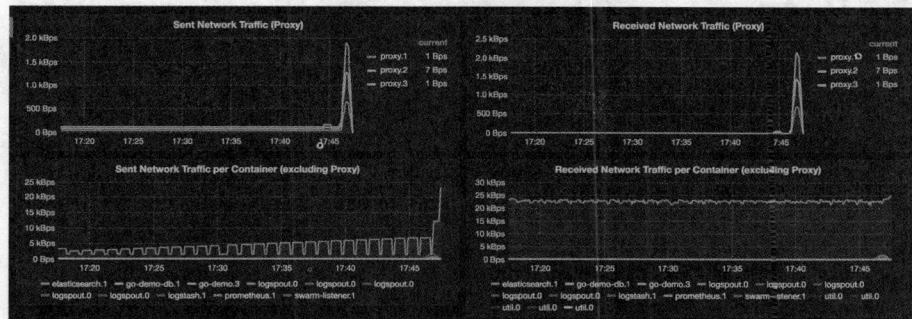

图 10-10 带有网络流量图的 Grafana 仪表板

现在继续探索仪表板菜单中的下一个选项，然后单击"错误"复选框。该复选框已连接到 Elasticsearch。由于没有记录的错误，所以图表保持不变。

现在生成一些错误，看看它们如何呈现在看板中。

go-demo 服务有一个 API，可以让我们创建随机错误。平均来说，会有十分之一的请求产生错误。我们需要用它们来演示 Prometheus 指标与 Elasticsearch 数据之间的一个集成：

```
for i in {1..100}
do
    curl "$(docker-machine ip swarm-1)/demo/random-error"
done
```

输出样本应如下所示：

```
Everything is still OK
```

```
Everything is still OK
ERROR: Something, somewhere, went wrong!
Everything is still OK
Everything is still OK
```

如果回去看仪表板，就会注意到红线代表错误发生的时间点。当发生这种情况时，你可以调查系统指标并尝试推断错误是由某些硬件故障、网络资源耗尽还是由其他原因引起的。如果全部失败，就应该转到 Kibana UI，浏览日志并尝试从中推断出原因。请参阅图 10-11。

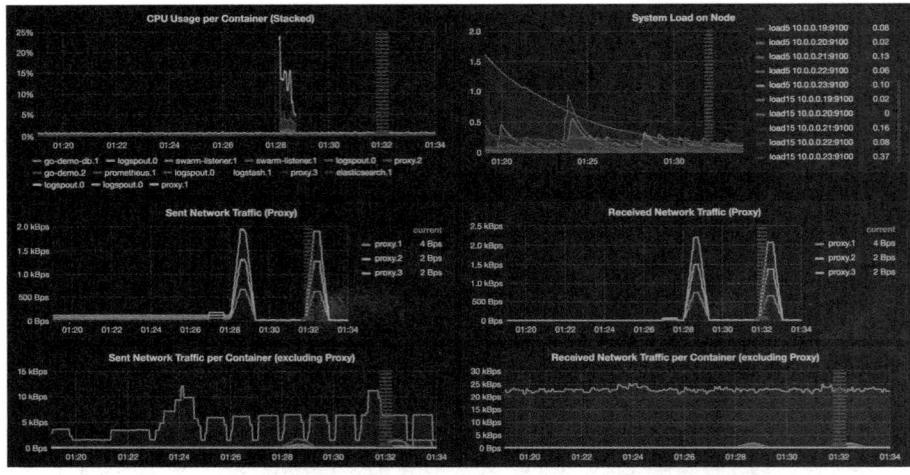

图 10-11　带有网络流量图的 Grafana 仪表板

系统不会将报告误报为错误，这一点很重要。如果你发现通过日志报告了错误，但没有任何事情可做，那么最好还是更正代码以便特定情况下不会被视为错误。否则，如果发生误报，就会看到太多错误并开始忽略它们，而当发生真正的错误时，你很可能反而注意不到。

因为它们与商业产品 X-Pack（https://www.elastic.co/products/x-pack）相关，所以跳过"警报已解决"和"已解决警报"选项。由于本书针对开源解决方案，因此跳过它。这并不意味着你不应该考虑购买它。恰恰相反，在某些情况下，X-Pack 是一个对工具集有价值的补充。

这就结束了我们对 Docker Swarm 和 Container Overview 仪表板选项的快速探索。图表本身应该是不言自明的，花点时间自己去探索一下。

10.9　通过仪表板指标调整服务
Adjusting Services Through Dashboard Metrics

服务不是静态的，当一个副本发生故障，一个节点变得不健康或由于其他原因时，Swarm 每次发布都会重新安排它们。我们应尽全力为 Swarm 提供尽可能多的信息。我们对所期望的服务状态描述得越好，Swarm 就会做得越好。

我们不会介绍通过 docker service create 和 docker service update 命令提供的所有信息。相反，我们将专注于--reserve-memory 参数。稍后，你可以将相似的逻辑应用于--reserve-cpu、--limit-cpu、--limit-memory 和其他参数。

我们将观察 Grafana 中的内存指标并相应地更新服务。

请点击 Grafana 中的每个容器的内存使用量（堆栈）图，然后选择查看。你将看到一个缩放图形的界面，可显示前 20 个容器的内存消耗。可以通过从服务名称列表中选择 prometheus 来过滤指标。

Prometheus 使用将近 175 MB 的内存，让我们把这个信息添加到服务上，如图 10-12 所示。

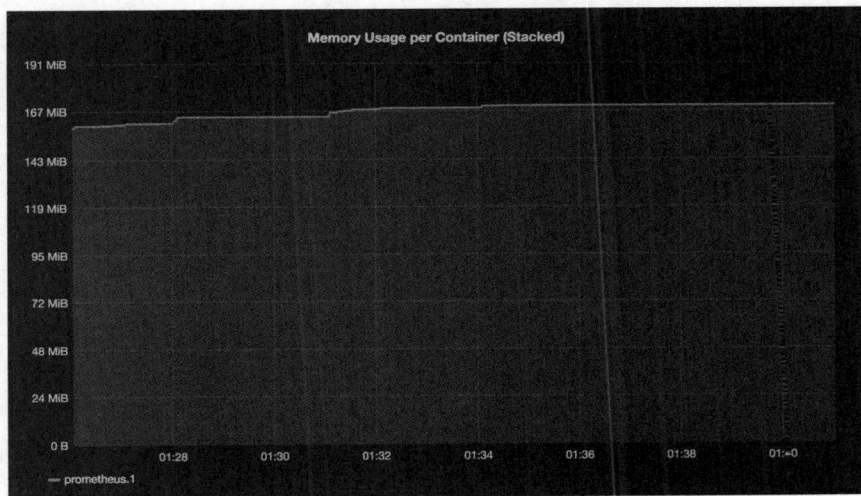

图 10-12　使用 Prometheus 服务过滤容器内存消耗的 Grafana 图

```
docker service update \
    --reserve-memory 200m \
    prometheus
```

更新 prometheus 服务以预留 200 MB 的内存。可以假设它的内存使用量会随着时间的推移而增加,所以我们保留了比当前需要的更多的内存。

请注意--reserve-memory 并没有真正地保留内存,但给了 Swarm 一个暗示,即我们期望该服务应该使用多少内存。有了这些信息,Swarm 就可以在集群内更好地分配服务。

让我们确认 Swarm 重新安排了服务:

```
docker service ps prometheus
```

service ps 命令的输出如下(为简洁起见,删除了 ID 和错误列):

```
NAME            IMAGE                 NODE     DESIRED STATE
prometheus.1    prom/prometheus:v1.2.1 swarm-3 Running
_ prometheus.1 prom/prometheus:v1.2.1 swarm-1 Shutdown
_ prometheus.1 prom/prometheus:v1.2.1 swarm-5 Shutdown
-------------------------------------------------
CURRENT STATE
Running 5 minutes ago
Shutdown 6 minutes ago
Shutdown 5 hours ago
```

还可以确认--reserve-memory 参数确实生效了:

```
docker service inspect prometheus –pretty
```

输出如下:

```
ID:        6yez6se1oejvfhkvyuqg0ljfy
Name:      prometheus
Mode:      Replicated
 Replicas: 1
Update status:
 State:     completed
 Started:   10 minutes ago
 Completed: 9 minutes ago
 Message:   update completed
Placement:
UpdateConfig:
 Parallelism:  1
 On failure:   pause
ContainerSpec:
 Image: prom/prometheus:v1.2.1
 Mounts:
  Target = /etc/prometheus/prometheus.yml
  Source = /Users/vfarcic/IdeaProjects/cloudprovisioning/conf/prometheus.yml
  ReadOnly = false
  Type = bind
  Target = /prometheus
```

```
Source = /Users/vfarcic/IdeaProjects/cloud-provisioning/docker/prometheus
ReadOnly = false
Type = bind
Resources:
 Reservations:
   Memory: 200 MiB
Networks: 51rht5mtx58tg5gxdzo2rzirw
Ports:
 Protocol = tcp
 TargetPort = 9090
 PublishedPort = 9090
```

正如你可以从 Resources 部分看到的那样，服务现在保留了 200 MiB 内存。我们应该为 logstash、go-demo、go-demo-db、elasticsearch 和代理服务重复一系列类似的操作。

结果可能会在你的笔记本电脑上有所不同。在我的笔记本电脑上，基于 Grafana 指标保留内存的命令如下：

```
docker service update \
    --reserve-memory 250m logstash

docker service update \
    --reserve-memory 10m go-demo_main

docker service update \
    --reserve-memory 100m go-demo_db

docker service update \
    --reserve-memory 300m elasticsearch

docker service update \
    --reserve-memory 10m proxy_proxy
```

每次更新后，Swarm 将重新安排属于该服务的容器。结果，Swarm 将它们以一种内存不会耗尽的方式放置在一个集群中。你应该把同样的流程扩展到 CPU 和其他指标上，并定期重复。

请注意，增加内存与 CPU 限制和预留并不总是正确的做法。大多数情况下，你可能需要扩展服务以使资源的使用分布在多个副本中。

本章使用了随时可用的仪表板，我认为它们是一个很好的起点，并提供良好的学习体验。随着时间的推移，发现仪表板最适合你组织的需求，并且可能会开始修改这些仪表板或创建专门针对需求的新仪表板。希望你能回馈给社区。

如果你创建的仪表板与本章中使用的仪表板互补，甚至可以取代它们，请告诉我，我很乐意在书中介绍它们。

在进入第 11 章之前，让我们讨论一些监控最佳实践。

10.10　监控最佳实践
Monitoring Best Practices

你可能会试图在仪表板中放入尽可能多的信息。有太多的指标，为什么不把它们都可视化，不是吗？错！数据太多会让重要的信息很难找到，会让我们忽视所看到的，因为大多数据都是噪声。

你真正需要的是快速浏览中央仪表板，并立即推断是否有任何可能需要你关注的事项。如果需要修正或调整某些内容，则可以在 Prometheus 中使用更专业的 Grafana 仪表板或即时查询来深入了解详细信息。

使用足够的信息创建中央仪表板以适应屏幕并提供系统的良好的概览。更进一步，创建更多的仪表板并提供更多的详细信息。它们的组织方式应该与我们如何组织代码类似。通常有一个主函数是更具体类的入口点。当开始编写代码时，我们倾向于打开主函数并从开始往下调试，直到找到一段会引起我们注意的代码。仪表板应该类似。我们从一个提供关键和非常通用信息的仪表板开始，这样的仪表板应该是我们的主页，并提供足够的指标来推断是否有理由深入更具体的仪表板。

一个仪表板应该不超过 6 个图表。这通常只适合一个屏幕的大小。在中央仪表板中，不应该上下滚动以查看所有图表，一切必要信息或重要信息应该是直接可见的。

每一屏应限制在不超过 6 个图表。大多数情况下，若超过这个数字，则只会产生难以辨认的噪声。

允许不同的团队拥有不同的仪表板，尤其是被视为主要仪表板的那些。试图创建一个适合每个人需求的仪表板不是一种好做法，每个团队都有不同的优先级，应该使用不同的指标可视化来满足其要求。

本章使用的仪表板是否符合这些规则？并没有。这些仪表板有太多太多的图表。这引出一个问题：为什么还要在这里使用它们？答案很简单。我想告诉你一种快速而随性的方式，让监控系统立即运行起来。我也想尽可能多地向你展示不同的图表，而不会让你的大脑过载。自己去看看哪个图表不提供价值并将其删除。保留那些真正有用的东西，并修改那些提供部分价值的东西。创建你自己的仪表板，看看最适合你的是什么。

10.11 现在怎么办
What Now?

亲身实施监控系统，不要试图从第一次尝试中做到完美。如果这样做，你就会失败。在仪表板上迭代，从小处开始，随着时间的推移而增长。如果是一个更大的组织，那么可让每个团队创建自己的仪表板并分享运行良好的例子，以及未能提供足够价值的例子。

除非你想将所有时间都花在仪表板前，监控不是一件简单的事情。设计的解决方案应该只需要一眼就能发现系统的一部分是否需要你的注意。

现在让我们销毁所做的一切，第 11 章将有一系列新的挑战和一种解决方案的新主题：

```
docker-machine rm -f swarm-1 \
    swarm-2 swarm-3 swarm-4 swarm-5
```

第 11 章

拥抱毁灭：宠物与牛
Embracing Destruction: Pets versus Cattle

为了尽快向客户交付有价值的软件，项目中的任何角色如果无法直接为此做出贡献，那么都应当慎重考虑。

——Stein Ince Morisbak

在开始探索帮助我们创建和运行"真正的"Swarm 集群的工具和过程之前，应该在较高的层面上先讨论一下策略问题。我们如何对待服务器？它们是成为宠物还是牛呢？

如何知道你将服务器视为宠物还是牛呢？下面的问题可以帮到你。现在，如果有几台服务器离线（不工作）了，会发生什么事情？如果它们是宠物，那么这种情况会在你的客户中引起严重的混乱。如果它们是牛，那么这种事情根本就不会被注意到。因为你在多个节点上运行一个服务的多个实例，单个服务器（或其中的几个）失效（故障）并不会引起所有副本的失效。直接的影响是一些服务将运行较少的实例，这些实例将处理更高的负载。失效的副本会被重新调度，原来的实例数量很快就会恢复。同时，失效的节点会被新的虚拟机取代。多台服务器失效的唯一负面影响就是较差的处理能力所带来的响应时间的延长。几分钟之后，随着失效的副本被重新调度，失效的节点被新的虚拟机取代，一切都将恢复正常。理想情况是，这一切的发生都无需人工干预。如果你的集群正在如此运行，那说明你的服务器就是牛。相反，你的数据中心就充斥着宠物。

传统的系统管理是基于物理服务器的。要在数据中心添加一台新的机器，首先得把它买回来，并等待供应商的配送，然后在办公室里把它装配好，移入数据中心并上电。整个过程可能需要耗费相当长的时间。在我们得到一个在数据中心内运行的全新配置的服务器之前，经过数周甚至数月的时间并不少见。

考虑到如此长的等待时间和成本，很自然地我们会尽量保持服务器的健康。如果某台服务器的状况开始恶化，那么我们会想尽办法把问题解决掉。我们还能做什么呢？等待数周或数月直到新的服务器抵达吗？当然不是。登录到有故障的机器，找出问题所在并解决。如果一个进程死了，就重启它。如果硬盘坏了，就换掉它。如果服务器超负荷了，就增加更多的内存。

在这种情况下，我们对每台服务器都会产生情感依赖，这是很自然的。这种依赖从名字开始。每台服务器都会有一个名字，如 Garfield、Mordor、Spiderman 和 Sabrina 等。我们甚至会确定一个主题。可能所有服务器的名字都基于漫画书里的超级英雄。或者你更喜欢神话中的生物？前男友和前女友的主意怎么样？一旦给服务器起了名字，我们就把它当成宠物了。你感觉如何？你需要什么吗？哪里有问题了？是该带你去看兽医吗？每台"宠物服务器"都是独一无二的，亲手"养育"并照顾之。

变化始于虚拟化。创建并销毁虚拟机的能力允许我们采用不同的计算方法。虚拟化让我们不再将服务器视为宠物。如果虚拟服务器是即时创建和销毁的，给它们起名字就毫无意义了。因为它们的存在时间非常短暂，所以不会产生情感依赖。对于 Garfield，取而代之，现在我们使用 vm262.ecme.com，明天当我们试图登录它的时候，就会发现它已经变成 vm435.ecme.com。

通过虚拟化，我们开始把服务器当成牛来对待。它们没有名字，只有数字。我们不会单独对待它们，而是把它们当成牛群。如果某头牛病了，就杀掉它。治愈它将是缓慢的，并有感染牛群其他部分的风险。如果一台服务器表现出有问题，就立即终止它并用新的服务器取代。

这种方法的问题来源于我们多年来使用物理硬件方面积累的习惯。从宠物到牛的转变需要心理上的转变。它要求在切换到新的工作方法之前，忘掉过时的做法。

尽管本地的虚拟化为许多新的可能性打开了大门，但许多人仍然采用与处理物理节点相同的方式来处理虚拟化服务器。旧的习惯很难消亡。尽管服务器已经成了牛群，但我们还是把它们当成宠物来对待。数据中心在物理上的局限性，部分导致了我们难以转向更具弹性和动态的计算。只有在有可用资源的情况下才能创建新的虚拟机。一旦达到上限，就必须销毁一台虚拟机才能创建一台新的。物理服务器仍然是值钱的商品。虚拟机给了我们一定的弹性，它仍然受到我们所拥有的计算能力的限制。

我们要小心对待这些昂贵的资产，因为它们既不便宜也不容易替换。我们小心翼翼地照顾它们，因为它们应该会使用相当长的时间。如果玻璃杯碎了，你可能不会试着把碎片粘起来，你会把它扔进垃圾桶。橱柜里还有足够的玻璃杯，当杯子太少时，我们要做的就是去购物中心再买一套回来。如今我们甚至不用去购物中心，可以直接在网上订购，当天就会送到家门口。我们应该对服务器使用相同的逻辑。

云计算带来了巨大变化。服务器不再是有价值的资产，只是一种商品。无需任何额外的花费，就可以在任何时间替换一个节点。我们可以在几分钟内将十几台服务器添加到集群中，也可以在不需要的时候把它们去掉并降低成本。

云计算从根本上不同于"传统的"数据中心。当充分发挥其潜力时，没有一台服务器是不可缺少的或唯一的。再不济我们也能在不改变过程和架构的情况下过渡到云。如果只是简单地将本地服务器转移到云，而不改变维护它们的流程，那么我们唯一能获得的就是更高的成本。

随着云计算的发展，服务器的概念、价值以及获取它所需的时间都发生了巨大的变化。如此重大的变化之后，需要一整套新的流程和工具来执行它们。容错是目标，速度是关键，自动化是必需。

11.1 现在怎么办
What Now?

到目前为止，我们使用 Docker Machine 在本地创建服务器并将它们添加到集群中。目的是教你创建和运行 Swarm 集群的基本原理，而不需要在主机托管上花钱。现在你应该已经理解 Docker Swarm 模式是如何工作的，该看看"真正的"服务器了。我们将继续使用免费的或非常便宜的小型实例，并创建足够的实例来演示该过程。接下来的章节将带你实践几个配置，比较它们，并选择一个用于我们的生产系统。你唯一需要改变的是虚拟机的类型和服务器的数量。其他一切都与我们将使用的例子中的内容相同。

我们已经看到如何使用 Docker Swarm 作为服务调度程序来实现容错。接下来将尝试在基础设施层面实现所需的速度和自动化。针对几个不同的云计算供应商，我们将使用不同的工具和过程来自动化集群的创建。首先是 Amazon Web Services（AWS）。

结构：宠物与牛。

第 12 章

在 Amazon Web Services 中创建和管理 Docker Swarm 集群
Creating and Managing a Docker Swarm Cluster in Amazon Web Services

在快速变化的市场中，适应比优化更重要。

——Larry Constantime

是时候来建立一个更接近于我们在生产系统中使用的 Swarm 集群了。在后面的章节中，还有几个主题需要探讨，所以要加上"更接近"一词。稍后，在讨论完托管供应商后，我们将讨论缺失的部分（例如，持久性存储）。

现在，我们将仅限于创建类似于生产系统的集群，并探索可以从中选择的不同工具。

由于 AWS 占据了托管市场的最大份额，自然地，它将是我们要讨论的第一个供应商。

我相信 AWS 不需要介绍太多。即使没有用过，我相信你也知道它以及它的大致情况。

Amazon Web Services（AWS）创建于 2006 年，提供的是 IT 基础设施服务。AWS 后来提供的服务类型一般被称为云计算。随着云的出现，公司与个人都不再需要提前几个星期或几个月计划和采购服务器以及其他的 IT 基础设施。而是可以在几分钟内立即获得数百台甚至数千台服务器。

假设你已经有了一个 AWS 账户。如果没有的话，请到 Amazon Web Services 注册一个。即使你已经做出最终决定，使用其他云计算供应商或本地服务器，我们还是强烈建议你浏览本章。这里将介绍几个工具给你（也许它们还不在你的工具箱里），并将 AWS 与其他方案进行比较。

在开始实际练习之前，需要安装 AWS CLI，获取访问密钥，并决定运行集群的区域和时区。

12.1 安装 AWS CLI 并设置环境变量
Installing AWS CLI and Setting Up the Environment Variables

首先应该得到 AWS 凭证（credentials）。

请打开 Amazon EC2 Console（https://console.aws.amazon.com/ec2/），在右上角的菜单中点击你的名字，并选择"My Security Credentials"，你将看到使用不同类型凭证的页面。展开 Access Keys（Access Key ID 和 Secret Access Key）部分，并点击"Create New Access Key"按钮。展开 Show Access Key 部分来查看密钥。

以后你将无法查看这些密钥，所以这是你下载密钥文件的唯一机会。

> 本章的所有命令都在 11-aws.sh 文件中（https://gist.github.com/vfarcic/03931d011324431f211c4523941979f8）。

我们将把密钥设置为环境变量，本章将探索的工具会用到这些环境变量：

```
export AWS_ACCESS_KEY_ID=[...]
export AWS_SECRET_ACCESS_KEY=[...]
```

请将[...]替换为实际的值。

我们将安装 AWS Command Line Interface（CLI）（https://aws.amazon.com/cli/），并收集你的账户信息。

给 Windows 用户的说明

TIP

我发现在 Windows 上安装 awscli 最有效的方法是使用 Chocolatey（`https://chocolatey.org/`）。下载并安装 Chocolatey，然后在管理员命令提示符下运行 `choco install awscli`。在本章的后面，将使用 Chocolatey 来安装 jq、packer 和 Terraform。

如果你尚未安装 AWS 命令行接口，请打开 Installing the AWS Command Line Interface 页面（`http://docs.aws.amazon.com/cli/latest/userguide/installing.html`），并遵循最适合你的操作系统的安装方法。

完成之后，我们应该通过输出版本信息来确认安装是否成功：

```
aws -version
```

输出如下（在我的笔记本电脑上）：

```
aws-cli/1.11.15 Python/2.7.10 Darwin/16.0.0 botocore/1.4.72
```

给 Windows 用户的说明

TIP

你可能需要重新打开 Git Bash 终端，以使对环境变量 path 的修改生效。

现在安装了 CLI，我们就可以获得集群将运行的区域（region）和可用区（availability zone）。

Amazon EC2 被托管在世界各地的多个位置。这些位置由区域和可用区组成。每个区域都是一个单独的地理位置，由多个被称为可用区的相互隔离的位置组成。Amazon EC2 为你提供了将资源（例如实例和数据）放到多个位置的能力。

在 Available Regions 页面，你可以看到当前可用的区域（`http://docs.aws.amazon.com/AWSEC2/latest/UserGuide/using-regions-availability-zones.html#concepts-available-regions`）和可用区（`http://docs.aws.amazon.com/AWSEC2/latest/UserGuide/using-regions-availability-zones.html`）。

本章将使用区域 `us-east-1`（US East（N. Virginia））。请将其改为离你最近的区域。

请将区域设置到环境变量 `AWS_DEFAULT_REGION` 中：

```
export AWS_DEFAULT_REGION=us-east-1
```

选择区域后，就可以决定选择哪个可用区来运行集群。

每个区域是完全独立的，由多个可用区组成。区域内的可用区通过低延迟链路被隔离和连接起来。

通常，你应该将集群的所有节点放在一个区域内，并从低延迟链路中获益。这些节点应该分布在多个可用区，所以其中一个可用区的失效并不会导致整个集群的失效。如果你需要跨多个区域运行，那么最好的选择是设置多个集群（每个区域一个）；否则，如果建立一个跨多个区域的集群，可能就会遇到延迟问题。

给 AWS 新用户的说明

> **TIP**　如果这是你第一次执行 aws，那么将收到一条要求你配置凭证的消息。请运行 aws configure 命令并按照指示执行。你会被要求提供凭证，使用我们先前生成的证书。请用回车键回答其余的问题。

让我们使用 AWS CLI 查看所选区域中的可用区：

```
aws ec2 describe-availability-zones \
    --region $AWS_DEFAULT_REGION
```

因为我选择了区域 us-east-1，输出如下：

```
{
    "AvailabilityZones": [
        {
            "State": "available",
            "RegionName": "us-east-1",
            "Messages": [],
            "ZoneName": "us-east-1a"
        },
        {
            "State": "available",
            "RegionName": "us-east-1",
            "Messages": [],
            "ZoneName": "us-east-1b"
        },
        {
            "State": "available",
            "RegionName": "us-east-1",
            "Messages": [],
            "ZoneName": "us-east-1d"
        },
        {
            "State": "available",
            "RegionName": "us-east-1",
            "Messages": [],
            "ZoneName": "us-east-1e"
        }
    ]
}
```

如你看到的那样，us-east-1 区域有四个可用区（a、b、d 和 e）。在你的情况下，所选区域不同，输出可能有所不同。

请选择可用区并将它们放入环境变量中，每个可用区有一台服务器，我们的
集群由五台服务器组成：

```
AWS_ZONE[1]=b

AWS_ZONE[2]=d

AWS_ZONE[3]=e

AWS_ZONE[4]=b

AWS_ZONE[5]=d
```

请随意选择可用区的任何组合。在我的例子中，我决定集群分布在可用区 b、
d 和 e 之间。

现在具备了在 AWS 中创建第一个 Swarm 集群的所有先决条件。由于在本书中
大部分时间都使用了 Docker Machine，所以它将是我们的第一选择。

12.2　使用 Docker Machine 和 AWS CLI 来配置 Swarm 集群
Setting Up a Swarm Cluster with Docker Machine and AWS CLI

我们会继续使用 `vfarcic/cloud-provisioning` 代码库（https://github.com/
vfarcic/cloud-provisioning），它包含了对我们有用的配置和脚本，你已经克隆了
它。为了安全起见，我们将获取最新版本：

```
cd cloud-provisioning

git pull
```

让我们来创建第一个 EC2 实例：

```
docker-machine create \
    --driver amazonec2 \
    --amazonec2-zone ${AWS_ZONE[1]} \
    --amazonec2-tags "Type,manager" \
    swarm-1
```

定义在环境变量 `AWS_ZONE[1]` 的可用区中，我们指定 Docker Machine 应该使用
`amazonec2` 驱动程序来创建一个实例。

我们使用了一个键为 type 值为 manager 的标签。该标签主要用于信息目的。

最后指定了实例的名字为 swarm-1。

输出如下：

```
Running pre-create checks...
Creating machine...
(swarm-1) Launching instance...
Waiting for machine to be running, this may take a few minutes...
Detecting operating system of created instance...
Waiting for SSH to be available...
Detecting the provisioner...
Provisioning with ubuntu(systemd)...
Installing Docker...
Copying certs to the local machine directory...
Copying certs to the remote machine...
Setting Docker configuration on the remote daemon...
Checking connection to Docker...
Docker is up and running!
To see how to connect your Docker Client to the Docker Engine running on
this\ virtual machine, run: docker-machine env swarm-1
```

Docker Machine 启动了一个 AWS EC2 实例，为其提供了 Ubuntu，并安装和配置了 Docker Engine。

现在可以初始化集群了。节点之间的所有通信都应该使用私有 IP。不幸的是，docker-machine ip 只返回公开的 IP，所以必须使用其他方法来获得私有 IP。

可以使用 aws ec2 description-instance 命令来获取有关 EC2 实例的所有信息，也可以通过添加 Name=instance-state-name、Values=running 来筛选正在运行的实例。这样做排除了正在终止的或已经终止的实例：

```
aws ec2 describe-instances \
    --filter "Name=tag:Name,Values=swarm-1" \
    "Name=instance-state-name,Values=running"
```

命令 describe-instances 列出了所有 EC2 实例。结合--filter 将只输出名字标记为 swarm-1 的实例。

输出的相关样本如下：

```
{
"Reservations": [
  {
  ...
   "Instances": [
    {
    ...
     "PrivateIpAddress": "172.31.51.25",
    ...
```

即使获得了与 swarm-1 EC2 实例相关的所有信息，仍然需要将输出限定在 PrivateIpAddress 的值上。我们将使用 jq（https://stedolan.github.io/jq/）过滤输出并得到所需的内容。请下载并安装适合你的操作系统的发行版。

给 Windows 用户的说明

使用 Chocolatey，在管理员命令提示符下通过 choco install jq 来安装 jq。

```
MANAGER_IP=$(aws ec2 describe-instances \
    --filter "Name=tag:Name,Values=swarm-1" \
    "Name=instance-state-name,Values=running" \
    | jq -r ".Reservations[0].Instances[0].PrivateIpAddress")
```

使用 jq 来获取数组 Reservations 中的第一个元素。在其中可以得到第一个实例及其 PrivateIpAddresss。-r 参数以原始格式返回值（这种情况下，IP 没有双引号）。命令的结果保存在环境变量 MANAGER_IP 中。

为安全起见，可以输出新创建的变量的值：

```
echo $MANAGER_IP
```

输出如下：

```
172.31.51.25
```

现在可以采用前面章节中的方式执行 swarm init 命令：

```
eval $(docker-machine env swarm-1)

docker swarm init \
    --advertise-addr $MANAGER_IP
```

让我们确认集群确实已经初始化：

```
docker node ls
```

输出如下（为简洁起见，移除了 ID）：

```
HOSTNAME   STATUS   AVAILABILITY   MANAGER STATUS
swarm-1    Ready    Active         Leader
```

除创建了一个 EC2 实例外，docker-machine 还创建了一个安全组。

安全组充当控制流量的虚拟防火墙。当启动一个实例时，你可以将一个或多个安全组与实例关联起来。你向每个安全组添加规则，允许流量往来于与其关联的实例。

撰写本书时，Docker Machine 还没有很好地支持 Swarm Mode。因此，它创建了一个名为 docker-machine 的 AWS 安全组，并且只打开了入口（输入）端口 22 和 2376。所有端口的出口（输出）都打开了。

为了让 Swarm Mode 正确运行，应该打开的输入端口如下：

- TCP 端口 2377 用于集群管理通信。

- TCP 和 UDP 端口 7946 用于节点间的通信。

- TCP 和 UDP 端口 4789 用于覆盖网络流量。

要修改安全组，需要获得它的 ID。可以使用 aws ec2 description-security-groups 命令查看安全组的信息：

```
aws ec2 describe-security-groups \
    --filter "Name=group-name,Values=docker-machine"
```

部分输出如下：

```
...
            "GroupName": "docker-machine",
            "VpcId": "vpc-7bbc391c",
            "OwnerId": "036548781187",
            "GroupId": "sg-f57bf388"
        }
    ]
}
```

将 ID 赋值给环境变量 SECURITY_GROUP_ID 的命令如下：

```
SECURITY_GROUP_ID=$(aws ec2 \
    describe-security-groups \
    --filter \
    "Name=group-name,Values=docker-machine" |\
    jq -r '.SecurityGroups[0].GroupId')
```

请求安全组 docker-machine 的信息，并过滤 JSON 输出，得到位于数组 SecurityGroups 第一个元素中的 GroupId 键。

现在可以使用 aws ec2 authorize-security-group-ingress 命令打开 TCP 端口 2377、7946 和 4789：

```
for p in 2377 7946 4789; do \
    aws ec2 authorize-security-group-ingress \
        --group-id $SECURITY_GROUP_ID \
        --protocol tcp \
        --port $p \
        --source-group $SECURITY_GROUP_ID
Done
```

应该执行一条相似的命令打开 UDP 端口 7946 和 4789：

```
for p in 7946 4789; do \
    aws ec2 authorize-security-group-ingress \
        --group-id $SECURITY_GROUP_ID \
        --protocol udp \
        --port $p \
        --source-group $SECURITY_GROUP_ID
done
```

请注意，在所有情况下，我们指定 source-group 要与安全组相同。这意味着端

口将只对属于同一组的实例开放。换句话说，不能公开访问这些端口。因为这些
端口仅用于集群的内部通信，没有理由暴露这些端口来威胁我们的安全。

请重复执行 aws ec2 describe-security-groups 命令来确认端口确实被打开：

```
aws ec2 describe-security-groups \
    --filter \
    "Name=group-name,Values=docker-machine"
```

现在在集群中加入更多的节点。我们会先创建两个新的节点，并以 manager 的
身份将它们添加到集群中：

```
MANAGER_TOKEN=$(docker swarm join-token -q manager)

for i in 2 3; do
    docker-machine create \
        --driver amazonec2 \
        --amazonec2-zone ${AWS_ZONE[$i]} \
        --amazonec2-tags "Type,manager" \
        swarm-$i

    IP=$(aws ec2 describe-instances \
        --filter "Name=tag:Name,Values=swarm-$i" \
        "Name=instance-state-name,Values=running" \
        | jq -r ".Reservations[0].Instances[0].PrivateIpAddress")

eval $(docker-machine env swarm-$i)

    docker swarm join \
        --token $MANAGER_TOKEN \
        --advertise-addr $IP \
        $MANAGER_IP:2377
done
```

没有必要解释刚才执行的命令，因为它们是以前使用过的命令的组合。

下面还将添加几个 worker 节点：

```
WORKER_TOKEN=$(docker swarm join-token -q worker)

for i in 4 5; do
  docker-machine create \
    --driver amazonec2 \
    --amazonec2-zone ${AWS_ZONE[$i]} \
    --amazonec2-tags "type,worker" \
    swarm-$i

  IP=$(aws ec2 describe-instances \
    --filter "Name=tag:Name,Values=swarm-$i" \
    "Name=instance-state-name,Values=running" \
    | jq -r ".Reservations[0].Instances[0].PrivateIpAddress")

eval $(docker-machine env swarm-$i)

  docker swarm join \
    --token $WORKER_TOKEN \
    --advertise-addr $IP \
    $MANAGER_IP:2377
done
```

让我们确认所有五个节点确实构成了集群：

```
eval $(docker-machine env swarm-1)

docker node ls
```

输出如下（为简洁起见，移除了 ID）：

```
HOSTNAME  STATUS  AVAILABILITY  MANAGER STATUS
swarm-4   Ready   Active
swarm-2   Ready   Active        Reachable
swarm-3   Ready   Active        Reachable
swarm-5   Ready   Active
swarm-1   Ready   Active        Leader
```

就是这样。我们的集群已经准备好了。剩下的唯一的事情就是部署一些服务，并确认集群是否工作正常。

因为已经多次创建了服务，所以将使用 Compose 文件 vfarcic/docker-flow-proxy/docker-compose-stack.yml（https://github.com/vfarcic/docker-flow-proxy/blob/master/docker-compose-stack.yml）和 vfarcic/docker-flow-proxy/docker-compose- stack.yml（https://github.com/vfarcic/docker-flow-proxy/blob/master/docker-compose-stack.yml）来加快这一过程。它们将创建 proxy、swarm-listener、go-demo-db 和 go-demo 服务：

```
docker-machine ssh swarm-1

sudo docker network create --driver overlay proxy

curl -o proxy-stack.yml \
    https://raw.githubusercontent.com/ \
vfarcic/docker-flow-proxy/master/docker-compose-stack.yml

sudo docker stack deploy \
    -c proxy-stack.yml proxy

curl -o go-demo-stack.yml \
    https://raw.githubusercontent.com/ \
vfarcic/go-demo/master/docker-compose-stack.yml

sudo docker stack deploy \
    -c go-demo-stack.yml go-demo

exit

docker service ls
```

非 Windows 用户不需要登录 swarm-1 机器，可以从其笔记本电脑上直接部署栈来实现相同的结果。

下载所有的镜像需要花一些时间。一段时间后，service ls 命令应该得到如下输出（为简洁起见，移除了 ID）：

```
NAME                    MODE        REPLICA  IMAGE
go-demo_db              replicated 1/1       mongo:latest
```

```
go-demo_main            replicated 3/3      vfarcic/go-demo:latest
proxy_swarm-listener    replicated 1/1      vfarcic/docker-flowswarm listener:latest
proxy_proxy             replicated 2/2      vfarcic/docker-flow-proxy:latest
```

让我们确认 go-demo 服务是可以访问的：

```
curl "$(docker-machine ip swarm-1)/demo/hello"
```

输出如下：

```
curl: (7) Failed to connect to 54.157.196.113 port 80: Operation timed out
```

有些尴尬。尽管所有的服务都在运行，使用与前几章相同的命令，但还是不能访问 proxy，也不能通过 proxy 访问 go-demo 服务。

这很容易解释。因为从来没有打开端口 80 和 443。默认情况下，AWS EC2 实例的所有输入流量都被关闭，我们只打开了正确运行 Swarm 所需的端口。这些端口只在 EC2 实例内是打开的，并与 docker-machine 安全组绑定，在 AWS VPC 之外并不可访问。

现在将使用 aws ec2 authorize-security-group-ingress 命令来打开端口 80 和 443。这一次将 cidr 指定为源，而不是 source-group：

```
for p in 80 443; do
    aws ec2 authorize-security-group-ingress \
        --group-id $SECURITY_GROUP_ID \
        --protocol tcp \
        --port $p \
        --cidr "0.0.0.0/0"
done
```

aws ec2 authorize-security-group-ingress 命令执行了两次；第一次是端口 80，第二次是端口 443。

让我们再次发送请求信息：

```
curl "$(docker-machine ip swarm-1)/demo/hello"
```

这次的输出和预期的一样。我们得到了回应：

```
hello, world!
```

使用 Docker Machine 和 AWS CLI 在 AWS 中建立了完整的 Swarm 集群。这是我们所需要的吗？这取决于为集群所定义的需求。我们应该增加一些弹性 IP 地址（Elastic IP addresses）。

弹性 IP 地址是为动态云计算而设计的静态 IP 地址。它与你的 AWS 账户相关联。使用弹性 IP 地址，可以通过快速地将地址重新映射到你账户中的另一个实例来屏蔽实例或软件的故障。弹性 IP 地址是可以从 Internet 访问的公开的 IP 地址。如果你的实例没有公开的 IP 地址，则可以将弹性 IP 地址与其关联，以启用与 Internet 的通信；例如，从本地计算机连接到你的实例。

换句话说，我们应该至少设置两个弹性 IP，并将它们映射到集群中的两个 EC2 实例。这两个（或更多）IP 将被设置为 DNS 记录。这样，当一个实例失效时，可以用一个新的实例代替它，可以在不影响用户的情况下重新映射弹性 IP。

还可以做很多其他改进。但是，这会使我们陷入尴尬的境地。我们会使用一个并不是用来配置复杂的集群的工具。

创建虚拟机是很慢的。Docker Machine 花了很多时间为它配置 Ubuntu 并安装 Docker Engine。创建我们自己的 Amazon Machine Image（AMI），并预装好 Docker Engine，这样可以节省一些时间。但是这么做的话，使用 Docekr Machine 的理由就不存在了。Docker Machine 的主要用处是简单化。一旦开始使用其他的 AWS 资源来使配置复杂化，就会意识到简单性正被太多的即时命令所取代。

当应对小型集群时，特别是想创建一些快速且临时性的东西时，使用 docker-machine 和 aws 命令是非常有效的。最大的问题是，到目前为止，我们所做的一切都是即时命令。我们很可能无法在第二次时重复执行相同的步骤。基础设施没有文档记录，所以我们的团队无法知道集群的构成。

我的建议是使用 docker-machine 和 aws 作为一种快捷实用的方式来创建集群，其主要用于演示目的。只要集群的规模相对较小，这种方法对生产系统也是有用的。

如果想要建立一个复杂的、更大的、可能更持久的方案，就应该考虑其他选项。

让我们删除创建的集群，并重新开始探索其他方案：

```
for i in 1 2 3 4 5; do
    docker-machine rm -f swarm-$i
done
```

唯一剩下的就是删除创建的安全组 docker-machine：

```
aws ec2 delete-security-group \
    --group-id $SECURITY_GROUP_ID
```

如果实例尚未终止，最后一条命令可能就会失败。如果是这样，就请稍等片刻，然后重复该命令。

让我们继续探索 AWS 中的 Docker。

12.3 使用 Docker 在 AWS 中建立 Swarm 集群
Setting Up a Swarm Cluster with Docker for AWS

使用 Docker 在 AWS 中创建 Swarm 集群之前，需要生成一个密钥对，用于通过 SSH 登录到 EC2 实例。

要创建新的密钥对，请执行以下命令：

```
aws ec2 create-key-pair \
    --key-name devops21 \
    | jq -r '.KeyMaterial' >devops21.pem
```

执行 `aws ec2 create-key-pair` 命令，并将 `devops21` 作为密钥的名字。使用 `jq` 过滤输出，只返回实际的值。最后，将输出发送到 `devops21.pem` 文件。

如果有人拿到你的密钥文件，你的实例就可以被访问了。因此，应该把钥匙转移到安全的地方。

Linux/OSX 系统中放置 SSH 密钥的一个常用位置是 `$HOME/.ssh`。如果你是 Windows 用户，可以修改下面的命令以使用你认为合适的任何位置：

```
mv devops21.pem $HOME/.ssh/devops21.pem
```

我们还应该修改权限，只给当前用户读权限，并删除其他用户或组的所有权限。Windows 用户可以跳过下面的命令：

```
chmod 400 $HOME/.ssh/devops21.pem
```

最后，将密钥的路径设置在环境变量 `KEY_PATH` 中：

```
export KEY_PATH=$HOME/.ssh/devops21.pem
```

现在已经准备好了在 AWS 中使用 Docker 创建 Swarm 集群。

请打开 Docker for AWS Release Notes 页面（`https://docs.docker.com/docker-for-aws/release-notes/`）并点击"Deploy Docker Community Edition for AWS"按钮。

登录到 AWS 控制台后，将会看到 Select Template 页面。它是一个通用的 CloudFormation 页面，已经选择了 Docker for AWS 模板，如图 12-1 所示。

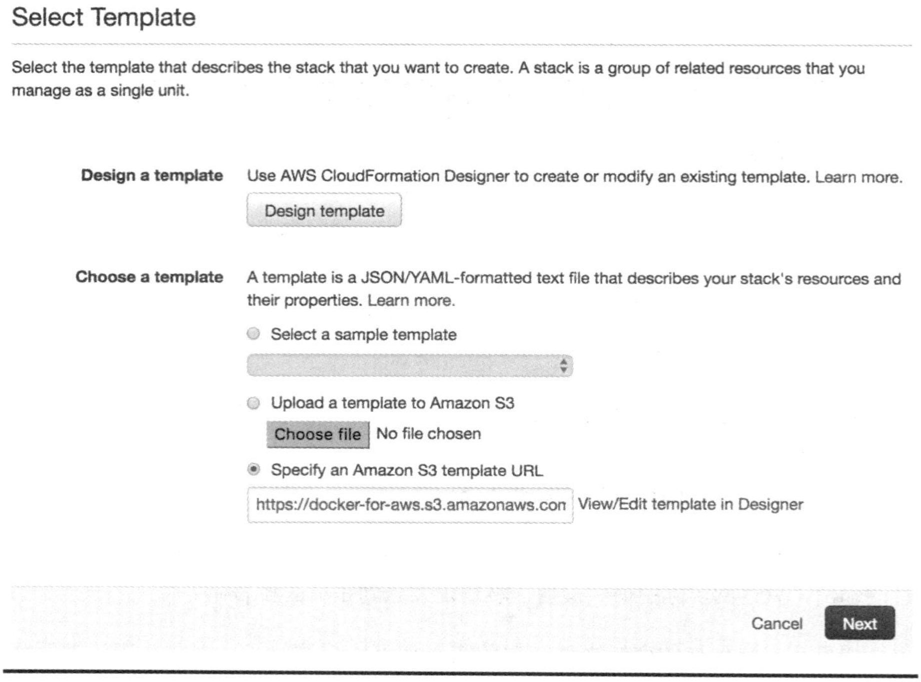

Select Template

Select the template that describes the stack that you want to create. A stack is a group of related resources that you manage as a single unit.

Design a template　　Use AWS CloudFormation Designer to create or modify an existing template. Learn more.

　　　　　　　　　　　　[Design template]

Choose a template　　A template is a JSON/YAML-formatted text file that describes your stack's resources and their properties. Learn more.

　　　　　　　　　　○ Select a sample template

　　　　　　　　　　[　　　　　　　　　　　　　　　　　　▲▼]

　　　　　　　　　　○ Upload a template to Amazon S3

　　　　　　　　　　[Choose file] No file chosen

　　　　　　　　　　● Specify an Amazon S3 template URL

　　　　　　　　　　[https://docker-for-aws.s3.amazonaws.con] View/Edit template in Designer

　　　　　　　　　　　　　　　　　　　　　　　　　　　　Cancel　[Next]

图 12-1　Docker for AWS Select Template 页面

没有其他需要做的了，所以请点击"Next"按钮。

下一页面允许我们指定将要启动的栈的细节。这些字段的意思应该很清楚。我们要做的唯一修改是将 Swarm workers 从 5 减少到 1。本章的练习不需要超过四台服务器，所以三个 managers 和一个 worker 应该足够了。我们会使用默认的实例类型 t2.micro。只创建四个微节点，整个练习的成本几乎可以忽略不计，你也不会向朋友抱怨因为我而破产。总成本可能比你读本书时喝的一罐苏打水或一杯咖啡的价格还要低。

Which SSH key to use?字段应该包含我们刚刚创建的密钥 devops21。请选择它，如图 12-2 所示。

点击"Next"按钮。

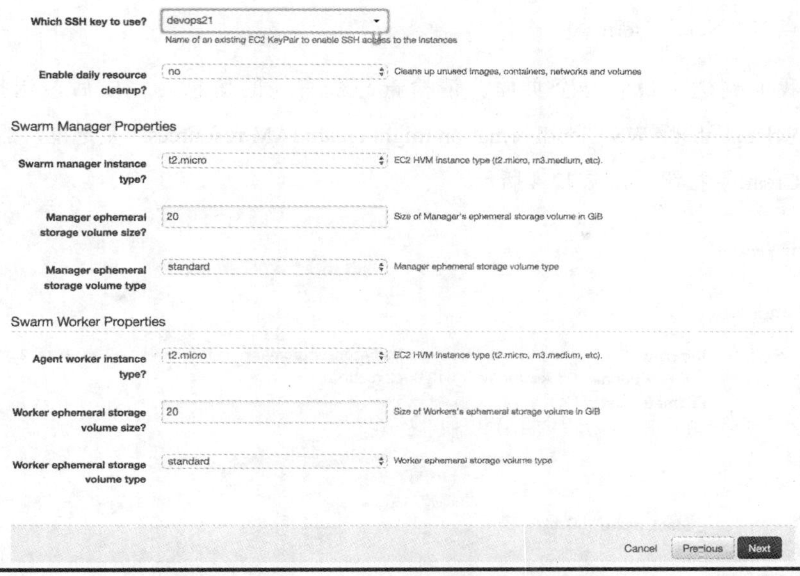

图 12-2　Docker for AWS 指定详细信息页面

我们不会改变 Options 页面上的任何内容。稍后，当你熟悉了 AWS 中的 Docker 后，可能想要回到这个页面修改其他选项。现在请忽略它的存在，如图 12-3 所示。

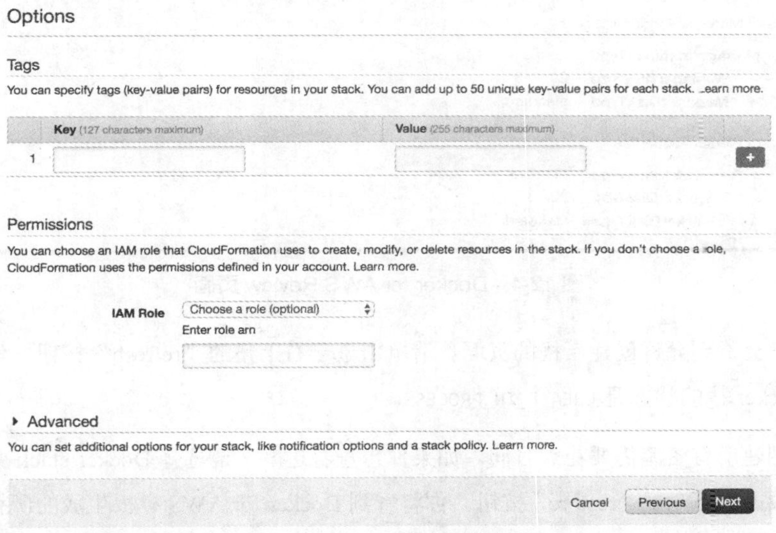

图 12-3　Docker for AWS Options 页面

点击"Next"按钮。

我们到达了最后一个页面。请检查与栈有关的信息。完成后，选择"I acknowledge that AWS CloudFormation might create IAM resources"复选框，然后点击"Create"按钮，如图 12-4 所示。

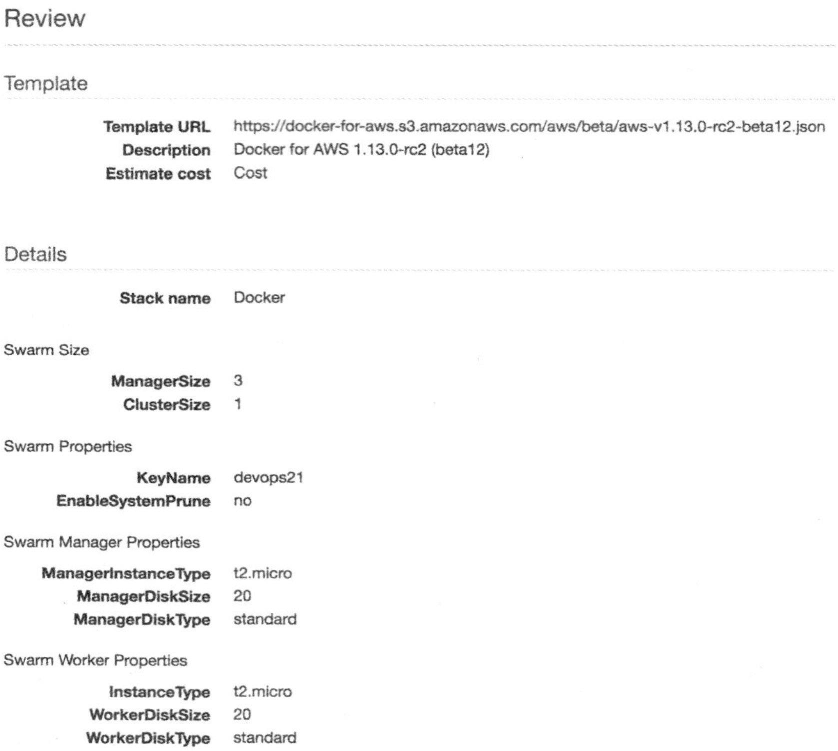

Review

Template

Template URL	https://docker-for-aws.s3.amazonaws.com/aws/beta/aws-v1.13.0-rc2-beta12.json
Description	Docker for AWS 1.13.0-rc2 (beta12)
Estimate cost	Cost

Details

Stack name	Docker

Swarm Size

ManagerSize	3
ClusterSize	1

Swarm Properties

KeyName	devops21
EnableSystemPrune	no

Swarm Manager Properties

ManagerInstanceType	t2.micro
ManagerDiskSize	20
ManagerDiskType	standard

Swarm Worker Properties

InstanceType	t2.micro
WorkerDiskSize	20
WorkerDiskType	standard

图 12-4　Docker for AWS Review 页面

你会看到允许创建新栈的页面。请单击位于右上角的"refresh"按钮。你将看到 Docker 栈的状态是 CREATE_IN_PROCESS。

创建所有资源需要花点时间。如果你想查看进度，请选择 Docker stack 并单击位于页面右下角的"restore"按钮。你将看到 Docker for AWS 模板生成的所有事件的列表。在等待栈创建完成时，请随意查看选项卡的内容，如图 12-5 所示。

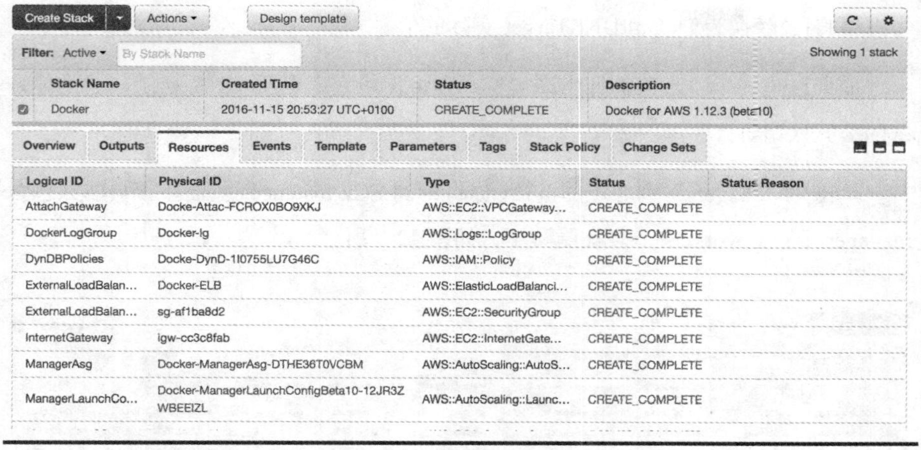

图 12-5 Docker for AWS stack status 页面

一旦 Docker stack 的状态变为 CREATE_COMPLETE，就可以继续了。

集群已经准备好了，可以进入一个 manager 实例并浏览集群的详细信息。

若要查找有关 Swarm manager 实例的信息，请单击"Outputs"选项卡，如图 12-6 所示。

图 12-6 Docker for AWS Stack outputs 页面

你将看到两行。

我们将 DefaultDNSTarget 的值保存在环境变量中。它很快就会派上用场：

```
DNS=[...]
```

请将[…]替换为 DefaultDNSTarget 实际的值。

如果这是一个"真正的"生产集群，则将使用它来更新 DNS 记录。这是你系统的公开入口。

单击"Managers"列旁边的链接，你将看到 EC2 Instances 页面，该页面只包含 manager 节点。workers 节点被隐藏了，如图 12-7 所示。

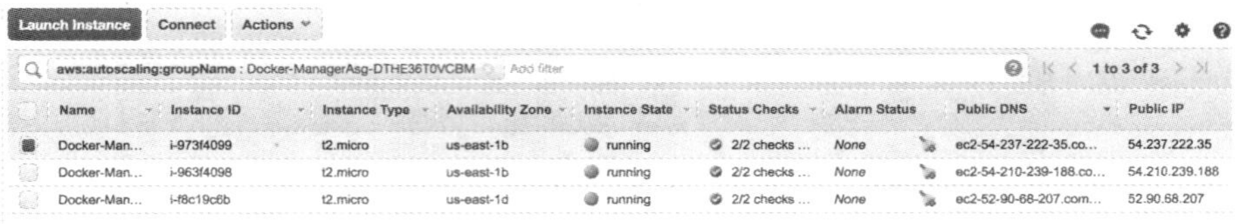

图 12-7　被 manager 节点过滤的 Docker for AWS EC2 实例

选择一个 manager 并找到它的公开 IP。和 DNS 一样，我们将它保存在环境变量中：

```
MANAGER_IP=[...]
```

请将[…]替换为实际的公开 IP 地址。

最后，我们准备好了登录到一个 manager 中，并探索刚刚创建的集群：

```
ssh -i $KEY_PATH docker@$MANAGER_IP
```

一旦登录到服务器，就将收到一条欢迎消息。专门为这个栈制作的 OS 非常简约，就像这条消息一样：

```
Welcome to Docker!
~ $
```

与往常一样，我们将列出构成集群的节点：

```
docker node ls
```

输出如下（为简洁起见，移除了 ID）：

```
HOSTNAME                    STATUS   AVAILABILITY   MANAGER STATUS
ip-10-0-17-154.ec2.internal Ready    Active         Reachable
ip-10-0-15-215.ec2.internal Ready    Active         Reachable
ip-10-0-31-44.ec2.internal  Ready    Active
ip-10-0-15-214.ec2.internal Ready    Active         Leader
```

剩下的事情就是创建一些服务，以确认集群工作正常。

与使用 Docker Machine 创建集群一样，我们将部署相同的 Compose 文件 vfarcic/docker-flow-proxy/docker-compose-stack.yml（https://github.com/vfarcic/docker-flow-proxy/blob/master/docker-compose-stack.yml）和 vfarcic/co-demo/docker-compose-stack.yml（https://github.com/vfarcic/go-demo/blob/master/cocker-compose-stack.yml）：

```
sudo docker network create --driver overlay proxy

curl -o proxy-stack.yml \
    https://raw.githubusercontent.com/ \
vfarcic/docker-flow-proxy/master/docker-compose-stack.yml

docker stack deploy \
    -c proxy-stack.yml proxy

curl -o go-demo-stack.yml \
    https://raw.githubusercontent.com/ \
vfarcic/go-demo/master/docker-compose-stack.yml

docker stack deploy \
    -c go-demo-stack.yml go-demo
```

下载 Compose 文件并部署该栈。

让我们确认服务确实已经启动并正在运行：

```
docker service ls
```

一段时间后，输出如下（为简洁起见，移除了 ID）：

```
NAME                    MODE        REPLICAS
proxy_proxy             replicated 2/2
go-demo_main            replicated 3/3
proxy_swarm-listener    replicated 1/1
go-demo_db              replicated 1/1
-------------------------------------------
IMAGE
vfarcic/docker-flow-proxy:latest
vfarcic/go-demo:latest
vfarcic/docker-flow-swarm-listener:latest
mongo:latest
```

让我们退出服务器，并确认 go-demo 服务是可以公开访问的：

```
exit
```

```
curl $DNS/demo/hello
```

正如预期的那样，我们收到的响应确认了该集群已投入运行并可访问：

```
hello, world!
```

如果服务器变得过于拥挤将会发生什么？需要扩容吗？如何增加（或减少）构成集群的节点数量？答案在于 AWS Auto Scaling Groups。请点击 EC2 控制台左侧菜单 AUTO SCALING group 中的 Auto Scaling Groups 链接，并选择组名字以 Docker-NodeAsg 开头的行，如图 12-8 所示。

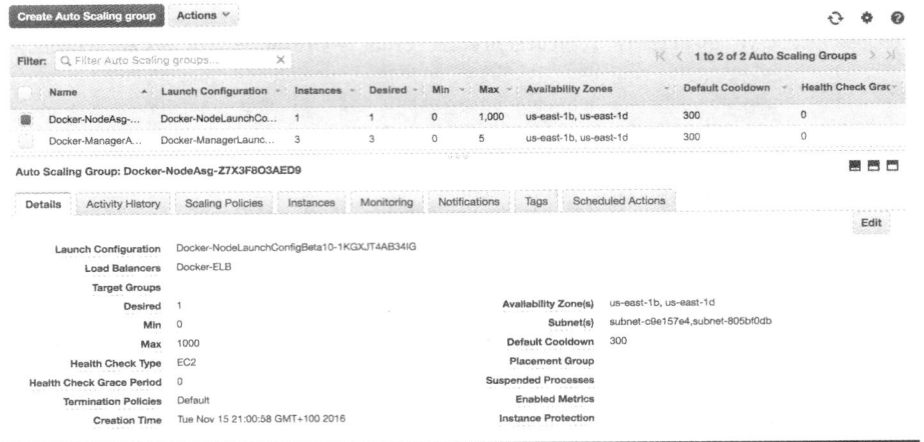

图 12-8 Docker for AWS Auto Scaling Groups

要增加或减少节点的数量，只需点击 Actions 菜单中的"Edit"按钮，将 Desired 字段的值从 1 改为 2，然后点击"Save"按钮。Desired 实例的数量将立刻变为 2。然而，实例的实际数量可能需要一段时间才能与期望的数量一致。让我们登录到一个 manager 服务器，以确认我们想要做的确实发生了：

```
ssh -i $KEY_PATH docker@$MANAGER_IP

docker node ls
```

创建新的实例并将其加入集群可能需要一段时间。最终结果应该如下所示（为简洁起见，移除了 ID）：

```
HOSTNAME                    STATUS AVAILABILITY MANAGER STATUS
ip-10-0-17-154.ec2.internal Ready  Active       Reachable
ip-10-0-15-215.ec2.internal Ready  Active       Reachable
ip-10-0-31-44.ec2.internal  Ready  Active
ip-10-0-15-214.ec2.internal Ready  Active       Leader
ip-10-0-11-174.ec2.internal Ready  Active
```

如果其中一台服务器失效，会发生什么？毕竟，一切迟早都会失效的。可以通过删除其中一个节点来测试这种情况。

请点击 EC2 控制台左侧菜单中的 Instances 链接，选择一个 Docker-worker 节点，点击"Actions"按钮，并将实例的状态改为 Terminate。

点击"Yes"按钮、"Terminate"按钮确认终止：

```
docker node ls
```

一段时间后，node ls 命令的输出应该如下（为简洁起见，移除了 ID）：

```
HOSTNAME                      STATUS AVAILABILITY MANAGER STATUS
ip-10-0-17-154.ec2.internal   Ready  Active       Reachable
ip-10-0-15-215.ec2.internal   Ready  Active       Reachable
ip-10-0-31-44.ec2.internal    Ready  Active
ip-10-0-15-214.ec2.internal   Ready  Active       Leader
ip-10-0-11-174.ec2.internal   Down   Active
```

一旦 auto scaling group 意识到该节点已停机，它就会启动创建新节点并将其加入集群中：

```
docker node ls
```

不久后，node ls 命令的输出应该如下（为简洁起见，移除了 ID）：

```
HOSTNAME                      STATUS AVAILABILITY MANAGER STATUS
ip-10-0-17-154.ec2.internal   Ready  Active       Reachable
ip-10-0-15-215.ec2.internal   Ready  Active       Reachable
ip-10-0-2-22.ec2.internal     Ready  Active
ip-10-0-31-44.ec2.internal    Ready  Active
ip-10-0-15-214.ec2.internal   Ready  Active       Leader
ip-10-0-11-174.ec2.internal   Down   Active
```

终止的服务器仍然被标记为 Down，并创建了一个新的服务器并将其添加到集群中。

AWS 中 Docker 栈的内容比我们涉及的要多得多。我希望你在这次简短的探索中，能够给你提供足够的基本信息来扩展自己的知识。

与其探讨更多关于栈的细节，不如看看如何在不需要 UI 的情况下实现相同的结果。此时你应该足够了解我，我更喜欢自动化和可重复的任务运行方式。打破了我的"除非必要不用 UI"规则，只是为了让你更好地理解 AWS 中 Docker 栈是如何工作的。接下来是一种完全自动化的方法。

在继续之前，我们将删除栈，并与其一起删除集群。这将是你在本章中最后一次看到 UI。

请点击顶部菜单中的 Services 链接，然后点击 CloudFormation 链接。选择 Docker 栈，然后点击 Actions 菜单中的 Delete Stack 选项，如图 12-9 所示。

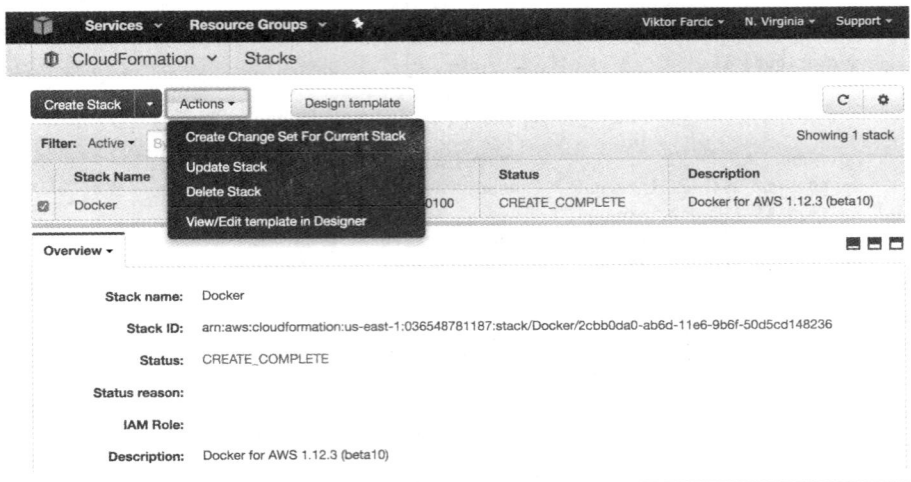

图 12-9 Docker for AWS Delete Stack 页面

点击 Delete Stack 后，再点击"Yes"按钮、"Delete"按钮确认删除。

12.4 在 AWS 中使用 Docker 自动配置 Swarm 集群

Automatically Setting up a Swarm Cluster with Docker for AWS

使用 UI 为 AWS 创建一个 Docker 栈是一个不错的练习。它可以帮助我们更好地理解事情是如何工作的。然而，我们的目标是尽可能地实现过程自动化。通过自动化，我们获得了速度、可靠性和更高的质量。当执行一些手动任务时，比如使用 UI 和选择不同的选项，增加了由于人为错误而出错的可能。我们的速度也不够快。当需要执行重复的步骤时，我们的速度比机器的慢多了。由于我对手动执行重复任务的不信任，所以很自然地会寻找一种更自动化的方式为 AWS 创建 Docker 栈。通过 AWS 控制台所做的就是填充一些字段，这些字段在后台生成参数，这些参数后面被用来执行一个 CloudFormation 过程。不使用 UI 可以做同样的事情。

首先将定义一些环境变量。它们与你在本章中已经创建的变量相同。如果之前的终端会话仍然打开，就可以跳过下面的命令：

```
export AWS_DEFAULT_REGION=us-east-1

export AWS_ACCESS_KEY_ID=[...]

export AWS_SECRET_ACCESS_KEY=[...]
```

请将 us-east-1 改为你所选择的区域，并以实际的值代替[...]。

如果你还记得让我们选择模板的第一个页面，那么你会记得有一个字段被预先填充为 CloudFormatation 模板的 URL。撰写本书时，该模板是 Docker.tmpl（https://editions-us-east-1.s3.amazonaws.com/aws/stable/Docker.tmpl）。请注意地址因区域不同而不同。现在将使用 us-east-1 的链接。

要检查模板，可以使用 curl 来获取它的内容：

```
curl https://editions-us-east-1.s3.amazonaws.com/aws/stable/Docker.tmpl
```

请花一些时间浏览输出。即使你不熟悉 CloudFormation 语法，也应该认识 AWS 资源。

模板中我们最感兴趣的部分是元数据（Metadata）：

```
curl https://editions-us-east-1.s3.amazonaws.com/aws/stable/ \
Docker.tmpl \
    | jq'.Metadata'
```

输出如下：

```
{
  "AWS::CloudFormation::Interface": {
    "ParameterGroups": [
      {
        "Label": {
          "default": "Swarm Size"
        },
        "Parameters": [
         "ManagerSize",
         "ClusterSize"
        ]
      },
      {
        "Label": {
        "default": "Swarm Properties"
        },
        "Parameters": [
         "KeyName",
         "EnableSystemPrune",
         "EnableCloudWatchLogs"
        ]
      },
      {
        "Label": {
          "default": "Swarm Manager Properties"
        },
        "Parameters": [
```

```
                    "ManagerInstanceType",
                    "ManagerDiskSize",
                    "ManagerDiskType"
                  ]
              },
              {
                  "Label": {
                    "default": "Swarm Worker Properties"
                  },
                  "Parameters": [
                    "InstanceType",
                    "WorkerDiskSize",
                    "WorkerDiskType"
                  ]
              }
            ],
                  "ParameterLabels": {
                    "ClusterSize": {
                      "default": "Number of Swarm worker nodes?"
                  },
                "EnableCloudWatchLogs": {
                  "default": "Use Cloudwatch for container logging?"
                },
                "EnableSystemPrune": {
                  "default": "Enable daily resource cleanup?"
                },
                "InstanceType": {
                  "default": "Agent worker instance type?"
                },
                "KeyName": {
                  "default": "Which SSH key to use?"
                },
                "ManagerDiskSize": {
                  "default": "Manager ephemeral storage volume size?"
                },
                "ManagerDiskType": {
                  "default": "Manager ephemeral storage volume type"
                },
                "ManagerInstanceType": {
                  "default": "Swarm manager instance type?"
                },
                "ManagerSize": {
                  "default": "Number of Swarm managers?"
                },
                "WorkerDiskSize": {
                  "default": "Worker ephemeral storage volume size?"
                },
                "WorkerDiskType": {
                  "default": "Worker ephemeral storage volume type"
                }
              }
          }
      }
```

可以使用 `ParameterLabels` 来自定义模板的结果。

以下命令创建的栈与使用 AWS 控制台生成的栈相同：

```
awscloudformation create-stack \
    --template-url https://editions-us-east \
    -1.s3.amazonaws.com/aws/stable/Docker.tmpl \
    --stack-name swarm \
    --capabilities CAPABILITY_IAM \
    --parameters \
```

```
ParameterKey=KeyName,ParameterValue=devops21 \
ParameterKey=InstanceType,ParameterValue=t2.micro \
ParameterKey=ManagerInstanceType,ParameterValue=t2.micro \
ParameterKey=ManagerSize,ParameterValue=3 \
ParameterKey=ClusterSize,ParameterValue=1
```

命令应该是不言自明的。使用 aws 及所有需要的参数来创建 CloudFormation
栈。

可以通过执行 cloudformation describe-stack-resources 命令来监视栈资源的状
态：

```
awscloudformation describe-stack-resources \
    --stack-name swarm
```

一段时间后，应该创建了三个 manager 实例：

```
aws ec2 describe-instances \
    --filters "Name=tag:Name,Values=swarm-Manager" \
    "Name=instance-state-name,Values=running"
```

现在可以登录到其中一个 manager 并开始创建服务。我将跳过创建服务的例
子，并验证它们是否工作正常。最终结果与我们先前使用 AWS 控制台创建的集群
相同。

你可以自己探索集群，并在完成之后删除栈：

```
awscloudformation delete-stack \
    --stack-name swarm
```

对于任何小集群，AWS 中的 Docker 比使用 docker-machine 和 aws 命令的组合
要好得多。它是一种更健壮的和更可靠的方案。然而，它也有其缺点。

AWS 中的 Docker 出现的时间还很短，并且经常发生变化。而且，它是如此的
新，以至于文档几乎不存在。

作为一种开箱即用的方案，它非常容易使用，几乎不费什么力气。这既是好
事，也存在一些问题。如果你所需要的或多或少已经被 AWS 中的 Docker 所支持，
这是一种很好的选择。但是，如果你的需求不同，那么在尝试根据尔的需要调整
模板时，可能会遇到很多问题。解决方案是基于自定义的 OS、CloudFormate 模板
和专门为此目的构建的容器。除模板外，其他任何修改都是不可取的。

总的来说，我认为 AWS 的 Docker 有着非常光明的前景，在大多数情况下，是
一种比 docker-machine 更好的方案。如果这两个是唯一的选择，那么我会投票给
AWS 的 Docker。幸运的是，还有许多其他选项可以选择，远不是一个章节可以讨

论的。你可能正在阅读本书的印刷版，但我不想牺牲很多树木。因此，我只提供另外一组工具，可以使用这些工具来创建 Swarm 集群（或任何其他类型的集群）。

12.5　使用 Packer 和 Terraform 来创建 Swarm 集群
Setting Up a Swarm Cluster with Packer and Terraform

这次将使用一组与 Docker 毫不相关的工具。它们是 Packer（https://www.packer.io/）和 Terraform（https://www.terraform.io/）。这两个都来自于 HashiCorp（https://www.hashicorp.com/）。

> **给 Windows 用户的说明**
>
> 使用 Chocolatey，在管理员命令提示符下使用 choco install packer 来安装 packer。对于 Terraform，在管理员命令提示符下执行 choco install terraform。

Packer 允许我们创建机器镜像。使用 Terraform，可以创建、更改和改进集群基础设施。这两种工具几乎支持所有的主流供应商。它们可以与 AmazonEC 2、CloudStack、DigitalOcean、Google Compute Engine（GCE）、Microsoft Azure、VMware、VirtualBox 和其他相当多的平台一起使用。基础设施不可知的能力使我们能够避免锁定供应商。只要在配置中做很小的改动，就可以轻松地转换集群的供应商。只要基础设施正确定义，Swarm 的设计就能够与任何供应商无缝工作。使用 Packer 和 Terraform，我们定义基础设施的方式可以尽可能地减少转换供应商的痛苦。

12.6　使用 Packer 创建 Amazon 机器镜像
Using Packer to Create Amazon Machine Images

vfarcic/cloud-provisioning（https://github.com/vfarcic/cloud-provisioning）

代码库已经有了我们将使用的 Packer 和 Terraform 的配置。它们位于 terraform/aws 目录：

```
cd terraform/aws
```

第一步是使用 Packer 创建 Amazon Machine Image（AMI）。为此，需要将 AWS 访问密钥设置为环境变量。它们与你在本章中已经创建的密钥相同。如果相同的终端会话仍然开着，则请跳过下面这组命令：

```
export AWS_ACCESS_KEY_ID=[...]

export AWS_SECRET_ACCESS_KEY=[...]

export AWS_DEFAULT_REGION=us-east-1
```

请用实际的值代替[…]。

现在使用相同的 AMI 来实例化所有的 Swarm 节点。它将基于 Ubuntu 并安装最新的 Docker Engine。

我们要构建的镜像的 JSON 定义可以在 terraform/aws/packerubuntu-docker. json 中找到（https://github.com/vfarcic/cloud-provisioning/blob/master/terraform/ aws/packer-ubuntu-docker.json）：

```
cat packer-ubuntu-docker.json
```

该配置包含两部分：builders 和 provisioners：

```
{
    "builders": [{
    ...
  }],
    "provisioners": [{
    ...
  }]
}
```

builders 部分定义了 Packer 构建镜像所需的所有信息。provisioners 部分描述了在 builders 部分所创建的机器上安装和配置软件的命令。唯一需要的部分是 builders。

builder 负责为不同的平台创建机器并生成它们的镜像。例如，EC2、VMware、VirtualBox 等都有单独的 builder。默认情况下，Packer 附带了许多的 builder，还可以扩展添加新的 builder。

我们将使用的 builders 部分如下：

```
"builders": [{
```

```
    "type": "amazon-ebs",
    "region": "us-east-1",
    "source_ami_filter": {
      "filters": {
        "virtualization-type": "hvm",
        "name": "*ubuntu-xenial-16.04-amd64-server-*",
        "root-device-type": "ebs"
      },
      "owners": ["099720109477"],
      "most_recent": true
    },
    "instance_type": "t2.micro",
    "ssh_username": "ubuntu",
    "ami_name": "devops21",
    "force_deregister": true
}],
```

每种类型的 builder 都有特定的参数可供使用。我们指定其类型为 amazon-ebs。除了 amazon-ebs，还可以为 AMI 选择使用 amazon-instance 和 amazon-chroot builder。大多数情况下，应该使用 amazon-ebs。更多信息请访问 Amazon AMI Builder 页面（https://www.packer.io/docs/builders/amazon.html）。

请注意，当使用 amazon-ebs 类型时，我们必须提供 AWS 密钥。可以通过 access_key 和 secret_key 字段来指定。然而，还有另一种选择。如果这些字段未指定，Packer 将尝试从环境变量 AWS_ACCESS_KEY_ID 和 AWS_SECRET_ACCESS_KEY 获得密钥。因为已经将它们导出，所以不必在 Packer 的配置中设置。此外，密钥应该是保密的。把它们放在配置中会有暴露的风险。

区域很关键，因为一个 AMI 只能在一个区域内创建。如果想在多个区域间共享同一台机器，那么每个区域都需要指定单独的 builder。

可以将初始的 AMI 的 ID 指定为 source_ami，作为新创建的机器的基础。但是，由于 AMIs 对于特定区域是唯一的，所以，如果我们决定改变区域，就会使其不可用。相反，我们采用了一种不同的方法，并指定了 source_ami_filter，它将填充 source_ami 字段。它将过滤 AMIs 并找到带有 hvm 虚拟化类型以及 Root Device Type 是 ebs 的 Ubuntu 16.04 的镜像。owners 字段将结果限定为可信的 AMI 供应商。如果返回多个 AMI，过滤器就会失败，most_recent 字段将会选择最新的镜像作为结果。

instance_type 字段定义了使用哪种类型的 EC2 实例来构建 AMI。请注意，这不会妨碍我们使用其他任何已支持的实例类型来实例化虚拟机，在本例中是 Ubuntu。

与我们使用的其他字段不同，ssh_username 并不专门用于 amazon-ebsbuilder

的。`ssh_username` 指定了 Packer 在创建镜像时所使用的用户。就像实例类型一样，它不会妨碍我们在基于此镜像实例化虚拟机时指定任何其他用户。

`ami_name` 字段是我们为这个 AMI 所起的名字。

如果已经创建了一个同名的 AMI，那么 `force_deregister` 字段将在创建新 AMI 之前删除同名的 AMI。

更多信息请参考 AMI Builder（EBS Backed）页面（`https://www.packer.io/docs/builders/amazon-ebs.html`）。

第二部分是 `provisioners`。它包含一个含有所有 provisioners 的数组，在将它们转换成机器镜像之前，Packer 应该使用 provisioners 在运行的机器中安装和配置软件。

可以使用相当多的 provisioner 类型。如果你读过《微服务运维实战(第一卷)》，你就会明白我提倡选择 Ansible 作为 provisoner。在这里也应该使用它吗？大多数情况下，当构建的镜像要运行 Docker 容器时，我选择简单的 shell。从 Ansible 改为 shell 的原因在于目标不同，在活动的服务器上运行时选择 provisioners，而不是在构建镜像时。

与 Shell 不同，Ansible（和大多数其他 provisioners）是幂等的（idempotent）。它们会验证实际状态并执行一个或另一个操作，这取决于期望的状态。这是一种很好的方法，因为我们可以运行 Ansible 任意次，结果总是相同的。例如，如果想要有 JDK 8，那么 Ansible 会登录目标服务器，发现 JDK 不存在就安装。下次运行 Ansible 时，当发现 JDK 已经存在，就什么都不做。

这种方法允许我们随时运行 Ansible playbook，JDK 总是会被安装。如果试图通过 Shell 脚本做相同的事情，就需要编写冗长的 `if/else` 语句。如果 JDK 已经安装，就什么都不做；如果没有安装，就去安装；如果已经安装但是版本不对，就要升级等。

那为什么不将它与 Packer 一起使用呢？答案很简单。不需要幂等性，因为我们只在创建镜像时运行一次。我们不会在运行实例时使用它。你还记得"宠物与牛"的讨论吗？用来实例化虚拟机的镜像已经有了我们需要的所有东西。如果虚拟机的状态发生变化，我们就将终止它并创建一个新的。

如果需要升级或安装额外的软件，就不会在运行的实例中进行，而是创建一个新的镜像，终止正在运行的实例，并根据更新的镜像实例化新的实例。

幂等性是我们使用 Ansible 的唯一原因吗？当然不是！当需要定义一个复杂的服务器配置时，它是一种非常方便的工具。但是，在我们的例子中，配置很简单。我们只需要 Docker Engine。几乎所有东西都会在容器中运行。编写几个 shell 命令来安装 Docker 比定义 Ansible playbook 更容易，速度也更快。安装 Ansible 所需的命令数量可能与安装 Docker 的相同。

长话短说，现在将使用 shell 作为 provisioner 来构建 AMIs。

将使用的 provisioners 部分如下：

```
"provisioners": [{
  "type": "shell",
  "inline": [
    "sleep 15",
    "sudo apt-get update",
    "sudo apt-get install -y apt-transport-https ca-certificates \nfs-common",
    "sudo apt-key adv --keyserver hkp://ha.pool.sks-keyservers.net: \
      80 --recv-keys 58118E89F3A912897C070ADBF76221572C52609D",
    "echo 'deb https://apt.dockerproject.org/repo ubuntu-xenial \
      main' | sudo tee /etc/apt/sources.list.d/docker.list",
    "sudo apt-get update",
    "sudo apt-get install -y docker-engine",
    "sudousermod -aG docker ubuntu"
  ]
}]
```

shell 类型之后有一连串的命令。这些命令与 Install Docker on Ubuntu 网页中的相同（https://docs.docker.com/engine/installation/linux/ubuntulinux/）。

现在已经大概了解了 Packer 配置是如何工作的，下面可以继续并构建一个镜像了：

```
packer build -machine-readable \
    packer-ubuntu-docker.json \
    | tee packer-ubuntu-docker.log
```

我们运行了 packer-ubuntu-docker.json 所定义的 packer build，并将机器可读的输出发送到 packer-ubuntu-docker.log。机器可读的输出将允许我们轻松地解析它并检索刚才创建的 AMI 的 ID。

输出的最后几行如下：

```
...
1480105510,,ui,say,Build 'amazon-ebs' finished.
1480105510,,ui,say,\n==> Builds finished. The artifacts of successful
builds are:
1480105510,amazon-ebs,artifact-count,1
1480105510,amazon-ebs,artifact,0,builder-id,mitchellh.amazonebs
```

```
1480105510,amazon-ebs,artifact,0,id,us-east-1:ami-02ebd915
1480105510,amazon-ebs,artifact,0,string,AMIs were \
created: \n\nus-east-1: ami-02ebd915
1480105510,amazon-ebs,artifact,0,files-count,0
1480105510,amazon-ebs,artifact,0,end
1480105510,,ui,say,--> amazon-ebs: AMIs were created: \n\nus-east-1:
ami-02ebd915
```

除了确认构建成功外，输出的相关部分是 lineid、us-east-1: ami-02ebd915。它包含 AMI ID，这是基于该镜像来实例化虚拟机所需要的。

如果需要从其他服务器得到 ID，那么可能希望将 packer-ubuntu-docker.log 存储在代码库中。

图 12-10 描述了 Packer 执行过程的流程。

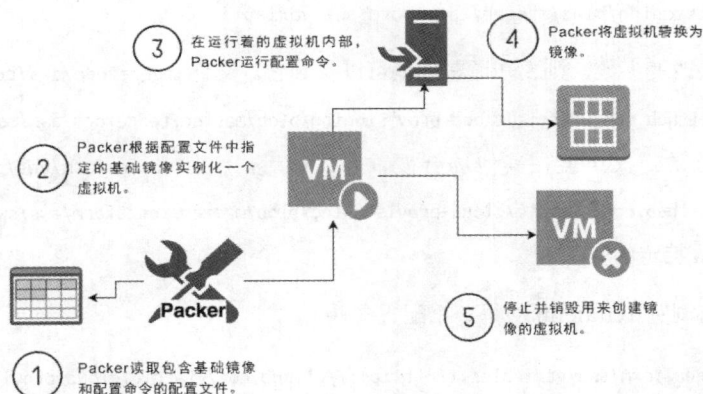

图 12-10　Packer 过程的流程

现在已经准备好根据我们构建的镜像创建一个 Swarm 集群。

12.7　在 AWS 中使用 Terraform 创建 Swarm 集群
Using Terraform to Create a Swarm Cluster in AWS

如果你阅读本节时打开了一个新的终端会话，那么会先重新定义与 Packer 一起使用的环境变量：

```
cd terraform/aws
export AWS_ACCESS_KEY_ID=[...]
export AWS_SECRET_ACCESS_KEY=[...]
export AWS_DEFAULT_REGION=us-east-1
```

请将[...]替换为实际的值。

Terraform 并不强制使用任何特定的文件结构。我们可以在文件中定义所有的东西。但是，这并不意味着应该如此。Terraform 的配置会变大，将逻辑相关部分分离并放入单独的文件中通常是一个好主意。在我们的例子中，将有三个 tf 文件。所有变量都在 terraform/aws/variables.tf 文件中（https://github.com/vfarcic/cloud-provisioning/blob/master/terraform/aws/variables.tf）。

如果要改变参数，则要知道在哪里可以找到它。文件 terraform/aws/common.tf（https://github.com/vfarcic/cloud-provisioning/blob/master/terraform/aws/common.tf）包含的元素的定义可能在其他场合被重用。最后，文件 terraform/aws/swarm.tf（https://github.com/vfarcic/cloud-provisioning/blob/master/terraform/aws/swarm.tf）含有 Swarm 特定的资源。

现在将浏览 Terraform 的每一个配置文件。

文件 terraform/aws/variables.tf（https://github.com/vfarcic/cloud-provisioning/blob/master/terraform/aws/variables.tf）的内容如下：

```
variable "swarm_manager_token" {
  default = ""
}
variable "swarm_worker_token" {
  default = ""
}
variable "swarm_ami_id" {
  default = "unknown"
}
variable "swarm_manager_ip" {
  default = ""
}
variable "swarm_managers" {
  default = 3
}
variable "swarm_workers" {
  default = 2
}
variable "swarm_instance_type" {
  default = "t2.micro"
}
variable "swarm_init" {
  default = false
}
```

在集群中添加节点会用到 swarm_manager_token 和 swarm_worker_token。
swarm_ami_id 将保存我们使用 Packer 创建的镜像的 ID。swarm_manager_ip 变量是我
们需要为节点加入集群提供的 manager 的 IP。swarm_managers 和 swarm_workers 定义
了每种类型有多少个节点。swarm_instance_type 是我们要创建的实例的类型。默认
值是最小的和最便宜的（通常是免费的）实例。如果你开始使用这个 Terraform 配
置来创建一个"真正的"集群，那么稍后请将它改为更有效的类型。最后，swarm_
init 变量允许我们指定这是否是第一次运行，并使用节点来初始化集群。很快就会
看到它的使用情况。

文件 terraform/aws/common.tf（https://github.com/vfarcic/clouc-provisioning/
blob/master/terraform/aws/common.tf）的内容如下：

```
resource "aws_security_group" "docker" {
  name = "docker"
  ingress {
    from_port = 22
    to_port = 22
    protocol = "tcp"
    cidr_blocks = ["0.0.0.0/0"]
  }
  ingress {
    from_port = 80
    to_port = 80
    protocol = "tcp"
    cidr_blocks = ["0.0.0.0/0"]
  }
  ingress {
    from_port = 443
    to_port = 443
    protocol = "tcp"
    cidr_blocks = ["0.0.0.0/0"]
  }
  ingress {
    from_port = 2377
    to_port = 2377
    protocol = "tcp"
    self = true
  }
  ingress {
    from_port = 7946
    to_port = 7946
    protocol = "tcp"
    self = true
  }
  ingress {
    from_port = 7946
    to_port = 7946
    protocol = "udp"
    self = true
  }
  ingress {
    from_port = 4789
    to_port = 4789
    protocol = "tcp"
    self = true
  }
```

```
  }
  ingress {
    from_port = 4789
    to_port = 4789
    protocol = "udp"
    self = true
  }
  egress {
    from_port = 0
    to_port = 0
    protocol = "-1"
    cidr_blocks = ["0.0.0.0/0"]
  }
}
```

每个资源都是用类型（例如 aws_security_group）和名称（示例 docker）来定义的。类型决定了应创建哪些资源，并且必须是当前支持的资源。

第一个资源 aws_security_group 包含应该打开的所有入口端口。SSH 需要端口 22。端口 80 和端口 443 用于 HTTP 和 HTTPS 对代理的访问。其余端口用于 Swarm 内部通信。TCP 端口 2377 用于集群管理通信，TCP 和 UDP 端口 7946 用于节点之间的通信，TCP 和 UDP 端口 4789 用于覆盖网络（overlay network）流量。使用 Docker Machine 建立集群时，可以打开相同的端口。请注意，除了端口 22、80 和 443 之外，所有端口都是内部使用的。这意味着它们只对属于同组内的其他服务器可用。任何外部访问都将被阻止。

aws_security_group 中的最后一个条目是 egress，允许集群与外部世界进行不受任何限制的通信。

更多信息请参考 AWS_SECURITY_GROUP（https://www.terraform.io/docs/providers/aws/d/security_group.html）。

现在实打实的部分来了。文件 terraform/aws/swarm.tf（https://github.com/vfarcic/cloud-provisioning/blob/master/terraform/aws/swarm.tf）包含我们创建的所有实例的定义。因为这个文件的内容比其他内容多，所以将分别查看每个资源。

第一个资源类型是 aws_instance，名字是 swarm-manager。它的目的是创建一个 Swarm manager 节点：

```
resource "aws_instance" "swarm-manager" {
  ami = "${var.swarm_ami_id}"
  instance_type = "${var.swarm_instance_type}"
  count = "${var.swarm_managers}"
  tags {
    Name = "swarm-manager"
  }
  vpc_security_group_ids = [
```

```
    "${aws_security_group.docker.id}"
  ]
  key_name = "devops21"
  connection {
    user = "ubuntu"
    private_key = "${file("devops21.pem")}"
  }
  provisioner "remote-exec" {
    inline = [
      "if ${var.swarm_init}; then docker swarm init \
      --advertise-addr ${self.private_ip}; fi",
      "if ! ${var.swarm_init}; then docker swarm join \
      --token ${var.swarm_manager_token} --advertise-addr \
      ${self.private_ip} ${var.swarm_manager_ip}:2377; fi"
    ]
  }
}
```

资源包含引用了我们使用 Packer 创建的镜像的 ami。实际值是在运行时定义的变量。instance_type 指定了我们想要创建的实例的类型。默认值是从变量 swarm_instance_type 中得到的。默认情况下，它被设置为 t2.micro。就像任何其他变量一样，它可以在运行时被覆盖。

count 字段定义了我们想要创建多少个 manager。当第一次运行 terraform 时，值应该是 1，因为我们希望从一个 manager 开始来初始化集群。之后，值应该是变量中定义的值。很快就会看到这两者结合的用例。

这些 tag 仅用于信息目的。

vpc_security_group_ids 字段包含我们希望与服务器绑定的所有组的列表。在我们的例子中，仅使用定义在 terraform/aws/common.tf 中的 docker 组。

key_name 是保存在 AWS 中的密钥的名字。我们在本章开始的时候生成了 devops21 密钥。请再确认一遍，密钥没有被删除。没有密钥，就无法登录到机器中。

connection 字段定义了 SSH 连接的细节。用户是 ubuntu。我们将使用 devops21.pem 密钥来代替密码。

最后定义了 provisioner。我们的想法是在创建镜像的过程中实现尽可能多的配置。这样，实例的创建速度会快很多，因为唯一的操作是用镜像创建虚拟机。但是，总有一部分配置在创建镜像时无法完成。swarm init 命令就是其中之一。在得到服务器的 IP 之前，我们无法初始化第一个 Swarm 节点。换句话说，服务器需要在 swarm init 命令执行之前运行起来（因此得有一个 IP）。

由于第一个节点必须初始化集群，而后任何其他节点都应该加入集群，所以我们使用 if 语句来区分这两种情况。如果变量 swarm_init 为 true，则执行 docker swarm init 命令。如果变量 swarm_init 为 false，则执行 docker swarm join 命令。这种情况下，我们使用另一个变量 swarm_manager_ip 来告知节点要使用哪个 manager 加入集群。

请注意，IP 是使用特殊的语法 self.private_ip 获得的。可以引用自己来得到 private_ip，还可以从资源中得到很多其他属性。

更多信息请参考 AWS_INSTANCE（https://www.terraform.io/docs/providers/aws/r/instance.html）。

让我们来看看名为 swarm-worker 的 aws_instance 资源：

```
resource "aws_instance" "swarm-worker" {
  count = "${var.swarm_workers}"
  ami = "${var.swarm_ami_id}"
  instance_type = "${var.swarm_instance_type}"
  tags {
    Name = "swarm-worker"
  }
  vpc_security_group_ids = [
    "${aws_security_group.docker.id}"
  ]
  key_name = "devops21"
  connection {
    user = "ubuntu"
    private_key = "${file("devops21.pem")}"
  }
  provisioner "remote-exec" {
    inline = [
    "docker swarm join --token ${var.swarm_worker_token} \
      --advertise-addr ${self.private_ip} ${var.swarm_manager_ip}:2377"
    ]
  }
}
```

swarm-worker 资源几乎与 swarm-manager 资源一样。唯一的区别是 count 字段使用了 swarm_workers 变量以及 provisioner 的不同。由于 worker 无法初始化集群，不需要 if 语句，所以要执行的唯一命令是 docker swarm join。

Terraform 使用的命名规则允许我们通过添加 TF_VAR 前缀将值指定为环境变量。例如，可以通过设置环境变量 TF_VAR_swarm_ami_id 来指定变量 swarm_ami_id 的值。另一种方法是使用 -var 参数。我更喜欢使用环境变量，因为只需要指定一次，而不用向每个命令添加 -var。

terraform/aws/swarm.tf 规范（https://github.com/vfarcic/cloud-provisioning/

blob/master/terraform/aws/swarm.tf）的最后一部分是输出。

　　在构建可能会比较复杂的基础设施时，Terraform 存储了所有资源的成百上千个属性值。但是，作为用户，我们可能只对一些重要的值感兴趣，例如 manager 的 IP。输出是告诉 Terraform 相关数据的一种方法。当调用 apply 时输出这些数据，并且可以使用 terraform output 命令查询这些数据。

　　　　定义的输出如下：

```
output "swarm_manager_1_public_ip" {
  value = "${aws_instance.swarm-manager.0.public_ip}"
}

output "swarm_manager_1_private_ip" {
  value = "${aws_instance.swarm-manager.0.private_ip}"
}
output "swarm_manager_2_public_ip" {
  value = "${aws_instance.swarm-manager.1.public_ip}"
}

output "swarm_manager_2_private_ip" {
  value = "${aws_instance.swarm-manager.1.private_ip}"
}

output "swarm_manager_3_public_ip" {
  value = "${aws_instance.swarm-manager.2.public_ip}"
}

output "swarm_manager_3_private_ip" {
  value = "${aws_instance.swarm-manager.2.private_ip}"
}
```

　　它们是 manager 公开的和私有的 IP 地址。由于需要知道 worker 的 IP 的原因很少（如果有），所以没有将它们定义为输出。更多信息请参考 Output Configuration （https://www.terraform.io/docs/configuration/outputs.html）。因为我们将使用由 Packer 创建的 AMI，所以需要从 packer-ubuntu-docker.log 中得到 ID。以下命令解析输出并得到了 ID：

```
export TF_VAR_swarm_ami_id=$( \
    grep 'artifact,0,id' \
    packer-ubuntu-docker.log \
    | cut -d: -f2)
```

　　在创建集群及周边的基础设施之前，应当让 Terraform 展示执行计划。

```
terraform plan
```

　　执行计划是资源及其属性的扩展列表。因为输出太多而无法打印，所以此处仅输出资源的类型和名字：

```
...
+ aws_instance.swarm-manager.0
...
```

```
+ aws_instance.swarm-manager.1
...
+ aws_instance.swarm-manager.2
...
+ aws_instance.swarm-worker.0
...
+ aws_instance.swarm-worker.1
...
+ aws_security_group.docker
...
Plan: 6 to add, 0 to change, 0 to destroy.
```

由于这是第一次执行，因此，如果要执行 Terraform apply，则将创建所有的资源。我们将得到五个 EC2 实例、三个 manager 和两个 worker。随之而来的还有一个安全组。

如果看到完整的输出，就会注意到有些属性的值被设置为<computed>。这意味着 Terraform 在创建资源之前无法知道实际的值是什么。一个很好的例子是 IP 地址。它们在创建 EC2 实例之前是不存在的。

还可以使用 graph 命令输出计划：

```
terraform graph
```

输出如下：

```
digraph {
    compound = "true"
    newrank = "true"
    subgraph "root" {
    "[root] aws_instance.swarm-manager" [label = \
"aws_instance.swarm-manager",shape = "box"]
    "[root] aws_instance.swarm-worker" [label = \
"aws_instance.swarm-worker", shape= "box"]
    "[root] aws_security_group.docker" [label = \
"aws_security_group.docker", shape = "box"]
    "[root] provider.aws" [label = "provider.aws", shape = \
"diamond"]
    "[root] aws_instance.swarm-man ager" -> "[root] \
aws_security_group.docker"
    "[root] aws_instance.swarm-manager" -> "[root] provider.aws" \
    "[root] aws_instance.swarm-worker" -> "[root] \
aws_security_group.docker"
    "[root] aws_instance.swarm-worker" -> "[root] provider.aws" \
    "[root] aws_security_group.docker" -> "[root] provider.aws" \
    }
}
```

这本身并不是十分有用。

graph 命令用于生成配置或执行计划的可视化表示。输出为 DOT 格式，Graphviz 可以用它来生成图形。

请打开 Graphviz 下载页面（http://www.graphviz.org/Download..php），下载与

你的操作系统兼容的发行版。

现在可以将 graph 命令和 dot 结合起来了：

`terraform graph | dot -Tpng> graph.png`

输出将与图 12-11 一致。

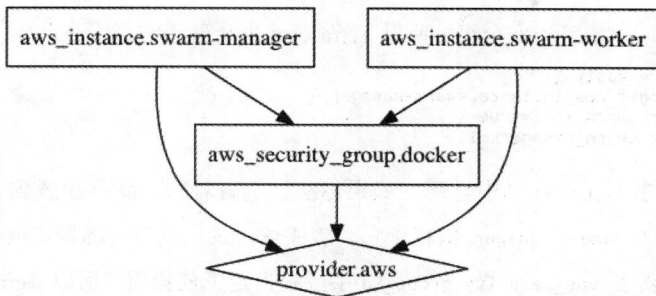

图 12-11　根据 terraform graph 命令的输出来由 Graphviz 生成图像

计划的可视化允许我们查看不同资源之间的依赖关系。在本例中，所有资源都将使用 aws provider。这两种实例类型都依赖于安全组 docker。

在定义依赖关系时，不需要显式指定所需的所有资源。

例如，当将 Terraform 限定为一个 Swarm manager 节点时，让我们看一看 Terraform 制订的计划，这样就可以初始化集群了：

```
terraform plan \
    -target aws_instance.swarm-manager \
    -var swarm_init=true \
    -var swarm_managers=1
```

将使用运行时变量 swarm_init 和 swarm_managers 告知 Terraform，我们想使用一个 manager 来初始化集群。plan 命令考虑了这些变量并输出执行计划。

仅限于资源类型和名称的输出如下：

```
+ aws_instance.swarm-manager
+ aws_security_group.docker
```

尽管指定了只需要 swarm-manager 资源的计划，但 Terraform 注意到它依赖于安全组 docker，并将其包含在执行计划中。

在开始创建 AWS 资源之前，唯一缺少的是将 SSH 密钥 devops2.pem 复制到当前的目录中。配置期望如此：

```
export KEY_PATH=$HOME/.ssh/devops21.pem

cp $KEY_PATH devops21.pem
```

在复制之前，请使用正确的路径修改 KEY_PATH 的值。

现在将从小规模开始，只创建一个用于初始化集群的 manager 实例。正如从计划中看到的，它依赖于安全组，所以 Terraform 也会创建它。

```
terraform apply \
    -target aws_instance.swarm-manager \
    -var swarm_init=true \
    -var swarm_managers=1
```

输出很多而无法在书中呈现。如果你从终端查看它，就会注意到首先创建了安全组，因为 swarm-manager 依赖于它。请注意，我们没有明确指定依赖关系。但是，由于资源在 vpc_security_group_id 字段中指定了依赖项，所以 Terraform 理解它是依赖项。

一旦创建了 swarm-manager 实例，Terraform 就一直等待直到 SSH 访问可用。在成功连接到新实例之后，它执行 provisioning 命令初始化集群。

输出的最后部分如下：

```
Apply complete! Resources: 2 added, 0 changed, 0 destroyed.

The state of your infrastructure has been saved to the path
below. This state is required to modify and destroy your
infrastructure, so keep it safe. To inspect the complete state
use the `terraform show` command.

State path: terraform.tfstate
Outputs:

swarm_manager_1_private_ip = 172.31.49.214
swarm_manager_1_public_ip = 52.23.252.207
```

输出定义在文件 terraform/aws/swarm.tf（https://github.com/vfarcic/cloud-provisioning/blob/master/terraform/aws/swarm.tf）的最后。请注意不是所有的输出都列出来了，只有那些被创建的资源才列出来了。

可以使用新创建的 EC2 实例公开的 IP 地址和 SSH 登录它。

你可能倾向于复制 IP。但实际没有必要这样做。Terraform 有一个命令，可以用来检索我们定义为输出的任何信息。

查询第一个（当前只有一个 manager）公开的 IP 的命令如下所示：

```
terraform output swarm_manager_1_public_ip
```

输出如下：

```
52.23.252.207
```

可以利用输出命令来构造 SSH 命令。例如，下面的命令将登录机器并查询
Swarm 节点的列表：

```
ssh -i devops21.pem \
    ubuntu@$(terraform output \
    swarm_manager_1_public_ip) \
    docker node ls
```

输出如下（为简洁起见，删除了 ID）：

```
HOSTNAME            STATUS  AVAILABILITY MANAGER STATUS
ip-172-31-49-214 Ready    Active       Leader
```

从现在开始，我们将不再局限于使用单个 manager 节点来初始化集群。可以创
建所有其余的节点。然而，在这样做之前，我们需要发现 manager 和 worker 的令
牌。出于安全考虑，最好不要将它们存储在任何地方，所以我们将设置环境变
量：

```
export TF_VAR_swarm_manager_token=$(ssh \
    -i devops21.pem \
    ubuntu@$(terraform output \
    swarm_manager_1_public_ip) \
    docker swarm join-token -q manager)

export TF_VAR_swarm_worker_token=$(ssh \
    -i devops21.pem \
    ubuntu@$(terraform output \
    swarm_manager_1_public_ip) \
    docker swarm join-token -q worker)
```

还需要设置环境变量 swarm_manager_ip：

```
export TF_VAR_swarm_manager_ip=$(terraform \
    output swarm_manager_1_private_ip)
```

尽管可以在文件 terraform/aws/swarm.tf（https://github.com/vfarcic/cloud-
provisioning/blob/master/terraform/aws/swarm.tf）中使用 aws_instance.swarm-manager.
0.private_ip，那么把它定义为环境变量也是一个不错的主意。这么做，如果第一
个 manager 发生故障，无需修改 tf 文件也可以使用 swarm_manager_2_private_ip。

现在看看生成所有缺少的资源的计划：

```
terraform plan
```

不需要指定目标，因为这一次，我们希望创建所有缺少的资源。

输出的最后一行如下：

```
...
Plan: 4 to add, 0 to change, 0 to destroy.
```

可以看到该计划将生成四个新的资源。因为已经有一个 manager 正在运行，并且指定期望有三个 manager、两个额外的 manager 以及两个 worker 将被创建。

让我们执行该计划：

```
terraform apply
```

输出的最后一行如下：

```
...
Apply complete! Resources: 4 added, 0 changed, 4 destroyed.

The state of your infrastructure has been saved to the path
below. This state is required to modify and destroy your
infrastructure, so keep it safe. To inspect the complete state
use the `terraform show` command.
State path: terraform.tfstate

Outputs:

swarm_manager_1_private_ip = 172.31.49.214
swarm_manager_1_public_ip = 52.23.252.207
swarm_manager_2_private_ip = 172.31.61.11
swarm_manager_2_public_ip = 52.90.245.134
swarm_manager_3_private_ip = 172.31.49.221
swarm_manager_3_public_ip = 54.85.49.136
```

所有四个资源都被创建，并得到了 manager 的公开和私有 IP。

下面登录其中一个 manager 并确认集群确实在工作：

```
ssh -i devops21.pem \
    ubuntu@$(terraform \
    output swarm_manager_1_public_ip)

docker node ls
```

node ls 命令的输出如下（为简洁起见，移除了 ID）：

```
HOSTNAME          STATUS  AVAILABILITY  MANAGER STATUS
ip-172-31-61-11   Ready   Active        Reachable
ip-172-31-49-221  Ready   Active        Reachable
ip-172-31-50-78   Ready   Active
ip-172-31-49-214  Ready   Active        Leader
ip-172-31-49-41   Ready   Active
```

所有的节点都在，集群看起来工作正常。

要完全相信一切都如预期般工作，那么要部署几个服务。这些是我们创建的贯穿全书的一些服务，所以可以节省一些时间，要部署的是 `vfarcic/docker-flow-proxy/docker-composestack.yml` 栈（https://github.com/vfarcic/docker-flow-proxy/blob/master/docker-compose-stack.yml ）和 `vfarcic/go-demo/docker-compose-stack.yml` 栈（https://github.com/vfarcic/go-demo/blob/master/docker-compose-stack.yml）。

```
sudo docker network create --driver overlay proxy

curl -o proxy-stack.yml \
    https://raw.githubusercontent.com/ \
vfarcic/docker-flow-proxy/master/docker-compose-stack.yml

sudo docker stack deploy \
    -c proxy-stack.yml proxy

curl -o go-demo-stack.yml \
    https://raw.githubusercontent.com/ \
vfarcic/go-demo/master/docker-compose-stack.yml

sudo docker stack deploy \
    -c go-demo-stack.yml go-demo

docker service ls
```

从代码库下载脚本，给予可执行权限并执行脚本。最后，我们列出了所有的服务。

稍等片刻，`service ls` 命令的输出应该如下（为简洁起见，移除了 ID）：

```
NAME                 MODE          REPLICAS
go-demo_db           replicated    1/1
proxy_swarm-listener replicated    1/1
proxy_proxy          replicated    2/2
go-demo_main         replicated    3/3
------------------------------------------------
IMAGE
mongo:latest
vfarcic/docker-flow-swarm-listener:latest
vfarcic/docker-flow-proxy:latest
vfarcic/go-demo:latest
```

最后，通过 proxy 给 go-demo 服务发送了一个请求。如果它返回了正确的响应，那么可以确定一切工作正常：

```
curl localhost/demo/hello
```

输出如下：

```
hello, world!
```

工作了！

完成了吗？很可能是。作为最后一次检查，让我们验证一下 proxy 是否可以在安全组以外访问。可以通过退出服务器并从笔记本电脑发送请求来确认：

```
exit

curl $(terraform output \
    swarm_manager_1_public_ip)/demo/hello
```

输出如下：

```
hello, world!
```

让我们模拟一个有故障的实例看看会发生什么。

可以使用 AWS CLI 删除一个实例，也可以使用 Terraform 删除一个实例。但是，使用 AWS CLI 删除一个实例更接近于模拟节点的意外故障。要删除一个实例，需要找到它的 ID。因此，可以用 terraform show 命令。假设我们想要删除第二个 worker，那么查找其所有信息的命令如下：

```
terraform state show "aws_instance.swarm-worker[1]"
```

输出如下：

```
id                                       = i-6a3a1964
ami                                      = ami-02ebd915
associate_public_ip_address             = true
availability_zone                       = us-east-1b
disable_api_termination                 = false
ebs_block_device.#                      = 0
ebs_optimized                           = false
ephemeral_block_device.#                = 0
iam_instance_profile                    =
instance_state                          = running
instance_type                           = t2.micro
key_name                                = devops21
monitoring                              = false
network_interface_id                    = eni-322fd9cc
private_dns                             = ip-172-31-56-227.ec2.internal
private_ip                              = 172.31.56.227
public_dns                              =
ec2-54-174-83-184.compute-1.amazonaws.com
public_ip                               = 54.174.83.184
root_block_device.#                     = 1
root_block_device.0.delete_on_termination = true
root_block_device.0.iops                = 100
root_block_device.0.volume_size         = 8
root_block_device.0.volume_type         = gp2
security_groups.#                       = 0
source_dest_check                       = true
subnet_id                               = subnet-e71631cd
tags.%                                  = 1
tags.Name                               = swarm-worker
tenancy                                 = default
vpc_security_group_ids.#                = 1
vpc_security_group_ids.937984769        = sg-288e1555
```

在其他数据中，我们获得了 ID。在我的例子中，它是 i-6a3a1964。执行下面的命令之前，请将 ID 更改为从 terraform state show 命令获得的：

```
aws ec2 terminate-instances \
    --instance-ids i-6a3a1964
```

输出如下：

```
{
    "TerminatingInstances": [
        {
            "InstanceId": "i-6a3a1964",
            "CurrentState":
            {
                "Code": 32,
                "Name": "shutting-down"
            },
            "PreviousState": {
                "Code": 16,
                "Name": "running"
            }
        }
    ]
}
```

AWS 把实例的状态从 running 改为 shutting-down。

让我们再次运行 terraform plan 命令：

```
terraform plan
```

输出的最后一行代码如下：

```
Plan: 1 to add, 0 to change, 0 to destroy.
```

Terraform 推断需要添加一个资源 swarm-worker.1 以协调它在本地存储的状态与集群实际状态之间的差异。

要将集群恢复到期望的状态，必须运行 terraform apply：

```
terraform apply
```

输出的最后一行代码如下：

```
...
Apply complete! Resources: 1 added, 0 changed, 0 destroyed.

The state of your infrastructure has been saved to the path
below. This state is required to modify and destroy your
infrastructure, so keep it safe. To inspect the complete state
use the `terraform show` command.

State path: terraform.tfstate

Outputs:

swarm_manager_1_private_ip = 172.31.60.117
swarm_manager_1_public_ip = 52.91.201.148
swarm_manager_2_private_ip = 172.31.57.177
swarm_manager_2_public_ip = 54.91.90.33
```

```
swarm_manager_3_private_ip = 172.31.48.226
swarm_manager_3_public_ip = 54.209.238.50
```

可以看到已经添加了一个资源。已经重新创建了终止的 worker，并且该集群继续以全部容量在运行。

集群的状态保存在 `terraform.tfstate` 文件中。如果你不是总在相同的计算机上使用它，那么可以把该文件与其他配置文件一起保存在代码库中。另外的方法是使用 Remote State（`https://www.terraform.io/docs/state/remote/index.html`），例如保存在 Consul 中。

改变集群期望的状态也很简单。我们要做的就是添加一个资源并重新运行 `terraform apply`。

前面已经简要介绍了 AWS 上的 Terraform。

执行过程的流程如图 12-12 所示。

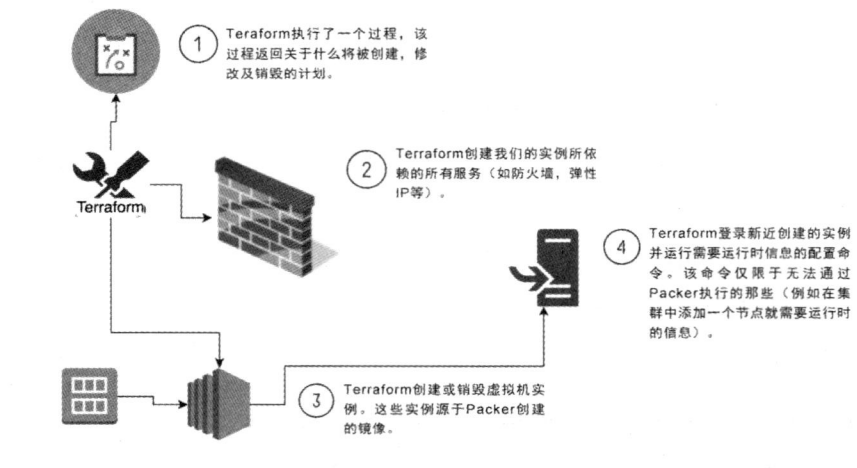

图 12-12　Terraform 过程的流程

比较在 AWS 中创建和管理 Swarm 群集的不同方法之前，让我们先销毁已有的东西：

```
terraform destroy -force
```

集群不再存在以节省不必要的花费。

12.8 在 AWS 中选择正确的工具创建和管理 Swarm 集群
Choosing the Right Tools to Create and Manage Swarm Clusters in AWS

我们已经尝试了三种不同的组合来创建 AWS 中的 Swarm 群集，即使用了 Docker Machine 和 AWS CLI、带有 CloudFormation 模板的 AWS 的 Docker，以及 Packer 和 Terraform。这绝不是我们可以使用的工具的最终列表。时间是有限的，我保证本书会比《战争与和平》更短，所以得找个地方画上截止线。在我看来，这三个组合是最好的候选工具。即使你真的选择了其他工具，也希望本章可以给你一些启发。

最有可能的是，你不会使用这三个组合，所以关键的问题是应该使用哪一个。

只有你才能回答这个问题。现在，你的实际经验应该和你想要完成的事情的知识相结合。每个案例都是不同的，没有一个组合能够对所有人都适合。

尽管如此，还是会提供一个简要的概述和一些用例，这些用例可能对每个组合都适用。

12.9 是使用还是不使用 Docker Machine
To Docker Machine Or Not to Docker Machine?

Docker Machine 是我们探讨过的最弱的解决方案。它基于即时命令，仅提供一种创建 EC2 实例和安装 Docker Engine 的方法。它使用 Ubuntu 15.10 作为基本的 AMI。这个版本的 Ubuntu 不仅很旧，而且是临时的发行版。如果要选择使用 Ubuntu，那么应该选择 16.04 长期支持版（LTS）。

此外，因为 Docker Machine 仍然不支持 Swarm 模式，所以需要在执行 `docker swarm init` 和 `docker swarm join` 命令之前手动打开端口。为此，我们需要将 Docker Machine 与 AWS 控制台、AWS CLI 或者 CloudFormation 相结合。

如果 Docker Machine 可以为 Swarm 模式提供最小设置（就像它在旧的独立的 Swarm 中所做的那样），那么对于小型群集来说，这可能是一个不错的选择。

像现在这样，Docker Machine 在与 AWS 中的 Swarm 集群一起工作时，提供的唯一真正的好处是在远程节点上安装 Docker Engine，并且能够使用 `docker-machine env` 命令让本地 Docker 客户端与远端集群进行无缝通信。Docker Engine 的安装很简单，单靠这些是不够的。从另外一方面看，生产环境中不应该使用 `docker-machine env` 命令。这两个好处都太微不足道了。

目前 Docker Machine 的许多问题可以通过一些额外的参数来解决（例如，`--amazonec2-ami`），并与其他工具相结合。然而，这只会减少 Docker Machine 的主要好处。它应该是简单的并能工作得很好。这在 Docker 1.12 版本之前是部分正确的。现在，至少在 AWS 中，它已经落后了。

这是否意味着我们在使用 AWS 时应该放弃 Docker Machine 呢？当然不是。当我们想要创建一个临时集群来演示或者尝试一些新特性时，它仍然是有用的。另外，如果你不想花时间学习其他工具，只想要一些你熟悉的东西，那么 Docker Machine 可能仍是正确的选择。我不确定这是不是你的情况。

本书中，你能读到这些，就说明你确实希望探索更好的集群管理方法。

最后的建议是，当你想要在本地模拟一个 Swarm 集群时，就像前面章节所做的那样，Docker Machine 始终是一个可选的工具。但对于 AWS 来说，还有更好的选择。

12.10　是使用还是不使用 Docker for AWS
To Docker for AWS Or Not to Docker for AWS?

Docker for AWS（https://docs.docker.com/docker-for-aws/release-notes/）与 Docker Machine 正好相反。对于 Swarm 集群，Docker for AWS 是一个完整的解决方案。虽然 Docker Machine 不外乎是用来创建 EC2 实例和安装 Docker Engine，但是 Docker for AWS 设置了很多我们可能很难自己设置的东西。Autoscaling groups、VPCs、subnets 和 ELB 只是我们接触到的其中几个。

使用 Docker for AWS，可以不用做什么就能创建和管理 Swarm 集群。选择需要多少 manager 和多少 worker，点击"Create Stack"按钮，等待几分钟。仅此而已。

还有一些好处。Docker for AWS 配备了一个专门为运行容器而设计的新操作系统。

给了 Docker for AWS 这么多赞扬，意味着这是最好的选择吗？不一定。一方面取决于你的需求和应用场景。如果 Docker for AWS 所提供的正是你所需要的，那么选择就很简单。就使用 Docker for AWS 好了。另一方面，如果你想要改变它的某些方面或添加一些不支持的特性，则可能会觉得很困难。修改或扩展它并不容易。

例如，Docker for AWS 将所有日志输出到 Amazon CloudWatch（https://aws.amazon.com/clodwtch/）。一方面，如果 CloudWatch 是你想要放置日志的地方，那么这很棒。另一方面，如果你想要用使 ELKstack、DataDog 或者别的日志解决方案，那么会发现修改默认设置并不是那么简单。

让我们看看另外一个例子。如果你想要添加持久性存储，那么该怎么做呢？你可能会在所有服务器上挂载一个 EFS 卷，但这不是最佳解决方案。你可能想尝试使用 RexRay 或 Flocker。如果是这样的话，那么你会再次发现，扩展系统并不是那么简单。你可能最终会修改 CloudFormation 模板，并且存在无沄升级到新的 Docker for AWS 版本的风险。

有没有提过 Docker for AWS 还很年轻？撰写本书的时候，它或多或少是稳定的，但仍然有它的问题。

除了问题以外，它还缺乏一些特性，比如持久性存储。所有这些负面的东西并不意味着你应该放弃 Docker for AWS。这是一个很好的方案，只会随着时间的推移而变得更好。

最后的建议是，如果 Docker for AWS 提供了你所需要的一切，或者你不想从头开始一个新的方案，那么就去用它吧。无论使用什么样的工具，如果你已经有了一组需求需要实现，这才是最大的障碍。

如果你决定在 AWS 中托管集群，并且不想花时间学习它的所有服务是如何工作的，那就不用再看其他方案了。Docker for AWS 就是你所需要的。你不必学习那些可能需要或不需要的服务，例如安全组、VPCs、弹性 IP，以及很多其他的服务。

12.11　是使用还是不使用 Terraform

To Terraform Or Not to Terraform?

Terraform 与 Packer 结合是一种很好的选择。HashiCorp 成功创造了另一个工具来改变我们配置和提供服务器的方式。

配置管理工具的主要目标是使服务器始终处于所需的状态。如果 Web 服务器停止运行，那么它会被再次启动。如果配置文件发生了改变，那么它会被恢复。无论服务器发生了什么情况，都会被恢复到所需的状态。例外的情况是，有些问题是无法修复的。如果硬盘发生故障，配置管理就无能为力了。

配置管理工具的问题在于，它们是被设计用来处理物理服务器，而不是虚拟服务器。当可以在几秒钟内创建一个新的虚拟服务器时，为什么要修复一个有故障的虚拟服务器呢？Terraform 比任何人都更理解云计算是如何工作的，并且支持这样的想法，那就是我们的服务器不再是宠物了。它们是"牛"。Terraform 能够确保你的所有资源都可用。当服务器出现问题时，它不会尝试去修复该问题。相反，Terraform 会销毁它，并会根据我们选择的镜像创建一个新的服务器。

这是否意味着 Puppet、Chef、Ansible 和其他类似的工具就没有用了呢？在云中使用它们过时了吗？有些工具比其他工具更过时。Puppet 和 Chef 的设计是在每台服务器上运行一个代理，不断监视其状态，并在事情偏离正轨时对其进行修改。当开始将服务器视为"牛"时，这些工具就用不上了。Ansible 比其他工具更有用，因为可以使用它来配置服务器，而不是监视服务器。因此，当创建镜像时，它可能非常有用。

可以将 Ansible 和 Packer 结合起来。Packer 创建一个新的虚拟机，Ansible 将为虚拟机配置所需的一切，并将其留给 Packer 以创建镜像。如果服务器的配置很复杂，那么意义会更大。问题是服务器的配置应该有多复杂？使用 AWS，传统上在服务器上运行的许多资源现在都是服务。我们不会在每台服务器上设置防火墙，但会使用 VPC 和安全组服务。由于不用登录到计算机来部署软件，因此我们不会创建大量的系统用户。Swarm 会为我们做这些。我们不再安装 Web 服务器和运行时的依赖，它们都在容器里。使用配置管理工具将一些东西安装到虚拟机中，并将其转换为镜像，这么做是否有真正的好处？通常情况下，答案是否定的。我们需要的东西也可以很容易使用 Shell 命令来安装和配置。"牛"的配置管理可以，而且通常应该使用 bash 来完成。

我可能太苛刻了。如果你知道什么时候使用以及用于什么目的，那么 Ansible 仍然是一款很好的工具。在服务器成为镜像之前，如果是希望使用 Ansible 而不是 bash 来安装和配置它，那么就去做吧。如果试图使用它来控制节点并创建 AWS 资源，那么你就错了。Terraform 会做得更好。如果你认为最好是配置一个正在运行的节点，而不是实例化已经包含所有内容的镜像，那么你必须有更多的耐心。

现在已经确定了对工具的偏好，这些工具是从底层设计来和云一起工作的（而不是本地的物理服务器），你可能想知道是否使用 CloudFormation，而不是 Terraform。

CloudFormation 的主要问题在于它是 AWS 锁定的，它只能管理 Amazon 服务。就我个人而言，如果有一种好的替代方案，供应商锁定是不可接受的。如果你已经在全面使用 AWS 服务，那么可以忽略我对此的意见。我更喜欢选择的自由。在合理的情况下，我通常会尝试设计对供应商具有最少依赖的系统。如果 AWS 中的服务确实比其他供应商的服务更好或更容易设置，那么我会使用它。在某些情况下，确实是这样，而在其他情况下并非如此。很好的例子就是 AWS VPCs 和安全组，它们提供了很多的价值。我认为没有理由不使用它们，特别是，如果改变了供应商，那么它们很可能会被替换掉。

CloudWatch 将是一个相反的例子。ELK 是一种比 CloudWatch 更好的解决方案，因为它是免费的，并且可以移植到任何供应商。对于 ELB 来说也一样，它在

Docker Networking 中基本上是过时的。如果你需要一个代理，那么可以选择 HAProxy 或 Nginx。

对于你来说，供应商锁定的争论可能无关紧要。你可能已经选择了 AWS，并会继续使用一段时间，这就足够了。然而，Terraform 能够与多主机供应商工作并不是其唯一的优势。

与 CloudFormation 相比，Terraform 的配置更容易理解。Terraform 可以很好地与其他类型的资源配合使用，比如 DNSimple（https://www.terraform.io/docs/provIders/dnsimple/），并可以在应用之前显示计划，这可以让我们避免很多错误。在我看来，Terraform 与 Packer 相结合是管理云基础设施的最佳组合。

让我们回到原来的讨论。是使用 Docker for AWS 呢？还是使用 Terraform 与 Packer 的组合呢？

大多数情况下很容易决定不选择 Docker Machine。与此不同，是使用 Terraform 还是 Docker for AWS 是很难解决的问题。使用 Terraform，你可能得花点时间才能使集群有了所需要的一切。这不是一种现成的方案。你必须自己编写这些配置代码。一方面，如果你有使用 AWS 的经验，这样的任务就不是问题。另一方面，如果 AWS 不是你的强项，那么可能需要相当长的时间来定义所有的东西。

尽管如此，我不认为学习 AWS 是选择这个而不是那个的理由。即使选择了一种现成的方案，比如 Docker for AWS，你仍然应该了解 AWS。否则，当基础设施出现问题时，你就有可能无法做出应对措施。不要认为有什么东西可以让你免于了解 AWS 的复杂性。问题只是你在创建集群之前或之后学习这些细节。

最后的建议是，如果你想要控制组成集群的所有部分，或者你已经有了一组需要遵循的规则，那么可以使用 Terraform 和 Packer 的组合。准备好花些时间来调整配置，直到达到最佳的设置。与 Docker for AWS 不同，你无法在一个小时内得到一个全功能集群的定义。如果这是你想要的，那么就选择 Docker for AWS。另一方面，当你配置 Terraform 去做所需的一切时，将得到很棒的结果。

12.12 最后的结论
The Final Verdict

我们应该使用什么呢？该如何做出决定呢？一个是让了解 Docker for AWS 的人来创建一个全功能的集群，另一个是你自己使用 Terraform 来创建一个可用的集群。或者是 Docker for AWS 与任何你想用来标记自己的解决方案。Docekr for AWS 提供的东西比你需要的多，Terraform 则刚好提供了你所要的。

要做出选择很难。对于 AWS 来说，Docekr 仍然太年轻，可能是一种不成熟的方案。Docker 的开发者会继续开发它，相信在不久的将来，它肯定会变得更好。Terraform 会在价格上提供自由度。就我个人而言，我会密切关注 Docekr for AWS 的改进，并保留稍后得出结论的权利。在那之前，我比较倾向于使用 Terraform。我喜欢构建东西。这是一个非常狭隘的胜利，应该很快被重新审视。

第 13 章

在 DigitalOcean 中创建和管理 Docker Swarm 集群
Creating and Managing a Docker Swarm Cluster in DigitalOcean

为舍弃而计划，无论如何，你一定要这样做。

——弗雷德里克·布鲁克斯（Fred Brooks）

在 AWS 中，已经有了几种方法来创建和运行一个 Swarm 集群。现在将尝试在 DigitalOcean（https://www.digitalocean.com/）中做同样的事情。下面将探索一些在这个主机托管供应商中可以使用的工具和配置。

我们知道，与 AWS 不同，DigitalOcean 相对来说比较新，也不太出名。你可能想知道为什么我会选择 DigitalOcean，而不是像 Azure 和 GCE 这样的供应商。原因在于 AWS（和其他类似的供应商）和 DigitalOcean 之间的区别。两者在很多方面都不同。比较它们就像比较 David 和 Goliath（译者注：圣经故事，小男生 David 对战巨人 Goliath）。一个比较小，另一个（AWS）很大。DigitalOcean 知道它不能在 AWS 的地盘上与其竞争，所以它决定玩一个不同的游戏。

DigitalOcean 是在 2011 年推出的，它专注于非常具体的需求。与 AWS 无所不包的方式不同，DigitalOcean 提供了虚拟机，它没有任何花哨的东西。你不会迷失在其服务目录中，因为几乎没有这样的服务目录。如果你需要一个托管集群的地方，而且不想使用会导致供应商锁定的服务，那么 DigitalOcean 可能是正确的选择。

DigitalOcean 的主要优势是价格、高性能和简单。如果这是你想要的，那么值得一试。

让我们逐一分析这三个优点。

DigitalOcean 的价格可能是所有云供应商中最便宜的。不管你是一家只需要几台服务器的小公司，还是一个正在找地方来实例化成百上千台服务器的大型实体，DigitalOcean 的价格都有可能比任何其他供应商的便宜。这可能会让你对质量产生疑问。毕竟，便宜的东西往往意味着牺牲。DigitalOcean 是这样吗？

DigitalOcean 提供性能非常高的机器。所有磁盘驱动器都是 SSD，网络速度为 1 Gb/s，创建和初始化 droplets（其虚拟机名称）不到一分钟。作为比较，AWS EC2 实例的启动时间通常在 1~3 分钟之间。

DigitalOcean 的最后一个优势是其 UI 和 API，两者都简洁易懂。与 AWS 的陡峭的学习曲线不同，你应该不难在几个小时内学会如何使用它们。

赞扬的话已经够多了。没有十全十美的事情。有什么缺点呢？DigitalOcean 没有提供过多的服务，它只做了一些事情，并且做得很好。它就是一个基础设施即服务（IaaS）的提供者。它认为你会自己建立服务。它没有负载均衡、集中日志、复杂的分析、数据库托管等。如果需要，它期望你自己来配置这些。根据你的情况，这可能是好处，也可能是缺点。

比较 DigitalOcean 和 AWS 是不公平的，因为它们各自的领域不同。DigitalOcean 并不试图与整个 AWS 竞争。如果一定要进行比较的话，那就是 DigitalOcean 与 AWS EC2 的比较。这种情况下，DigitalOcean 赢得了胜利。

假设你已经有了一个 DigitalOcean 账户。如果没有，那么请使用 https://m.do.co/c/ee6d08525457 注册。你会获得 10 个额度。这应该足够运行本章中的例子了。

DigitalOcean 太便宜了，你很可能会在剩余的 9 个额度的情况下完成这一章。

即使你已经做出了使用不同的云计算供应商或本地服务器的最终决定，仍然建议你阅读本章。它会帮助你比较 DigitalOcean 与你所选择的供应商。

给 DigitalOcean 一个机会，并通过例子来判断它是否是一个好的选择，我们将托管 Swarm 集群。

你可能会注意到，本章的某些部分与你在其他云计算章节中看到的内容相似甚至相同，比如第 12 章，在 Amazon Web Services 中创建和管理一个 Docker Swarm 集群。部分重复的原因是为了使云计算章节不仅对那些阅读所有内容的人，而且对那些略过其他供应商直接跳到这里的人有用。

在进行实际练习之前，我们会获得访问密钥，并决定运行集群的区域。

13.1 设置环境变量
Setting Up the Environment Variables

在第 12 章，我们在 Amazon Web Services 中创建并管理了一个 Docker Swarm 集群，安装了 AWS 命令行接口（CLI）（https://aws.amazon.com/cli/），帮助我们完成了一些任务。DigitalOcean 有一个类似的接口叫 doctl。应该安装它吗？我不认为需要一个用于 DigitalOcean 的 CLI。它们的 API 很简洁而且定义得很好，我们可以使用简单的 curl 请求完成 CLI 所做的一切。DigitalOcean 证明，一个设计良好的 API 可以使用很久，并且可以成为系统的唯一入口点，这样就省去了处理像 CLI 这样的中间人应用程序的麻烦。

在开始使用 API 之前，应该生成一个用作身份验证方法的访问令牌。

请打开 DigitalOcean 令牌页面（https://cloud.digitalocean.com/settings/api/tokens），然后单击 "Generate New Token" 按钮。你将看到新的个人访问令牌弹出窗口，如图 13-1 所示。

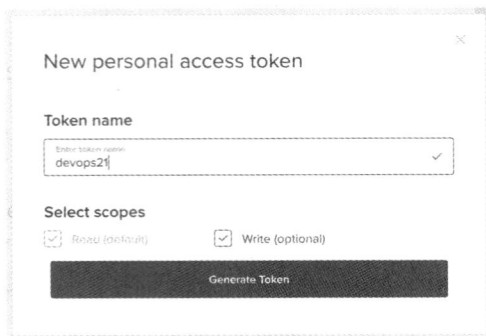

图 13-1　DigitalOcean 新的个人访问令牌页面

键入 devops21 作为令牌名称，然后单击"Generate Token"按钮，你将看到新生成的令牌。我们将把它放入环境变量 DIGITALOCEAN_ACCESS_TOKEN 中。

本章中的所有命令都可在 12-digital-ocean.sh（https://gist.github.com/vfarcic/81248d2b6551f6a1c2bcfb76026bae5e）Gist 中获得。

运行下面的命令之前，先复制令牌：

```
export DIGITALOCEAN_ACCESS_TOKEN=[...]
```

请使用实际的令牌替换[…]。

现在来决定集群运行的区域。

发送请求给 https://api.digitalocean.com/v2/regions，可以看到当前可用的区域：

```
curl -X GET
    -H "Authorization: Bearer $DIGITALOCEAN_ACCESS_TOKEN"
    "https://api.digitalocean.com/v2/regions"
    | jq '.'
```

我们向区域 API 发送 HTTP GET 请求。请求包含了访问令牌。响应发送给了 jq。

部分输出如下：

```
{
  "regions": [
    ...
    {
      "name": "San Francisco 2",
      "slug": "sfo2",
      "sizes": [
      "512mb",
```

```
"1gb",
"2gb"
      ],
      "features": [
"private_networking",
"backups",
"ipv6",
"metadata",
"storage"
      ],
      "available": true
},
  ...
  ],
  "links": {},
  "meta": {
    "total": 12
}
}
```

在响应的最下面可以看到，DigitalOcean目前支持12个区域。每个区域都包含可用的 droplet 的大小和支持的特性的信息。

本章将使用旧金山 2（sfo2）区域。随意变换成最靠近你所在位置的区域。如果选择想在不同的区域运行示例，那么请确保它支持 private_networking 特性。

下面将把区域放在环境变量 DIGITALOCEAN_REGION 中：

```
export DIGITALOCEAN_REGION=sfo2
```

现在，我们具备了在DigitalOcean中创建第一个Swarm集群的所有先决条件。因为本书中的大部分时间都在使用 Docekr Machine，所以这将是我们的第一选择。

13.2 使用 Docker Machine 和 DigitalOcean API 创建 Swarm 集群
Setting Up a Swarm Cluster with Docker Machine and DigitalOcean API

下面将继续使用 vfarcic/cloud-provisioning 代码库（https://github.com/vfarcic/cloud-provisioning）。它包含可以帮助我们的配置和脚本，你已经克隆了它。为了安全起见，我们将拉取最新的版本：

```
cd cloud-provisioning

git pull
```

让我们创建第一个 droplet：

```
docker-machine create \
    --driver digitalocean \
    --digitalocean-size 1gb \
    --digitalocean-private-networking \
    swarm-1
```

在环境变量 DIGITALOCEAN_REGION 所定义的区域中，指定 Docker Machine 应该使用 digitalocean 驱动程序来创建一个实例。droplet 的大小是 1 GB，并且启用了 private networking。

Docker Machine 启用了一个 DigitalOcean droplet，为它配置了 Ubuntu，并安装和配置了 Docker Engine。

毫无疑问，你已经注意到，每个人都试图为同一件事想出一个不同的名字。DigitalOcean 也不例外。他们想出了"droplet"这个词。这是一个虚拟私有服务器的不同名称。同样的事情，不同的名称。

现在可以初始化集群了。节点之间的所有通信应该使用私有 IP 地址。不幸的是，docker-machine ip 命令只返回公开的 IP 地址，因此，我们必须采用不同的方法来获得私有 IP 地址。

现在可以给 droplets API 发送一个 GET 请求：

```
curl -X GET \
    -H "Authorization: Bearer $DIGITALOCEAN_ACCESS_TOKEN" \
    "https://api.digitalocean.com/v2/droplets" \
    | jq '.'
```

部分输出如下：

```
{
"droplets": [
    {
        "id": 33906152,
        "name": "swarm-1",
        ...
        "networks": {
        "v4": [
            {
                "ip_address": "138.68.11.80",
                "netmask": "255.255.240.0",
                "gateway": "138.68.0.1",
                "type": "public"
            },
            {
                "ip_address": "10.138.64.175",
                "netmask": "255.255.0.0",
                "gateway": "10.138.0.1",
                "type": "private"
            }
        ],
```

```
      "v6": []
    },
    ...
],
"links": {},
"meta": {
  "total": 1
  }
}
```

droplets API 会返回我们拥有的 droplets（目前只有一个）的所有信息，我们只对新创建的名为 swarm-1 的实例的私有 IP 感兴趣。可以通过过滤结果得到私有 IP，只包括名为 swarm-1 的 droplet，并选择类型为私有的 v4 元素。

下面将使用 jq（https://stedolan.github.io/jq/）过滤输出，并得到我们想要的东西。如果还没有 jq，请下载并安装适合你的操作系统的 jq 发行版。

发送请求、过滤结果并将私有 IP 存储为环境变量的命令如下：

```
MANAGER_IP=$(curl -X GET \
    -H "Authorization: Bearer $DIGITALOCEAN_ACCESS_TOKEN" \
"https://api.digitalocean.com/v2/droplets" \
    | jq -r '.droplets[]
    | select(.name=="swarm-1").networks.v4[]
    | select(.type=="private").ip_address')
```

我们向 droplets API 发送了一个 GET 请求，使用 jq select 语句来丢弃名为 swarm-1 以外的所有条目。后面跟着另一条 select 语句，该语句只返回私有地址。输出保存在环境变量 MANAGER_IP 中。

为了安全起见，可以输出新创建的变量的值：

```
echo $MANAGER_IP
```

输出如下：

```
10.138.64.175
```

现在以与前面几章相同的方式执行 swarm init 命令：

```
eval $(docker-machine env swarm-1)

docker swarm init \
    --advertise-addr $MANAGER_IP
```

让我们确认集群确实已经初始化了：

```
docker node ls
```

输出如下（为简洁起见，移除了 ID）：

```
HOSTNAME STATUS AVAILABILITY MANAGER STATUS
swarm-1  Ready  Active       Leader
```

现在已经初始化了集群，可以添加更多的节点了。首先，创建两个新实例，并将它们作为 manager 加入集群中：

```
MANAGER_TOKEN=$(docker swarm join-token -q manager)

for i in 2 3; do
  docker-machine create \
    --driver digitalocean \
    --digitalocean-size 1gb \
    --digitalocean-private-networking \
    swarm-$i

  IP=$(curl -X GET \
    -H "Authorization: Bearer $DIGITALOCEAN_ACCESS_TOKEN" \
"https://api.digitalocean.com/v2/droplets" \
    | jq -r ".droplets[]
    | select(.name==\"swarm-$i\").networks.v4[]
    | select(.type==\"private\").ip_address")

eval $(docker-machine env swarm-$i)

  docker swarm join \
    --token $MANAGER_TOKEN \
    --advertise-addr $IP \
$MANAGER_IP:2377
done
```

没有必要解释刚刚执行的命令，因为它们是以前使用过的命令的组合。

下面还将加入几个 worker 节点：

```
WORKER_TOKEN=$(docker swarm join-token -q worker)

for i in 4 5; do
  docker-machine create \
    --driver digitalocean \
    --digitalocean-size 1gb \
    --digitalocean-private-networking \
  swarm-$i

  IP=$(curl -X GET \
    -H "Authorization: Bearer $DIGITALOCEAN_ACCESS_TOKEN" \
    "https://api.digitalocean.com/v2/droplets" \
    | jq -r ".droplets[]
    | select(.name==\"swarm-$i\").networks.v4[]
    | select(.type==\"private\").ip_address")

  eval $(docker-machine env swarm-$i)

  docker swarm join \
    --token $WORKER_TOKEN \
    --advertise-addr $IP \
    $MANAGER_IP:2377
done
```

让我们确认所有五个节点确实构成了集群：

```
eval $(docker-machine env swarm-1)

docker node ls
```

输出如下（为简洁起见，移除了 ID）：

```
HOSTNAME STATUS AVAILABILITY MANAGER STATUS
swarm-5  Ready  Active
swarm-1  Ready  Active       Leader
swarm-4  Ready  Active
swarm-2  Ready  Active       Reachable
swarm-3  Ready  Active       Reachable
```

就是这样。集群已经就绪。剩下的就是部署几个服务并确认集群是否工作正常。

因为已经多次创建了服务，所以我们将使用 vfarcic/docker-flow-proxy/
docker-compose-stack.yml（https://github.com/vfarcic/docker-flow-proxy/blob/master/
docker-compose-stack.yml）和 vfarcic/go-demo/docker-compose-stack.yml（https://github.
com/vfarcic/go-demo/blob/master/docker-compose-stack.yml）Compose stack 来加速该过程。下面将创建 proxy、swarm-listener、go-demo-db 和 go-demo 服务：

```
docker-machine ssh swarm-1

sudo docker network create --driver overlay proxy

curl -o proxy-stack.yml \
    https://raw.githubusercontent.com/ \
vfarcic/docker-flow-proxy/master/docker-compose-stack.yml

sudo docker stack deploy \
    -c proxy-stack.yml proxy

curl -o go-demo-stack.yml \
    https://raw.githubusercontent.com/ \
vfarcic/go-demo/master/docker-compose-stack.yml

sudo docker stack deploy \
    -c go-demo-stack.yml go-demo
exit

docker service ls
```

非 Windows 用户不需要登录 swarm-1 机器，并且可以从其笔记本电脑上直接部署栈来实现相同的结果。

下载所有镜像需要一些时间。稍后，service ls 命令的输出应该如下（为简洁起见，移除了 ID）：

```
NAME             REPLICAS  IMAGE                              COMMAND
go-demo          3/3       vfarcic/go-demo:1.2
go-demo-db       1/1       mongo:3.2.10
proxy            3/3       vfarcic/docker-flow-proxy
swarm-listener   1/1       vfarcic/docker-flow-swarm-listener
```

让我们确认 go-demo 服务是可访问的：

```
curl -i $(docker-machine ip swarm-1)/demo/hello
```

输出如下：

```
HTTP/1.1 200 OK
Date: Wed, 07 Dec 2016 05:05:58 GMT
Content-Length: 14
Content-Type: text/plain; charset=utf-8

hello, world!
```

使用 Docker Machine 和 DigitalOcean API 建立整个 Swarm 集群。这是我们所需的吗？这取决于我们为集群定义的需求。我们应该增加一些浮动 IP 地址。

DigitalOcean 浮动 IP 地址是一个可公开访问的静态 IP 地址，可以分配给你的 droplets。浮动 IP 地址也可以通过 DigitalOcean 的控制面板或 API 立即重新映射到同一数据中心的其他 droplets。通过给入口点或网关以及你的服务器添加冗余，这种立即重新映射的能力能够让你创建没有单点失效的高可用性（HA）服务器基础设施。

换句话说，应该至少设置两个浮动 IP 地址，并将它们映射到集群中的两个 droplets 上。这两个（或更多）IP 地址将被设置为 DNS 记录。这样，当一个实例发生故障时，可以使用一个新的实例替换它，可以在不影响用户的情况下重新映射弹性 IP 地址。

还可以做很多其他的改进。但是，这会让我们陷入尴尬的境地。现在使用的工具不是用来配置复杂集群的。

创建虚拟机的速度非常慢。Docker Machine 花了很长时间为它配置 Ubuntu 并安装 Docker Engine。在安装前，可以使用 Docker Engine 创建快照来节省时间。然而，如果这样做的话，那么将不再存在使用 Docker Machine 的主要原因。它的主要用处是简单化。一旦开始将与其他资源相关的配置复杂化，就会意识到简单化正在被大多数临时命令所取代。

当处理一个小型集群时，运行与 API 请求相结合的 docker-machine 非常有效，特别是，当想要创建一些快速且可能不太持久的东西时。最大的问题是，到目前为止，我们所做的一切都是临时命令。很可能我们无法在第二次重复相同的步骤。由于基础设施没有文档化，所以我们的团队无法知道集群的构成。

建议在 DigitalOcean 中使用 `docker-machine` 作为一种快捷实用的方式来创建一个集群，主要用于演示目的。只要集群相对较小，它对生产系统就是有用的。

如果想要建立一种更复杂、更大、更持久的解决方案，我们应该考虑其他选项。

让我们删除创建的集群，并从头开始探索备选方案：

```
for i in 1 2 3 4 5; do
    docker-machine rm -f swarm-$i
done
```

如果你阅读了第 12 章，那么你可能会期待看到"Docker for DigitalOcean"的子章节。这样的东西并不存在。至少在我撰写本章的时候没有。因此，下面将直接进入 Packer 和 Terraform。

13.3 使用 Packer 和 Terraform 创建 Swarm 集群
Setting Up a Swarm Cluster with Packer and Terraform

这一次，我们将使用一套与 Docker 完全无关的工具。这套工具是 Packer（https://www.packer.io/）和 Terraform（https://www.terraform.io/）。这两种工具都来自 HashiCorp（https://www.hashicorp.com/）。Pakcer 允许我们创建机器镜像。可以使用 Terraform 创建、修改和改进集群基础设施。这两种工具几乎支持所有的主流供应商。

它们可以与 Amazon EC2、CloudStack、DigitalOcean、Google Comput Engine（GCE）、Microsoft Azure、VMMare、VirtualBox 和许多其他技术一起使用。基础设施不相关的能力能够让我们避免供应商锁定。只要在配置中有很小的变化，就可以轻松地将集群从一个供应商转移到另一个供应商。只要基础设施被正确定义，无论主机供应商是谁，Swarm 的设计都可以无缝工作。使用 Packer 和 Terraform，我们都可以以一种尽量无痛苦迁移的方式来定义基础设施。

13.4 使用 Packer 创建 DigitalOcean 快照
Using Packer to Create DigitalOcean Snapshots

vfarcic/cloud-provisioning（https://github.com/vfarcic/cloud-provisioning）
代码库已经有了我们将要使用的 Packer 和 Terraform 的配置。它们位于目录
terraform/do：

```
cd terraform/do
```

第一步是使用 Packer 创建一个快照。要做到这一点，需要将 DigitalOcean API
令牌设置为环境变量 DIGITALOCEAN_API_TOKEN。这与我们在环境变量 DIGITALOCEAN_
ACCESS_TOKEN 中设置的令牌相同。不幸的是，Docker Machine 和 Packer 有着不同的
命名标准：

```
export DIGITALOCEAN_API_TOKEN=[...]
```

请使用实际的令牌来替换[...]。

我们将从同一个快照来实例化所有的 Swarm 节点。它将基于 Ubuntu 并安装最
新的 Docker Engine。

我们将要构建的镜像的JSON定义在文件 terraform/do/packer-ubuntu-docker.json
（ https://github.com/vfarcic/cloud-provisioning/blob/master/terraform/do/packer-ubuntu-
docker.json）：

```
cat packer-ubuntu-docker.json
```

该配置包括两部分：builders 和 provisioners：

```
{
    "builders": [{
        ...
    }],
    "provisioners": [{
        ...
    }]
}
```

builders 部分定义了 Packer 构建快照需要的所有信息。provisioners 部分描述
了为 builders 创建的机器安装和配置软件的命令。builders 是唯一需要的部分。

builders 负责为不同的平台创建机器并从其生成镜像。例如，EC2、VMWare、
VirtualBox 等都有单独的 builders。默认情况下，Packer 附带大多数 builders，还
可以扩展添加新的 builders。

现在使用的 builders 部分如下：

```
"builders": [{
  "type": "digitalocean",
  "region": "sfo2",
  "image": "ubuntu-16-04-x64",
  "size": "1gb",
  "private_networking": true,
  "snapshot_name": "devops21-{{timestamp}}"
}]
```

每种类型的 builder 都有可以使用的特定参数。我们指定该类型为 digitalocean。更多信息请参考 DigitalOcean Builder 页面（https://www.packer.io/docs/builders/digitalocean.html）。

请注意，当使用 digitalocean 类型时，必须提供令牌。可以通过 api_token 字段来指定。但是，还有另外的办法。如果没有指定该字段，Packer 将尝试从环境变量 DIGITALOCEAN_API_TOKEN 中获取值。因为我们已经设置了环境变量，所以不需要在 Packer 内部重复指定令牌。此外，令牌应该是保密的。

将其放入配置中会有暴露的风险。区域很关键，因为快照只能在一个区域内创建。如果想要在多个区域共享同一台机器，那么每个区域都需要指定为一个单独的 builder。

我们将镜像设置为 ubuntu-16-04-x64。以此为基础创建自己的镜像文件。快照的大小与我们将要创建的 droplets 大小没有直接关系，所以没有必要设置的很大。我们将其设置为 1 GB。

默认情况下，DigitalOcean 只启用公开网络，因此我们将 private_networking 定义为 true。稍后，我们将设置 Swarm 通信，使其只能通过私有网络访问。

snapshot_name 字段是我们给这个快照指定的名字。由于没有覆盖现有快照的选项，所以名字必须是唯一的，因此我们在名字中添加了时间戳。

更多信息请参考 DigitalOcean Builder 页面（https://www.packer.io/docs/builders/digitalocean.html）。

第二部分是 provisioners。它包含了所有的 provisioners，在将机器转换成快照之前，Packer 使用 provisioner 在运行的机器中安装和配置软件。

现在可以使用大多数 provisioner 类型。如果你阅读过《微服务运维实战（第一卷）》（`https://www.amazon.com/dp/B01BJ4V66M`），那么你应该知道我提倡使用 Ansible 作为 provisioner。这里也应该使用它吗？大多数情况下，当构建镜像只是运行 Docker 容器时，我会选择简单的 shell。将 Ansible 更改为 shell 的原因在于目的不同，运行 live server 时使用 provisioner，而不是在创建镜像时。

与 Shell 不同，Ansible（以及其他大多数 provisioners）是幂等的（idempotent）。它们验证实际状态并执行一个或另一个操作，这取决于对期望的状态应该做什么。这是一种很好的方法，因为我们可以运行任意多次 Ansible，并总能得到相同的结果。例如，如果我们指定要使用 JDK 8，那么 Ansible 会将 SSH 插入目标服务器，发现 JDK 不存在并安装它。下一次运行它时，它会发现 JDK 已经存在并且什么都不做。这种方法允许我们尽可能频繁地运行 Ansible playbook，并且结果总是 JDK 被安装了。如果试图使用 Shell 脚本来完成相同的任务，那么我们需要编写冗长的 if/else 语句。如果 JDK 已经安装，就什么都不做；如果没有安装，就安装 JDK；如果已经安装，但是版本不正确，就升级 JDK；等等。

那为什么不使用 Packer 呢？答案很简单。我们不需要幂等，因为只在创建镜像时运行一次。我们不会在运行的实例中使用它。你还记得宠物和牛的讨论吗？虚拟机将从一个已经拥有我们需要的一切的镜像中被实例化。如果虚拟机的状态发生变化，则将终止它并创建一个新的。如果需要升级或安装额外的软件，则不会在运行的实例中做这些事情，而是创建一个新的镜像，销毁正在运行的实例，并基于更新的镜像实例化一个新的。

幂等性是我们使用 Ansible 的唯一原因吗？当然不是！当我们需要定义复杂的服务器设置时，它是一个非常方便的工具。然而，在我们的例子中，设置很简单。我们需要 Docker Engine，仅此而已。几乎所有的东西都会在容器中运行。编写一些 Shell 命令来安装 Docker 比定义 Ansible playbook 更容易和更快。

安装 Ansible 可能需要与安装 Docker 相同数量的命令。

长话短说，我们将使用 shell 作为建造 AMI 的 provisioner。

现在使用的 provisioners 部分如下：

```
"provisioners": [{
  "type": "shell",
  "inline": [
    "sudo apt-get update",
    "sudo apt-get install -y apt-transport-https ca-certificates nfscommon",
    "sudo apt-key adv --keyserver hkp://ha.pool.sks-keyservers.net:80\
      --recv-keys 58118E89F3A912897C070ADBF76221572C52609D",
    "echo 'deb https://apt.dockerproject.org/repo ubuntu-xenial main'\
      | sudo tee /etc/apt/sources.list.d/docker.list",
    "sudo apt-get update",
    "sudo apt-get install -y docker-engine"
  ]
}]
```

shell 类型后面跟着一组命令。它们与我们在 Ubuntu 上安装 Docker 所用到的命令相同（https://docs.docker.com/engine/installation/linux/ubuntulinux/）。

现在已经大致了解了 Packer 的配置是如何工作的，下面可以继续并构建一个镜像：

```
packer build -machine-readable \
    packer-ubuntu-docker.json \
    | tee packer-ubuntu-docker.log
```

现在运行 packer-ubuntu-docker.json 的 packer 构建，并将机器可读的输出发送给 packer-ubuntu-docker.log 文件。机器可读的输出允许我们轻松解析它并检索刚刚创建的快照 ID。输出的最后部分如下：

```
...
1481087549,,ui,say,Build 'digitalocean' finished.
1481087549,,ui,say,n==> Builds finished. The artifacts of successful builds
are:
1481087549,digitalocean,artifact-count,1
1481087549,digitalocean,artifact,0,builder-id,pearkes.digitalocean
1481087549,digitalocean,artifact,0,id,sfo2:21373017
1481087549,digitalocean,artifact,0,string,A snapshot was created: \
'devops21-1481087268' (ID: 21373017) in region 'sfo2'
1481087549,digitalocean,artifact,0,files-count,0
1481087549,digitalocean,artifact,0,end
1481087549,,ui,say,-->digitalocean: A snapshot was created:\
'devops21-1481087268' (ID: 21373017) in region 'sfo2'
```

除了确认构建成功之外，输出的相关部分是行 id,sfo2: 21373017。它包含基于镜像实例化虚拟机所需的快照 ID。如果需要从其他服务器获取 ID，则可能想要将 packer-ubuntu-docker.log 存储在代码库中。

图 13-2 描述了执行的流程。

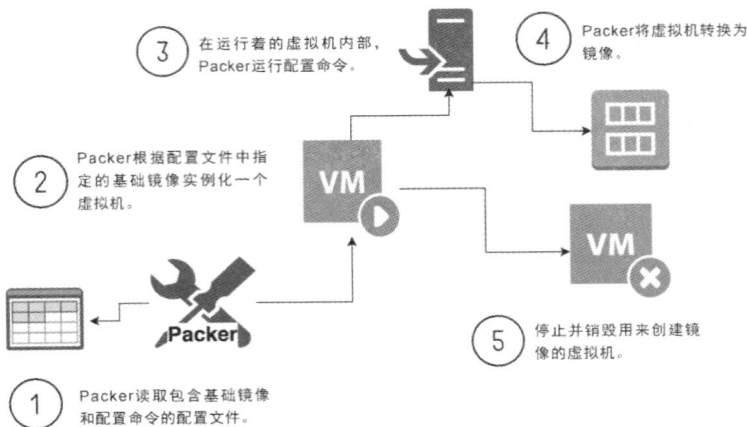

图 13-2　Packer 过程的流程图

现在，使用基于构建的快照的虚拟机，我们已经做好了创建一个 Swarm 集群的准备。

13.5 在 DigitalOcean 中使用 Terraform 创建一个 Swarm 集群
Using Terraform to Create a Swarm Cluster in DigitalOcean

Terraform 是 everyone-uses-a-different-environment-variable-for-the-token 俱乐部的第三个成员。它希望将令牌存储在环境变量 DIGITALOCEAN_TOKEN 中：

```
export DIGITALOCEAN_TOKEN=[...]
```

请使用实际的令牌替换[...]。

Terraform 并不强制我们使用任何特定的文件结构。我们可以在一个文件中定义所有的东西。但是，这并不意味着应该如此。Terraform 的配置会变大，将其在逻辑上分段并置于单独的文件中通常是一个好主意。在我们的例子中，将有三个 tf 文件。terraform/do/variables.tf（https://github.com/vfarcic/cloud-provisioning/blob/master/terraform/do/variables.tf）包含了所有变量。如果需要修改任何参数，那么应该知道在哪里可以找到它。terraform/do/common.tf（https://github.com/vfarcic/cloud-provisioning/blob/master/terraform/do/common.tf）文件包含了在其他情况下可能重用的元素的定义。最后，terraform/do/swarm.tf（https://github.com/vfarcic/cloud-provisioning/blob/master/terraform/do/swarm.tf）文件具有 Swarm 特有的资源。下面将分别研究每一个 Terraform 配置文件。

　　文件 terraform/do/variables.tf（https://github.com/vfarcic/cloud-provisioning/blob/master/terraform/do/variables.tf）的内容如下：

```
variable "swarm_manager_token" {
    default = ""
}
variable "swarm_worker_token" {
    default = ""
}
variable "swarm_snapshot_id" {
    default = "unknown"
}
variable "swarm_manager_ip" {
    default = ""
}
variable "swarm_managers" {
default = 3
}
variable "swarm_workers" {
default = 2
}

variable "swarm_region" {
    default = "sfo2"
}
variable "swarm_instance_size" {
    default = "1gb"
}
variable "swarm_init" {
    default = false
}
```

　　将节点加入集群中需要 swarm_manager_token 和 swarm_worker_token。swarm_snapshot_id 将保存我们使用 Packer 创建的快照 ID。swarm_manager_ip 变量是我们要为节点加入集群提供的一个 manager 的 IP。swarm_managers 和 swarm_workers 定义了我们想要的各自的节点数量。swarm_region 定义了当 swarm_instance_size 设置为 1 GB 时集群所运行的区域。如果一开始使用这个 Terraform 配置来创建一个真正的集群，那么可以将 swarm_instance_size 设置为更大的值。最后，swarm_init 变量允许我们指定这是否是第一次运行并使用节点来初始化集群。很快就会看到它的使用情况。

　　文件 terraform/do/common.tf（https://github.com/vfarcic/cloud-provisioning/blob/

master/terraform/do/common.tf）的内容如下：

```
resource "digitalocean_ssh_key" "docker" {
  name = "devops21-do"
  public_key = "${file("devops21-do.pub")}"
}
resource "digitalocean_floating_ip" "docker_1" {
  droplet_id = "${digitalocean_droplet.swarm-manager.0.id}"
  region = "${var.swarm_region}"
}
resource "digitalocean_floating_ip" "docker_2" {
  droplet_id = "${digitalocean_droplet.swarm-manager.1.id}"
  region = "${var.swarm_region}"
}
resource "digitalocean_floating_ip" "docker_3" {
  droplet_id = "${digitalocean_droplet.swarm-manager.2.id}"
  region = "${var.swarm_region}"
}
output "floating_ip_1" {
  value = "${digitalocean_floating_ip.docker_1.ip_address}"
}
output "floating_ip_2" {
  value = "${digitalocean_floating_ip.docker_2.ip_address}"
}
output "floating_ip_3" {
  value = "${digitalocean_floating_ip.docker_3.ip_address}"
}
```

每种资源都定义为类型（例如，digitalocean_ssh_key）和名称（例如，docker）。该类型决定应该创建哪种资源，并且必须是当前支持的资源之一。

第一种资源 digitalocean_ssh_key 允许我们管理 droplet 的 SSH 密钥。在 droplet 的配置中，可以通过其 ID 或指纹来引用该资源创建的密钥。我们将其设置为即将创建的 devops21-do.pub 文件的值。

我们使用的第二种资源是 digitalocean_floating_ip。它表示一个可被公开访问的静态 IP 地址，可以映射到我们的一个 droplet 上。我们定义了其中的三个，可用于 DNS 配置。这样，当向你的域发出请求时，DNS 会将它重定向到一个浮动 IP 地址上。如果其中一个 droplet 停机，那么 DNS 应该使用其他的 droplet。这样，你就有时间将浮动 IP 地址从失效的 droplet 更改为新的 droplet。

更多信息请参考 DIGITALOCEAN_SSH_KEY 页面（https://www.terraform.io/docs/providers/do/r/ssh_key.html）和 DIGITALOCEAN_FLOATING_IP 页面（https://www.terraform.io/docs/providers/do/r/floating_ip.html）。

除资源外，还定义了一些输出。这表示执行 Terraform apply 时将显示的值，并且可以使用 output 命令轻松查询。

当构建可能比较复杂的基础设施时，Terraform 可为所有资源存储成百上千个属性值。但是，作为用户，可能只对一些重要的值感兴趣，例如 manager 的 IP 地址。输出是告诉 Terraform 哪些数据是相关的一种方法。

在我们的例子中，输出是浮动 IP 地址。

更多信息请参考输出配置页面（`https://www.terraform.io/docs/configuration/outputs.html`）。

现在来看一个真实的例子。terraform/do/swarm.tf 文件（`https://github.com/vfarcic/cloud-provisioning/blob/master/terraform/do/swarm.tf`）包含我们将创建的所有实例的定义。

因为这个文件的内容比其他文件的要多一些，所以将分别检查每个资源。

里面的第一个是名为 swarm_manager 的 digitalocean_droplet 类型的资源。它的目的是创建 Swarm manager 节点：

```
resource "digitalocean_droplet" "swarm-manager" {
  image = "${var.swarm_snapshot_id}"
  size = "${var.swarm_instance_size}"
  count = "${var.swarm_managers}"
  name = "${format("swarm-manager-%02d", (count.index + 1))}"
  region = "${var.swarm_region}"
  private_networking = true
  ssh_keys = [
"${digitalocean_ssh_key.docker.id}"
  ]
  connection {
    user = "root"
    private_key = "${file("devops21-do")}"
    agent = false
  }
  provisioner "remote-exec" {
    inline = [
"if ${var.swarm_init}; then docker swarm init \
--advertise-addr ${self.ipv4_address_private}; fi",
"if ! ${var.swarm_init}; then docker swarm join \
--token ${var.swarm_manager_token} --advertise-addr
${self.ipv4_address_private} ${var.swarm_manager_ip}:2377; fi"
    ]
  }
}
```

资源包含引用我们使用 Packer 创建的快照的镜像。实际值是我们在运行时定义的变量。size 可以指定我们想要创建的实例的大小。默认值取自变量 swarm_instance_size。默认情况下，它设置为 1 GB。就像任何其他变量一样，它可以在运行时被覆盖。

count 字段定义了我们想要创建多少个 manager。当第一次运行 Terraform 时，值应该是 1，因为我们希望从一个 manager 开始来初始化集群。之后，值应该是变量中定义的值。很快就会看到这两种情况的组合。

name、region 和 private_networking 应该是自我解释的。sshkeys 类型是一个数组，此时它只包含一个元素，就是在 common.tf 文件中定义的 digitalocean_ssh_key 资源的 ID。

connection 字段定义了 SSH 连接的细节。用户将是 root。我们将使用 devops21-do 密钥来代替密码。

最后定义了 provisioner。其想法是在创建镜像的过程中尽可能多地进行配置。这样做，实例的创建速度要快得多，因为唯一的动作是从镜像创建虚拟机。但是，当创建镜像时，常常有一部分配置无法完成。swarm init 命令是其中之一。在得到服务器的 IP 地址之前，我们无法初始化第一个 Swarm 节点。换句话说，在执行 swarm init 命令之前，服务器需要处于运行状态（因此有一个 IP 地址）。

由于第一个节点必须初始化集群，而其他任何节点都应该加入集群，所以我们使用 if 语句来区分这两种情况。一方面，如果变量 swarm_init 为 true，则执行 docker swarm init 命令。另一方面，如果变量 swarm_init 为 false，则执行 docker swarm join 命令。在这种情况下，我们使用另一个变量 swarm_manager_ip 来告知节点应该使用哪个 manager 来加入集群。请注意，IP 地址是使用特殊的语法 self.ipv4_address_private 来获得的。我们引用自己并获得 ipv4_address_private。还可以从资源中获得许多其他属性。更多信息请参考 DIGITALOCEAN_DROPLET 页面（https://www.terraform.io/docs/providers/do/r/droplet.html）。

让我们看一下名为 swarm-worker 的 digitalocean_droplet 资源：

```
resource "digitalocean_droplet" "swarm-worker" {
  image = "${var.swarm_snapshot_id}"
  size = "${var.swarm_instance_size}"
  count = "${var.swarm_workers}"
  name = "${format("swarm-worker-%02d", (count.index + 1))}"
  region = "${var.swarm_region}"
  private_networking = true
  ssh_keys = [
    "${digitalocean_ssh_key.docker.id}"
  ]
  connection {
```

```
    user = "root"
    private_key = "${file("devops21-do")}"
    agent = false
  }
  provisioner "remote-exec" {

    inline = [
      "docker swarm join --token ${var.swarm_worker_token} \
        --advertise-addr ${self.ipv4_address_private} ${var.swarm_manager_ip}:\
        2377"
    ]
  }
}
```

swarm-worker 资源几乎与 swarm-manager 相同。唯一的区别是 count 字段使用了 swarm_workers 变量和 provisioner。由于 worker 无法初始化集群，因此不需要 if 语句，所以我们要执行的唯一命令是 docker swarm join。Terraform 使用一个命名约定，它允许我们通过添加 TF_VAR 前缀将值指定为环境变量。例如，可以通过设置环境变量 TF_VAR_swarm_snapshot_id 来指定变量 swarm_snapshot_id 的值。另一种方法是使用-var 参数。我更喜欢环境变量，因为允许我指定它们一次，而不用将-var 添加到每个命令中。规范 terraform/do/swarm.tf（https://github.com/vfarcic/cloud-provisioning/blob/master/terraform/do/swarm.tf）的最后一部分是输出。

定义的输出如下：

```
output "swarm_manager_1_public_ip" {
  value = "${digitalocean_droplet.swarm-manager.0.ipv4_address}"
}

output "swarm_manager_1_private_ip" {
  value = "${digitalocean_droplet.swarm-manager.0.ipv4_address_private}"
}

output "swarm_manager_2_public_ip" {
  value = "${digitalocean_droplet.swarm-manager.1.ipv4_address}"
}

output "swarm_manager_2_private_ip" {
  value = "${digitalocean_droplet.swarm-manager.1.ipv4_address_private}"
}

output "swarm_manager_3_public_ip" {
  value = "${digitalocean_droplet.swarm-manager.2.ipv4_address}"
}

output "swarm_manager_3_private_ip" {
  value = "${digitalocean_droplet.swarm-manager.2.ipv4_address_private}"
}
```

它们是 manager 公有的和私有的 IP 地址。由于知道 worker 的 IP 地址的理由很少（如果有的话），所以没有将它们定义为输出。

由于我们将使用 Packer 创建快照，所以需要从 packer-ubuntu-docker.log 中获取 ID。让我们再看一下该文件：

```
cat packer-ubuntu-docker.log
```

重要的输出行如下：

```
1481087549,digitalocean,artifact,0,id,sfo2:21373017
```

下面的命令解析输出并提取 ID：

```
export TF_VAR_swarm_snapshot_id=$( \
    grep 'artifact,0,id' \
    packer-ubuntu-docker.log \
    | cut -d: -f2)
```

让我们再次检查命令是否工作正常：

```
echo $TF_VAR_swarm_snapshot_id
```

输出如下：

```
21373017
```

我们得到了快照的 ID。在开始创建资源之前，需要创建 SSH 密钥 devops21-do，并在 Terraform 配置中引用它。

现在将使用 ssh-keygen 创建 SSH 密钥：

```
ssh-keygen -t rsa
```

当被要求输入保存密钥的文件时，请使用 devops21-do 回答。其余的问题可以使用你认为合适的任何方式来回答。我不会为这些问题指定答案。

输出应该与以下的代码类似：

```
Generating public/private rsa key pair.
Enter file in which to save the key (/Users/vfarcic/.ssh/id_rsa): devops21-
do
Enter passphrase (empty for no passphrase):
Enter same passphrase again:
Your identification has been saved in devops21-do.
Your public key has been saved in devops21-do.pub.

The key fingerprint is:
SHA256:a9BqjLkcC9eMnuKH+TZPE6E9S0w+cDQD4HTWEY9CuVk \
vfarcic@Viktors-MacBook-Pro-2.local
The key's randomart image is:
+---[RSA 2048]----+
| o.=+*o          |
| o +..E=         |
| . o+= .         |
| oX o            |
| . X S           |
| 0 B .           |
```

```
| .o* X o        |
| +=+B o         |
| ..=Bo.         |
+----[SHA256]-----+
```

现在 devops21-do 密钥已经创建好了，可以开始使用 Terraform 了。在创建集群及其周围的基础设施之前，应该要求 Terraform 向我们展示执行计划。

给 Terraform v0.8+用户的说明

通常，我们不需要指定 targets 来查看整个执行计划。然而，Terraform v0.8 引入了一个缺陷，如果一个资源引用了另一个尚未创建的资源，那么它有时会阻止我们的输出计划。这种情况下，digitalocean_floating_ip.docker_2 和 digitalocean_floating_ip.docker_3 就是这样的资源。以下命令中的 targets 是临时解决方案，直到问题解决为止：

```
terraform plan \
    -target digitalocean_droplet.swarm-manager \
    -target digitalocean_droplet.swarm-worker \
```

结果包含大量的资源及其属性。由于输出太大，无法打印，所以限定只输出资源类型和名字：

```
...
+ digitalocean_droplet.swarm-manager.0
...
+ digitalocean_droplet.swarm-manager.1
...
+ digitalocean_droplet.swarm-manager.2
...
+ digitalocean_droplet.swarm-worker.0
...
+ digitalocean_droplet.swarm-worker.1
...
+ digitalocean_ssh_key.docker
...
Plan: 6 to add, 0 to change, 0 to destroy.
```

因为这是第一次执行，因此，如果执行 terraform apply，则所有的资源都将被创建。我们会得到五个 droplet、三个 manager 和两个 worker。伴随着三个浮动 IP 地址和一个 SSH 密钥。

如果你看到完整的输出，就会注意到一些属性值被设置为<computed>。这意味着 Terraform 在创建资源之前无法知道实际值是什么。一个很好的例子是 IP 地址。它们在创建 droplet 之前是不存在的。

还可以使用 graph 命令来输出计划：

```
terraform graph
```

输出如下：

```
digraph {
    compound = "true"
    newrank = "true"
    subgraph "root" {
"[root] digitalocean_droplet.swarm-manager" [label = \
"digitalocean_droplet.swarm-manager", shape = "box"]
"[root] digitalocean_droplet.swarm-worker" [label = \
"digitalocean_droplet.swarm-worker", shape = "box"]
"[root] digitalocean_floating_ip.docker_1" [label = \
"digitalocean_floating_ip.docker_1", shape = "box"]
"[root] digitalocean_floating_ip.docker_2" [label = \
"digitalocean_floating_ip.docker_2", shape = "box"]
"[root] digitalocean_floating_ip.docker_3" [label = \
"digitalocean_floating_ip.docker_3", shape = "box"]
"[root] digitalocean_ssh_key.docker" [label = \
"digitalocean_ssh_key.docker", shape = "box"]
"[root] provider.digitalocean" [label = \
"provider.digitalocean", shape = "diamond"]
"[root] digitalocean_droplet.swarm-manager" \
-> "[root] digitalocean_ssh_key.docker"
"[root] digitalocean_droplet.swarm-manager" \
-> "[root] provider.digitalocean"
"[root] digitalocean_droplet.swarm-worker" \
-> "[root] digitalocean_ssh_key.docker"
"[root] digitalocean_droplet.swarm-worker" \
-> "[root] provider.digitalocean"
"[root] digitalocean_floating_ip.docker_1" \
-> "[root] digitalocean_droplet.swarm-manager"
"[root] digitalocean_floating_ip.docker_1" \
-> "[root] provider.digitalocean"
"[root] digitalocean_floating_ip.docker_2" \
-> "[root] digitalocean_droplet.swarm-manager"
"[root] digitalocean_floating_ip.docker_2" \
-> "[root] provider.digitalocean"
"[root] digitalocean_floating_ip.docker_3" \
-> "[root] digitalocean_droplet.swarm-manager"
"[root] digitalocean_floating_ip.docker_3" \
-> "[root] provider.digitalocean"
"[root] digitalocean_ssh_key.docker" \
-> "[root] provider.digitalocean"
    }
}
```

这些内容本身并不是十分有用。

graph 命令用于生成配置或执行计划的可视化表示。输出为 DOT 格式，可使用
GraphViz 来生成图形。

请打开 GraphViz 下载页面（http://www.graphviz.org/Download.php），下载并
安装与你的操作系统兼容的发行版。

现在，可以将 graph 命令和 dot 命令结合起来：

```
terraform graph | dot-Tpng > graph.png
```

输出应与图 13-3 所示相同。

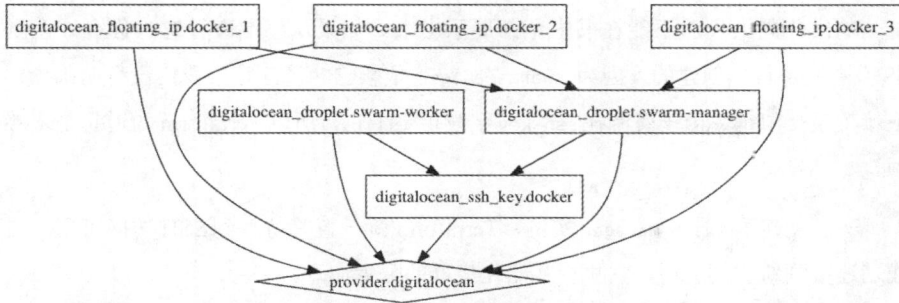

图 13-3　Graphviz 由 terraform graph 命令的输出生成的图像

计划的可视化可以让我们看到不同资源之间的依赖关系。在本例中，所有资源都将使用 digitalocean provider。这两种实例类型都将依赖 SSH key docker，浮动 IP 地址将与作为 manager 的 droplet 绑定。

在定义依赖关系时，无需显式地指定需要的所有资源。

作为一个例子，当将它限制在一个 Swarm manager 节点时，让我们看看 Terraform 将生成的计划，这样就可以初始化集群了：

```
terraform plan \
    -target digitalocean_droplet.swarm-manager \
    -var swarm_init=true \
    -var swarm_managers=1
```

运行时变量 swarm_init 和 swarm_managers 将用于告诉 Terraform，我们希望使用一个 manager 来初始化集群。plan 命令会考虑到这些变量并输出执行计划。

仅限于资源类型和名称的输出如下：

```
+ digitalocean_droplet.swarm-manager
...
+ digitalocean_ssh_key.docker
...
Plan: 2 to add, 0 to change, 0 to destroy.
```

尽管只指定了 swarm-manager 资源的计划，但 Terraform 注意到它依赖于 SSH key docker，所以将其包含在执行计划中。

现在将从简单的开始，只创建一个 manager 实例来初始化集群。正如我们从计划中看到的，它依赖于 SSH 密钥，所以 Terraform 也会创建它：

```
terraform apply \
        -target digitalocean_droplet.swarm-manager \
        -var swarm_init=true \
        -var swarm_managers=1
```

输出代码太长，不能在书中全部展示出来。如果从终端查看它，你会注意到 SSH 密钥是首先创建的，因为 swarm-manager 依赖它。请注意，我们没有明确指定依赖关系。但是，由于资源在 ssh_key 字段指定了它，所以 Terraform 知道它是依赖项。

一旦创建了 swarm-manager 实例，Terraform 就一直等待直到 SSH 访问可用。在成功连接到新实例之后，它执行初始化集群的配置命令。

输出的最后几行代码如下：

```
Apply complete! Resources: 2 added, 0 changed, 0 destroyed.

...

Outputs:

swarm_manager_1_private_ip = 10.138.255.140
swarm_manager_1_public_ip = 138.68.57.39
```

输出定义在 terraform/do/swarm.tf 文件的最后（https://github.com/vfarcic/cloud-provisioning/blob/master/terraform/do/swarm.tf）。请注意，并没有列出所有的输出，而是只列出了所创建的资源的输出。

可以使用新创建的 droplet 的公开 IP 地址并登录它。

你可能倾向于复制 IP 地址。没有必要这样做。Terraform 有一个命令，可以用来获取我们定义为输出的任何信息。

获取第一个，也是当前唯一的 manager 公开的 IP 地址的命令如下所示：

```
terraform output swarm_manager_1_public_ip
```

输出如下：

```
138.68.57.39
```

可以利用 output 命令来构造 SSH 命令。例如，下面的命令将登录机器并获取 Swarm 节点列表：

```
ssh -i devops21-do \
    root@$(terraform output \
    swarm_manager_1_public_ip) \
    docker node ls
```

输出如下（为简洁起见，移除了 ID）：

```
HOSTNAME            STATUS      AVAILABILITY    MANAGER STATUS
swarm-manager-01    Ready       Active          Leader
```

从现在开始，我们将不再局限于初始化集群的单个 manager 节点，可以创建所有其余的节点。然而，在这样做之前，我们要找到 manager 和 worker 的令牌。出于安全考虑，最好不要将它们存储在任何地方，所以将创建环境变量：

```
export TF_VAR_swarm_manager_token=$(ssh \
    -i devops21-do \
    root@$(terraform output \
    swarm_manager_1_public_ip) \
    docker swarm join-token -q manager)

export TF_VAR_swarm_worker_token=$(ssh \
    -i devops21-do \
    root@$(terraform output \
    swarm_manager_1_public_ip) \
    docker swarm join-token -q worker)
```

还需要设置环境变量 swarm_manager_ip：

```
export TF_VAR_swarm_manager_ip=$(terraform \
    output swarm_manager_1_private_ip)
```

可以使用 terraform/do/swarm.tf 文件中的 digitalocean_droplet.swarm-manager.0.private_ip（https://github.com/vfarcic/cloud-provisioning/blob/master/terraform/do/swarm.tf）。将其定义为环境变量是一个好主意。这样，如果第一个 manager 发生了故障，那么可以很容易将其更改为 swarm_manager_2_private_ip，而无需修改.tf 文件。

现在，让我们看看创建其余 Swarm 节点的计划：

```
terraform plan \
    -target digitalocean_droplet.swarm-manager \
    -target digitalocean_droplet.swarm-worker
```

相关的输出如下：

```
...
+ digitalocean_droplet.swarm-manager.1
...
+ digitalocean_droplet.swarm-manager.2
...
+ digitalocean_droplet.swarm-worker.0
...
+ digitalocean_droplet.swarm-worker.1
...
Plan: 4 to add, 0 to change, 0 to destroy.
```

由以上代码可以看到，该计划将创建四个新的资源。因为已经有一个 manager 在运行，并指定了所需的数量是三，所以将创建两个额外的 manager 和两个 worker。

让我们应用执行计划：

```
terraform apply \
    -target digitalocean_droplet.swarm-manager \
    -target digitalocean_droplet.swarm-worker
```

输出的最后几行代码如下：

```
...
Apply complete! Resources: 4 added, 0 changed, 0 destroyed.

...

Outputs:

swarm_manager_1_private_ip = 10.138.255.140
swarm_manager_1_public_ip = 138.68.57.39
swarm_manager_2_private_ip = 10.138.224.161
swarm_manager_2_public_ip = 138.68.17.88
swarm_manager_3_private_ip = 10.138.224.202
swarm_manager_3_public_ip = 138.68.29.23
```

所有四个资源都已经创建，我们得到了 manager 公开的和私有的 IP 地址的输出。

让我们登录其中一个 manager 并确认集群确实已经工作：

```
ssh -i devops21-do \
    root@$(terraform \
    output swarm_manager_1_public_ip)
```

```
docker node ls
```

node ls 命令的输出如下（为简洁起见，移除了 ID）：

```
HOSTNAME            STATUS      AVAILABILITY    MANAGER STATUS
swarm-manager-02    Ready       Active          Reachable
swarm-manager-01    Ready       Active          Leader
swarm-worker-02     Ready       Active
swarm-manager-03    Ready       Active          Reachable
swarm-worker-01     Ready       Active
```

所有节点都在了，集群似乎正在工作。

为了确信一切都能正常工作，下面将部署一些服务。这些服务将与我们在本书中创建的服务相同，因此可节省一些时间并部署 vfarcic/docker-flow-proxy/docker-compose-stack.yml（https://github.com/vfarcic/docker-flow-proxy/blob/master/docker-compose-stack.yml）栈和 vfarcic/go-demo/docker-compose-stack.yml（https://github.com/vfarcic/go-demo/blob/master/docker-compose-stack.yml）栈：

```
sudo docker network create --driver overlay proxy
```

```
curl -o proxy-stack.yml \
    https://raw.githubusercontent.com/\
vfarcic/docker-flow-proxy/master/docker-compose-stack.yml
```

```
sudo docker stack deploy \
    -c proxy-stack.yml proxy
```

```
curl -o go-demo-stack.yml \
    https://raw.githubusercontent.com/\
vfarcic/go-demo/master/docker-compose-stack.yml

sudo docker stack deploy \
    -c go-demo-stack.yml go-demo
```

从代码库中下载栈，并执行 stack deploy 命令。

现在要做的就是等待片刻，执行 service ls 命令，并确认所有副本都在运行：

```
docker service ls
```

service ls 的命令输出如下（为简洁起见，移除了 ID）：

```
NAME              REPLICAS      IMAGE                              COMMAND
go-demo-db        1/1           mongo:3.2.10
proxy             3/3           vfarcic/docker-flow-proxy
go-demo           3/3           vfarcic/go-demo:1.2
swarm-listener    1/1           vfarcic/docker-flow-swarm-listener
```

最后，让我们通过代理向 go-demo 服务发送一个请求。如果它返回正确的响应，就表明一切都工作正常：

```
curl -i localhost/demo/hello
```

输出如下：

```
HTTP/1.1 200 OK
Date: Wed, 07 Dec 2016 06:21:01 GMT
Content-Length: 14
Content-Type: text/plain; charset=utf-8

hello, world!
```

它工作了！

我们完成了吗？差不多是的。作为最后的检查，让我们验证一下代理是否可以从服务器外部访问。可以通过退出服务器并从我们的笔记本电脑发送请求来确认这一点：

```
exit

curl -i $(terraform output \
    swarm_manager_1_public_ip)/demo/hello
```

输出如下：

```
HTTP/1.1 200 OK
Date: Wed, 07 Dec 2016 06:21:33 GMT
Content-Length: 14
Content-Type: text/plain; charset=utf-8

hello, world!
```

还缺少浮动的 IP 地址。虽然对于这个演示不是必需的，但如果这是一个生产集群，我们就得创建它们，并使用它们来配置 DNS。

这一次，可以创建计划而不用指定 targets：

```
terraform plan
```

相关的输出如下：

```
...
+ digitalocean_floating_ip.docker_1
...
+ digitalocean_floating_ip.docker_2
...
+ digitalocean_floating_ip.docker_3
...
Plan: 3 to add, 0 to change, 0 to destroy.
```

如你所见，Terraform 检测到除了浮动的 IP 地址以外，所有的资源都已经创建，因此它生成的计划只执行三个资源的创建。

让我们应用该计划：

```
terraform apply
```

输出如下：

```
...
Apply complete! Resources: 3 added, 0 changed, 0 destroyed.

...

Outputs:

floating_ip_1 = 138.197.232.121
floating_ip_2 = 138.197.232.119
floating_ip_3 = 138.197.232.120
swarm_manager_1_private_ip = 10.138.255.140
swarm_manager_1_public_ip = 138.68.57.39
swarm_manager_2_private_ip = 10.138.224.161
swarm_manager_2_public_ip = 138.68.17.88
swarm_manager_3_private_ip = 10.138.224.202
swarm_manager_3_public_ip = 138.68.29.23
```

创建浮动的 IP 地址后，可以看到其 IP 的输出命令。

剩下的就是确认浮动 IP 地址确实是正确地创建和配置了。可以向其中之一发送请求来确认这一点：

```
curl -i $(terraform output \
    floating_ip_1)/demo/hello
```

正如预期的那样，输出为状态 200 OK：

```
HTTP/1.1 200 OK
Date: Wed, 07 Dec 2016 06:23:27 GMT
Content-Length: 14
Content-Type: text/plain; charset=utf-8
```

```
hello, world!
```

让我们看看，如果模拟实例发生故障，会发生什么。

可以使用 DigitalOcean API 删除一个实例，也可以使用 Terraform 来删除一个实例。但是，使用 API 删除节点可以更好地模拟节点的意外故障。

要删除一个实例，需要找到它的 ID。可以使用 terraform show 命令来完成这个任务。

假设要删除第二个 worker，查找其所有信息的命令，如下：

```
terraform state show "digitalocean_droplet.swarm-worker[1]"
```

输出如下：

```
id                   = 33909722
disk                 = 30
image                = 21373017
ipv4_address         = 138.68.57.13
ipv4_address_private = 10.138.224.209
locked               = false
name                 = swarm-worker-02
private_networking   = true
region               = sfo2
resize_disk          = true
size                 = 1gb
ssh_keys.#           = 1
ssh_keys.0           = 5080274
status               = active
tags.#               = 0
vcpus                = 1
```

在其他数据中，我们得到了 ID。在我的例子中，它是 33909722。

运行下面的命令之前，请将 ID 更改为从 terraform state show 命令得到的 ID：

```
curl -i -X DELETE \
    -H "Authorization: Bearer $DIGITALOCEAN_TOKEN" \
"https://api.digitalocean.com/v2/droplets/33909722"
```

相关的输出如下：

```
HTTP/1.1 204 No Content
...
```

对于 DELETE 请求，DigitalOcean 不提供任何响应内容，因此状态 204 表示操作成功。

这将需要几分钟，直到 droplet 完全删除。

让我们再次运行 terraform plan 命令：

```
terraform plan
```

相关的输出如下：

```
...
+ digitalocean_droplet.swarm-worker.1
...
Plan: 1 to add, 0 to change, 0 to destroy.
```

Terraform 推断，需要添加一个资源 swarm-worker.1，以协调它在本地存储的状态与集群的实际状态之间的差异。要将集群恢复到期望的状态，我们所要做的就是运行 terraform apply：

terraform apply

相关的输出如下：

```
...
Apply complete! Resources: 1 added, 0 changed, 0 destroyed.

...

Outputs:

floating_ip_1 = 138.197.232.121
floating_ip_2 = 138.197.232.119
floating_ip_3 = 138.197.232.120
swarm_manager_1_private_ip = 10.138.255.140
swarm_manager_1_public_ip = 138.68.57.39
swarm_manager_2_private_ip = 10.138.224.161
swarm_manager_2_public_ip = 138.68.17.88
swarm_manager_3_private_ip = 10.138.224.202
swarm_manager_3_public_ip = 138.68.29.23
```

从以上代码中可以看到添加了一个资源。终止的 worker 已经被重新创建，并且集群继续以最大的容量运行。

集群的状态存储在 terraform.tfstate 文件中。如果不总是从同一台计算机运行它，则可能希望将该文件与其他的配置文件一起存储在代码库中。替代方案是使用 Remote State（https://www.terraform.io/docs/state/remote/index.html），并保存在 Consul 中。

更改所需的集群状态也很容易。我们所要做的就是添加更多的资源并重新运行 terraform apply。

现在完成了对 DigitalOcean 中的 Terraform 的简要介绍。

执行的流程可以通过图 13-4 来描述。

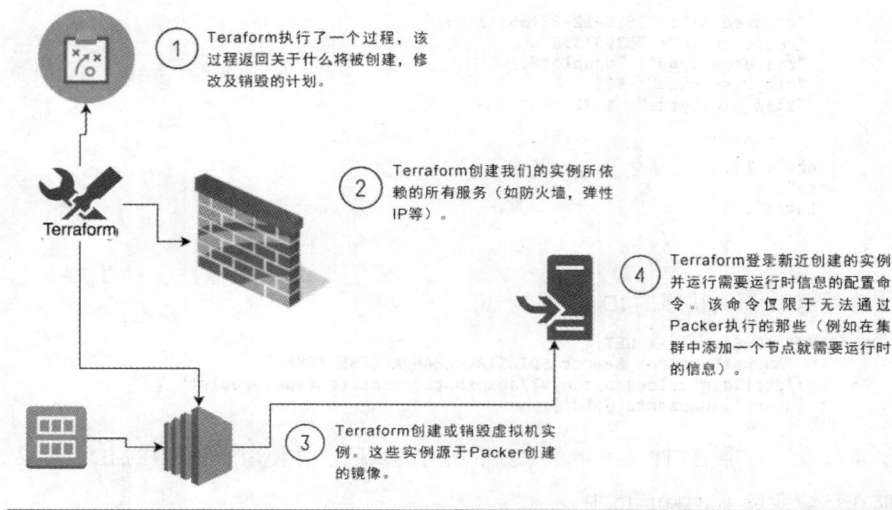

图 13-4 Terraform 过程的流程图

在 DigitalOcean 中创建和管理 Swarm 群集有不同的方法，在比较它们之前，先销毁我们所做的事情：

```
terraform destroy -force
```

输出的最后一行代码如下：

```
...
Destroy complete! Resources: 9 destroyed.
```

集群已经消失，就像它从来不存在一样，这样可使我们免于不必要的开销。下面看看如何删除快照。

在删除创建的快照之前，需要找到它的 ID。

将返回所有快照列表的请求如下：

```
curl -X GET \
    -H "Authorization: Bearer $DIGITALOCEAN_ACCESS_TOKEN" \
"https://api.digitalocean.com/v2/snapshots?resource_type=droplet" \
    | jq '.'
```

响应的输出如下：

```
{
  "snapshots": [
    {
      "id": "21373017",
      "name": "devops21-1481087268",
      "regions": [
"sfo2"
      ],
```

```
          "created_at": "2016-12-07T05:11:05Z",
          "resource_id": "33907398",
          "resource_type": "droplet",
          "min_disk_size": 30,
          "size_gigabytes": 1.32
  }
  ],
  "links": {},
  "meta": {
    "total": 1
  }
}
```

将使用 jq 得到快照的 ID：

```
SNAPSHOT_ID=$(curl -X GET \
    -H "Authorization: Bearer $DIGITALOCEAN_ACCESS_TOKEN" \
"https://api.digitalocean.com/v2/snapshots?resource_type=droplet" \
    | jq -r '.snapshots[].id')
```

可以发送一个 HTTP GET 请求来获取所有的快照，并使用 jq 来得到 ID。结果存储在环境变量 SNAPSHOT_ID 中。

现在，可以发送一个 DELETE 请求来删除快照：

```
curl -X DELETE \
    -H "Authorization: Bearer $DIGITALOCEAN_ACCESS_TOKEN" \
https://api.digitalocean.com/v2/snapshots/$SNAPSHOT_ID
```

相关的输出响应如下：

```
HTTP/1.1 204 No Content
...
```

快照已经被删除。在 DigitalOcean 账户上没有资源在运行，除了运行本章中的练习的花费以外，不会收取你的任何费用。

13.6 选择合适的工具创建和管理 DigitalOcean 中的 Swarm 集群
Choosing the Right Tools to Create and Manage Swarm Clusters in DigitalOcean

在 DigitalOcean 中，我们尝试了两种不同的组合来创建 Swarm 集群，即使用了 Docker Machine+DigitalOcean API 以及 Packer+Terraform。但这绝不是我们使用工具的最终列表。时间是有限的，我向自己保证，本书的内容将比《战争与和平》的少，所以我必须在某处停下来。以我的观点，这两种组合都是你选择工具的最佳选项。即使你选择了其他工具，也希望本章能够起到抛砖引玉的作用。

最有可能的是，你不会使用这三个组合，所以关键的问题是应该使用哪一个。

只有你才能回答这个问题。现在，你的实际经验应该和你想要完成的事情的知识相结合。每个案例都是不同的，没有一个组合能够对所有人都适合。

尽管如此，还是会提供一个简要的概述和一些用例，这些用例可能对每个组合都适用。

13.7　是使用还是不使用 **Docker Machine**
To Docker Machine Or Not to Docker Machine?

Docker Machine 是我们讨论过的比较弱的方案。它基于即时命令，只提供一种创建 droplet 和安装 Docker Engine 的方法。它使用 Ubuntu 15.10 作为基本快照。这个版本不仅旧，而且是一个临时版本。如果要选择使用 Ubuntu，那么应用选择 16.04 长期支持版（LTS）。

如果 Docker Machine 可以为 Swarm 模式提供最小设置（就像以前独立的 Swarm 一样），那么对于小型集群来说，这可能是一种很好的选择。

与现在一样，在 DigitalOcean 中使用 Swarm 集群时，Docker Machine 能够提供的唯一真正的好处是，在远程节点上安装 Docker Engine，并且可以使用 `docker-machine env` 命令使本地的 Docker 客户端与远程集群无缝通信。Docker Engine 的安装非常简单，因此仅安装是不够的。从另外一方面看，不应该在生产环境中使用 `docker-machine env` 命令。这两种好处都太微不足道了。

目前 Docker Machine 的许多问题可以通过一些额外的参数（例如，`--digitalocean-image`）和与其他工具结合来解决。然而，这只会削弱 Docker Machine 的好处。它应该是简单的并能工作得很好。这在 Docker 1.12 之前是部分正确的。现在，至少在 DigitalOcean 中，它落后了。

这是否意味着我们在使用 DigitalOcean 时应该放弃 Docker Machine？当然不是。当我们想要创建一个临时的集群来演示或尝试一些新特性时，它仍然是有用的。而且，如果你不想花时间学习其他工具，只想使用你熟悉的工具，那么

Docker Machine 也许是正确的选择。我不确定这是不是你的实际情况。将本书读到这里的事实告诉我,你确实想探索更好的集群管理方法。

最后的建议是,当你想要在本地模拟 Swarm 集群时,请将 Docker Machine 作为首选工具,就像前面几章中所做的那样。对于 DigitalOcean,还有更好的选择。

13.8　是使用还是不使用 Terraform
To Terraform Or Not to Terraform?

将 Terraform 与 Packer 结合是一种很好的选择。HashiCorp 成功创造了另一个工具,它改变了我们配置和提供服务器的方式。

配置管理工具的主要目标是使服务器始终处于所期望的状态。如果一台 Web 服务器停止工作,那么它会被再次启动。如果修改了一个配置文件,那么它会被恢复。无论服务器发生了什么情况,都会被恢复到所需的状态。例外的情况是,有些问题是无法修复的。如果硬盘发生故障,配置管理就无能为力了。

配置管理工具的问题在于,它们是被设计用来处理物理服务器,而不是虚拟服务器。当可以在几秒钟内创建一个新的虚拟服务器时,为什么要修复一个有故障的虚拟服务器呢?Terraform 比任何人都更理解云计算是如何工作的,并且支持这样的想法,那就是我们的服务器不再是宠物了。它们是"牛"。Terraform 能够确保你的所有资源都可用。

当服务器出现问题时,它不会尝试去修复该问题。相反,Terraform 会销毁它,并会根据我们选择的镜像创建一个新的服务器。

这是否意味着 Puppet、Chef、Ansible 和其他类似的工具就没有用了呢?在云中使用它们过时了吗?有些工具比其他工具更过时。Puppet 和 Chef 的设计是在每台服务器上运行一个代理,不断监视其状态,并在事情偏离正轨时对其进行修改。当开始将服务器视为"牛"时,这些工具就用不上了。Ansible 比其他工具更有用,因为可以使用它来配置服务器,而不是监视服务器。因此,当创建镜像时,它可能非常有用。

可以将 Ansible 和 Packer 结合起来。Packer 创建一个新的虚拟机,Ansible 将为虚拟机配置所需的一切，并将其留给 Packer 以创建镜像。如果服务器的配置很复杂，那么意义会更大。问题是服务器的配置应该有多复杂？使用 AWS，传统上在服务器上运行的许多资源现在都是服务。我们不会在每台服务器上设置防火墙，但会使用 VPC 和安全组服务。由于不用登录到计算机来部署软件，因此我们不会创建大量的系统用户。Swarm 会为我们做这些。我们不再安装 Web 服务器和运行时的依赖，它们都在容器里。使用配置管理工具将一些东西安装到虚拟机中，并将其转换为镜像，这么做是否有真正的好处？通常情况下，答案是否定的。我们需要的东西也可以很容易使用 Shell 命令来安装和配置。"牛"的配置管理可以，而且通常应该使用 bash 来完成。

我可能太苛刻了。如果你知道什么时候使用以及用于什么目的，那么 Ansible 仍然是一款很好的工具。在服务器成为镜像之前，如果是希望使用 Ansible 而不是 bash 来安装和配置它，那么就去做吧。如果试图使用它来控制节点并创建 AWS 资源，那么你就错了。Terraform 会做得更好。如果你认为最好是配置一个正在运行的节点，而不是实例化已经包含所有内容的镜像，那么你必须有更多的耐心。

最后的建议是，如果你想要控制组成集群的所有部分，或者你已经有了一组需要遵循的规则，那么可以使用 Terraform 和 Packer 的组合。准备好花些时间来调整配置，直到达到最佳的设置。与 AWS 不同，无论是好是坏，都迫使我们处理许多类型的资源，DigitalOcean 是很简单的。你创建 droplet，添加一些浮动 IP 地址，就这样。你可能想要在机器上安装防火墙。做这件事情，最好的方法是在使用 Packer 创建快照时这样做。当使用 Swarm 网络时，是否需要防火墙是值得商榷的，这个问题稍后再来讨论。

因为在 DigitalOcean 中没有类似于 Docker 的产品，所以 Terraform 赢了。DigitalOcean 很简单，这种简单是通过 Terraform 的配置反映出来的。

13.9 最后的结论
The Final Verdict

在与 Docker Machine 的竞争中，Terraform 全面胜出。如果在 DigitalOcean 中有类似于 Docker 这样的产品，这个讨论时间就会更长。像现在这样，选择是很容易的。如果你选择了 DigitalOcean，就使用 Packer 和 Terraform 管理集群。

13.10 是使用还是不使用 **DigitalOcean**
To DigitalOcean Or Not to DigitalOcean

　　一般来说，我喜欢专注于少数事情并做得很好的产品和服务。DigitalOcean 就是其中之一。它是一个基础设施即服务（IaaS）的供应商，仅此而已。它提供的服务数量很少（例如，浮动 IP 地址），仅限于那些必需的服务。如果你正在寻找一家能够提供你所能想要的一切服务的供应商，则请选择 Amazon Web Services（AWS）、Azure、GCE 或其他云计算供应商，这些供应商不仅提供托管，而且提供大量的服务。能把本书读到这儿的事实告诉我，你很有可能对自己建立的基础设施服务感兴趣。如果是这样，那么 DigitalOcean 值得一试。什么事情都做，往往意味着什么都做不好。DigitalOcean 只做了几件事情，而且做得很好。它做了的事情比大多数竞争者都做得更好。

　　真正的问题是，你是只需要基础设施即服务（IaaS）供应商，还是也需要平台即服务（PaaS）。在我看来，容器会使 PaaS 过时。PaaS 将逐渐由调度程序（例如 Docker Swarm）管理的容器或容器即服务（CaaS）所取代。你可能不同意我的看法。如果你同意，那么 AWS 的很大一部分都会过时，只剩下 EC2、存储、VPC 和少数其他服务。这种情况下，DigitalOcean 是一个强大的竞争对手，也是一种极好的选择。它所做的几件事情，相比 AWS，以较低的价格做得更好。它的表现令人印象深刻。测量它创建一个 droplet 所需的时间，并与 AWS 创建和启动 EC2 实例所需的时间进行比较，足以证明这一点。差别很大。第一次创建 droplet 的时候，我以为是什么地方出了问题。我的大脑无法理解它能在不到一分钟的时间内完成。

　　我提到简单了吗？DigitalOcean 很简单，我喜欢简单。因此，合乎逻辑的结论是，我喜欢 DigitalOcean。让复杂的事物易于使用才是真正的精通。这是 Docker 和 DigitalOcean 的光芒所在。

第 14 章

在 Swarm 集群中创建和管理有状态的服务
Creating and Managing Stateful Services in a Swarm Cluster

任何足够先进的技术都如同魔法一样。

——Arthur C. Clarke

如果你正在参加会议、收听播客、阅读论坛，或参与任何其他形式的与容器和云原生应用相关的辩论，那么你一定听说过如同准则般的无状态服务。就像邪教一样。只有无状态服务才有价值，其他一切都是异端。任何问题的解决方案都是去掉状态。如何伸缩此应用？让它成为无状态的。怎么把它放进容器？让它成为无状态的。如何使其容错？让它成为无状态的。无论问题如何，解决方案都是无状态的。

到目前为止，我们使用的所有服务都是无状态的吗？不是。因此，按照该逻辑的规定，我们还没有解决所有的问题。

在开始探索无状态服务之前，我们应该回到过去，讨论一下十二因素应用程序方法论。

14.1 探索十二因素应用程序方法论
Exploring the Twelve-Factor App Methodology

如果没记错的话，Heroku（https://www.heroku.com/）是在 2010 年左右变得流行起来的。它向我们展示了如何利用软件即服务的原则，它让开发人员不太需要考虑底层基础设施。可以让开发人员专注于开发，而把其余事情留给其他人。

我们所要做的就是把代码推送给 Heroku。它可以检测我们使用的编程语言，可以创建一个虚拟机并安装所有的依赖项、编译、启动等。结果就是应用程序在服务器上运行了。

当然，在某些情况下，Heroku 无法自己解决所有问题。当这种情况发生时，我们要做的就是创建一个简单的配置，给它提供一些额外的信息。仍然非常容易和有效。

初创企业喜欢 Heroku（有些公司仍然如此）。它可以让开发人员专注于开发新特性，并将其他一切留给 Heroku。我们编写软件，其他人运行软件。这是最好的软件即服务（SaaS）。这个想法和它背后的原理变得如此流行，以至于许多人决定克隆这个想法并创建自己的类似于 Heroku 的服务。

在 Heroku 被广泛采用后不久，它的创建者意识到许多应用程序的执行情况并不像预期的那样。拥有一个将开发者从运维中解放出来的平台是一回事，但实际上编写在 SaaS 供应商下运行良好的代码则是另外一回事。因此，Heroku 的开发者和其他一些人提出了十二因素应用程序原则（`https://12factor.net/`）。如果你的应用程序满足了所有十二个因素，则它将作为 SaaS 很好地工作。这些因素中的大多数对于任何现代应用程序都是有效的，无论它是运行在本地服务器内部还是通过云计算供应商运行，或者在 PaaS、SaaS、容器中运行，或者上述没有提到的环境中运行。每个现代应用程序都应该使用十二因素应用程序方法论，或者至少很多人都是这么说的。

让我们来探讨每一个因素，看看如何应用它。也许，只是也许，到目前为止，我们学到的东西将使我们符合十二因素。下面将研究所有的因素，并将它们与本书中使用的服务进行比较。

1. 代码库

一个代码库跟踪版本控制以及很多的部署。go-demo 服务位于一个单独的 Git 存储库中。每次提交都部署到测试和生产环境中。我们创建的所有其他服务都是由其他人发布的。——通过

2.依赖关系

显式声明和隔离依赖关系。所有的依赖关系都在 Docker 镜像内部。除了 Docker Engine，不存在系统范围内的依赖关系。默认情况下，Docker 镜像符合这一原则。——通过

3.配置

在环境中存储配置。

go-demo 服务没有任何配置文件。一切都是通过环境变量设置的。我们创建的所有其他服务也是如此。通过网络进行服务发现对于达到此目的是一个很大的帮助，它允许我们在没有任何配置的情况下找到服务。请注意，此原则仅适用于随部署变化而变化的配置。无论何时何地部署服务，只要配置保持不变，这些配置都可以继续作为一个文件而存在。——通过

4.后台服务

将后台服务视为附加资源。

在我们的例子中，MongoDB 是一个后台服务。它通过网络连接到主服务 go-demo。——通过

5.构建、发布、运行

严格区分构建阶段和运行阶段。

这种情况下，除了运行服务以外，一切都被认为是构建阶段。在我们的例子中，构建阶段与运行阶段显然是分开的。Jenkins 构建我们的服务，而 Swarm 运行这些服务。构建和运行是在不同的集群中执行的。——通过

6.过程

将应用程序作为一个或多个无状态过程执行。

我们在这一原则上大失所望。尽管 go-demo 服务是无状态的，但几乎所有其他东西（docker-flow-proxy、jenkins、prometheus 等）都不是。——失败

7.端口绑定

通过端口绑定来发布服务。

Docker 网络和 docker-flow-proxy 负责处理端口绑定。大多数情况下，唯一绑定任何端口的服务是代理。其他一切都应该在一个或多个网络中，并且通过代理来访问。——通过

8.并发性

通过过程模型进行扩展。

这一因素与无状态性直接相关。无状态服务（例如，godemo）易于扩展。一些非无状态服务（例如，docker-flowproxy）被设计成可扩展的，因此它们也满足了这一原则。大多数其他有状态服务（例如，Jenkins、Prometheus 等）不能横向缩放。即使有可能，这一过程也往往过于复杂，容易出错。——失败

9.用后即抛性

通过快速启动和优雅的关闭来最大化健壮性。

默认情况下，无状态服务是一次性的。它们可以在瞬间启动和停止，而且往往是容错的。如果一个实例失败，Swarm 将重新安排它在一个健康的节点上运行。我们使用的所有服务都不能这样做。Jenkins 和 MongoDB（仅举几个例子）将在发生故障时失去其状态。它们什么都能做，就是不满足用后即抛性。——失败

10.开发与生产的等同性

尽可能保持开发、准备和生产的相似性。

这是 Docker 提供的主要好处之一。因为容器是从不可变的镜像中创建的，所以不管它是在我们的笔记本电脑上运行，还是在测试或生产环境里运行，服务都是相同的。——通过

11.日志

将日志视为事件流。

ELK 栈和 LogSpout 的组合符合这一原则。只要容器中的应用程序将日志输出到 stdout，所有容器中的所有日志都将被导入 ElasticSearch。Jenkins 是一个例外，当运行它时，它会将一些日志写入文件。但是，这是可配置的，所以不会因此而不满足这一原则。——通过

12.管理过程

将管理任务作为一次性进程运行。在我们的示例中，所有进程都作为 Docker 容器执行，显然满足了这一要求。——通过

现在通过了十二个因素中的九个。我们的目标是要满足所有十二个因素吗？其实这个问题是错的。一个措辞更好的问题是，我们是否打算满足所有十二个因素。通常情况下做不到。世界不是一夜之间建成的，我们不能抛弃所有的老代码而让一切重新开始。即使可以，十二因素应用程序原则也有一个很大的谬误，即假设存在一个完全由无状态服务组成的系统。

无论采用哪种架构风格（包括微服务），应用程序都有状态！在微服务风格的架构中，每个服务可以有多个实例，每个服务实例应该设计成无状态的。这意味着，服务实例不会在操作过程中存储任何数据。因此，无状态意味着任何服务实例都可以从其他地方获取执行一个动作所需的所有应用程序状态。这是微服务风格应用程序的一个重要的架构约束条件，因为它支持弹性、伸缩性，并允许任何可用的服务实例执行任何任务。尽管状态不在我们正在开发的服务中，但它仍然存在，需要以某种方式进行管理。我们没有开发存储状态的数据库，这并不意味着它不应该遵循相同的原则，并具有可伸缩性、容错性、弹性等。

因此，所有系统都有状态，但是，如果服务可以干净地将行为与数据分离，并且能够获取执行任何动作所需的数据，则服务可以是无状态的。

十二因素应用程序原则的作者是否会如此短视以至于认为状态不存在？他们的确不是这样的。他们认为，除了我们编写的代码之外，所有东西都是由其他人维护的服务。以 MongoDB 为例，它的主要目的是存储状态，所以它当然是有状态的。十二因素应用程序原则的作者假设我们愿意让其他人管理有状态的服务，并只关注我们正在开发的服务。

在某些情况下，虽然我们可能选择使用云供应商维护的 Mongo 作为服务，但在许多其他情况下，这样的选择并不是最有效的。如果说还有什么其他原因的话，这种服务往往是非常昂贵的。当我们没有知识或能力维护后台服务时，这种

成本往往是值得付出的。然而，当自己运行一个数据库时，可以期待更好的和更便宜的结果。这种情况下，它是我们的服务之一，显然是有状态的。我们没有编写所有服务这一事实并不意味着我们没有运行它们，因此，我们要对它们负责。

好消息是，我们失败的三个原则都与状态有关。如果能够以一种在停止时保持其状态并在所有实例之间共享状态的方式创建服务，那么我们会设法使整个系统都是云原生的。可以在任何地方运行它，根据需要扩展它的服务，并使系统容错。

还没有涉及的难题中的唯一主要部分就是创建和管理有状态的服务。在本章之后，你将在 Swarm 集群中运行任何类型的服务。

下面将从创建一个 Swarm 集群开始本章的实际部分。现在只使用 AWS 作为演示。这里探讨的原则可以应用于几乎任何云计算供应商，也可以应用于本地服务器中。

14.2　设置 Swarm 集群和代理
Setting up a Swarm Cluster and the Proxy

我们将使用 Packer（https://www.packer.io/）和 Terraform（https://www.terraform.io/）在 AWS 中创建一个 Swarm 集群。现在使用的配置（几乎）与第 12 章中探索的配置相同，即在 Amazon Web Services（AWS）中创建和管理一个 Docker Swarm 集群。稍后，当遇到更复杂的场景时，我们将对其进行扩展。

> ⓘ 本章中的所有命令都可以在 13-volumes.sh（https://gist.github.com/vfarcic/338e8f2baf2f0c9aa1ebd70daac31899）中找到。

继续使用 vfarcic/cloud-providing（https://github.com/vfarcic/cloud-provisioning）代码库。它包含帮助我们解决问题的配置和脚本。你已经把它克隆了。为了安全起见，我们将拉取最新版本：

```
cd cloud-provisioning
git pull
```

Packer 和 Terraform 的配置在 terraform/aws-full 目录（https://github.com/vfarcic/

cloud-provisioning/tree/master/terraform/aws-full）：

```
cd terraform/aws-full
```

现在将定义几个环境变量，这些变量将为 Packer 提供与 AWS 一起工作所需的信息：

```
export AWS_ACCESS_KEY_ID=[...]

export AWS_SECRET_ACCESS_KEY=[...]

export AWS_DEFAULT_REGION=us-east-1
```

请以实际值替换[…]。如果丢失了密钥并忘记了如何创建密钥，请参阅第 12 章，在 Amazon Web Services 中创建和管理 Docker Swarm 集群。

我们已经准备好创建将在本章中使用的第一个镜像。现在使用的 Packer 配置在 terraform/aws-full/packer-ubuntu-docker-compose.json（https://github.com/vfarcic/cloud-provisioning/blob/master/terraform/aws-full/packer-ubuntu-docker-compose.json）中。它几乎与之前使用的一样，所以这里只会讨论相关的差异，代码如下：

```
    "provisioners": [{
...
    }, {
"type": "file",
"source": "docker.service",
"destination": "/tmp/docker.service"
    }, {
"type": "shell",
"inline": [
"sudo mv /tmp/docker.service /lib/systemd/system/docker.service",
"sudochmod 644 /lib/systemd/system/docker.service",
"sudosystemctl daemon-reload",
"sudosystemctl restart docker"
    ]
    }]
```

文件 provisioner 将 docker.service 文件复制到 VM 中。来自 shell provisioner 的命令将把上传的文件移动到正确的目录，给予它正确的权限，并重新启动 docker 服务。

文件 docker.service（https://github.com/vfarcic/cloud-provisioning/blob/master/terraform/aws-full/docker.service）的内容如下：

```
[Unit]
Description=Docker Application Container Engine
Documentation=https://docs.docker.com
After=network.targetdocker.socket
Requires=docker.socket
```

```
[Service]
Type=notify
ExecStart=/usr/bin/dockerd -H fd:// -H tcp://0.0.0.0:2375
ExecReload=/bin/kill -s HUP $MAINPID
LimitNOFILE=infinity
LimitNPROC=infinity
LimitCORE=infinity
TasksMax=infinity
TimeoutStartSec=0
Delegate=yes
KillMode=process

[Install]
WantedBy=multi-user.target
```

Docker 服务的配置几乎与默认配置相同。唯一的区别是 ExecStart 中的 -H tcp://0.0.0.0:2375。

默认情况下,Docker Engine 不允许远程连接。如果其配置保持不变,则不能从一台服务器向另一台服务器发送命令。通过添加 -H tcp://0.0.0.0:2375,可以告诉 Docker 接受来自任何地址 0.0.0.0 的请求。通常情况下,这将是一个很大的安全风险。但是,默认情况下,所有 AWS 端口都是关闭的。稍后,我们将只对属于同一安全组的服务器打开端口 2375。因此,只要在一个服务器内,就可以控制任何 Docker Engine。正如你很快就会看到的,这将在下面的许多例子中派上用场。

让我们构建在 packer-ubuntu-docker-compose.json 中定义的 AMI:

```
packer build -machine-readable \
    packer-ubuntu-docker.json \
    | tee packer-ubuntu-docker.log
```

现在,可以把注意力转向创建集群的 Terraform。我们将复制之前创建的 SSH 密钥 devops21.pem,并声明一些允许 Terraform 访问 AWS 账户的环境变量:

```
export TF_VAR_aws_access_key=$AWS_ACCESS_KEY_ID

export TF_VAR_aws_secret_key=$AWS_SECRET_ACCESS_KEY

export TF_VAR_aws_default_region=$AWS_DEFAULT_REGION

export KEY_PATH=$HOME/.ssh/devops21.pem

cp $KEY_PATH devops21.pem

export TF_VAR_swarm_ami_id=$( \
    grep 'artifact,0,id' \
    packer-ubuntu-docker.log \
    | cut -d: -f2)
```

Terraform 希望环境变量以 `TF_VAR` 作为前缀，因此必须创建新的变量，尽管它们的值与 Packer 使用的值相同。环境变量 `KEY_PATH` 的值只是一个例子。你可能会把它保存在别的地方。如果是这样，请将值更改为正确的路径。

最后一个命令过滤 `packer-ubuntu-docker.log`，并将 AMI ID 存储为环境变量 `TF_VAR_swarm_ami_id`。

现在可以创建一个 Swarm 群集。三个虚拟机应该足够下面的练习，所以我们只创建 manager。由于这些命令与前面几章中执行的命令相同，因此将跳过解释并运行它们：

```
terraform apply \
    -target aws_instance.swarm-manager \
    -var swarm_init=true \
    -var swarm_managers=1

export TF_VAR_swarm_manager_token=$(ssh \
    -i devops21.pem \
    ubuntu@$(terraform output \
    swarm_manager_1_public_ip) \
    docker swarm join-token -q manager)

export TF_VAR_swarm_manager_ip=$(terraform \
    output swarm_manager_1_private_ip)

terraform apply \
    -target aws_instance.swarm-manager
```

创建第一个服务器并初始化 Swarm 集群。稍后获取其中一个 manager 的令牌和 IP，并使用该数据创建和添加另外两个节点。

为了安全起见，我们将登录一个 manager 并列出构成集群的节点：

```
ssh -i devops21.pem \
    ubuntu@$(terraform output \
    swarm_manager_1_public_ip) \

docker node ls
```

输出如下（为简洁起见，移除了 ID）：

```
HOSTNAME          STATUS AVAILABILITY MANAGER STATUS
ip-172-31-16-158  Ready  Active       Leader
ip-172-31-31-201  Ready  Active       Reachable
ip-172-31-27-205  Ready  Active       Reachable
```

Worker 在哪

我们没有创建任何 worker 节点。原因很简单。对于本章的练习，三个节点就足够了。这不会妨碍你在组织中开始使用类似的群集设置时添加 worker 节点。

TIP

若要添加 worker 节点，请执行以下命令：

```
export TF_VAR_swarm_worker_token=$(ssh\ '-i devops21.pem
''ubuntu@$(terraform output ''swarm_manager_1_public_ip)'
'docker swarm join-token -q worker) terraform apply\'-
target aws_instance.swarm-worker'
```

如果输出为 1.2.3.4，则应该在浏览器中打开 http://1.2.3.4/jenkins。

快要完成任务了。在讨论状态之前，剩下的唯一的事情就是运行 docker-flow-proxy 和 docker-flow-swarm-listener 服务。因为已经多次创建了这样的服务，所以不需要解释，可以通过部署 vfarcic/docker-flow-proxy/docker-composestack.yml 栈（https://github.com/vfarcic/docker-flow-proxy/blob/master/docker-compose-stack.yml）来加速这个过程：

```
docker network create --driver overlay proxy

curl -o proxy-stack.yml \
    https://raw.githubusercontent.com/\
vfarcic/docker-flow-proxy/master/docker-compose-stack.yml

docker stack deploy \
    -c proxy-stack.yml proxy

exit
```

14.3 运行不需要数据持久性的有状态服务
Running Stateful Services without Data Persistence

可以通过查看将有状态服务部署为任何其他服务时会发生什么来开始探索 Swarm 集群中的有状态服务。

Jenkins 就是一个很好的例子。我们创建的每个作业都是一个 XML 文件，安装的每个插件都是一个 HPI 文件，每个配置的更改都保存为 XML。你获得了一个印象。我们在 Jenkins 中做的每一件事最后都是文件，所有这些文件组成了它的状态。没有这些文件，Jenkins 就不能运行。Jenkins 也是我们在遗留应用中遇到问题的一个很好的例子。如果今天设计它，那么它可能会使用一个数据库来存储它的状态。还将允许我们扩展它，因为所有的实例都将通过连接到同一个数据库来共享相同的状态。如果今天从零开始设计它，那么可能会做出很多其他的设计选择。作为遗留（应用/系统）不一定是坏事。当然，今天拥有的经验将帮助我们避免过去的一些陷阱。另一方面，长期使用意味着它是经过了实战检验的，有很高的使用率，有大量的贡献者，有大量的用户，等等。每件事都是一种妥协，我们不可能拥有一切。

对于一个成熟的、经过实战检验的应用，与年轻的、现代的但往往未经验证的应用，我们先不去比较它们的利弊。相反，让我们看一下 Jenkins 作为有状态服务的代表，在使用 Terraform 创建的 Swarm 集群中运行时行为是怎样的：

```
ssh -i devops21.pem \
    ubuntu@$(terraform output \
    swarm_manager_1_public_ip)

docker service create --name jenkins \
-e JENKINS_OPTS="--prefix=/jenkins" \
    --label com.df.notify=true \
    --label com.df.distribute=true \
    --label com.df.servicePath=/jenkins \
    --label com.df.port=8080 \
    --network proxy \
    --reserve-memory 300m \
    jenkins:2.7.4-alpine
```

我们输入了其中一个 manager 并创建了 jenkins 服务。

请稍候，直到 jenkins 服务开始运行。可以使用 docker service psjenkins 检查当前状态。

现在 Jenkins 正在运行，我们应该在浏览器中打开它：

```
Exit

open "http://$(terraform output swarm_manager_1_public_ip)/jenkins"
```

给 Windows 用户的说明

Git Bash 可能无法使用 open 命令。如果是这样，则请执行 terraform output swarm_manager_1_public_ip 来查找 manager 的 IP，并在你选择的浏览器中直接打开 URL。例如，上面的命令应该替换为以下命令：

```
terraform output swarm_manager_1_public_ip
```

如果输出为 1.2.3.4，则应该在浏览器中打开 http://1.2.3.4/jenkins。

正如你从第 6 章中所得知的，我们需要从日志或其文件系统中获取密码。然而，这一次，这样做要复杂一些。Docker Machine 将本地（笔记本上的）目录挂载到它创建的每个虚拟机中，这样，我们就可以在不登录虚拟机的情况下得到 `initialAdminPassword`。

至少 AWS 中还没有这样的东西，所以需要找出哪个 EC2 实例在运行 Jenkins，找到容器的 ID，然后登录它来获取文件。这样的事情很容易手工完成，但是，由于我们致力于自动化，所以将使用复杂方法来做这件事。

我们将通过登录其中一个 manager 并列出服务任务来开始查找密码：

```
ssh -i devops21.pem \
    ubuntu@$(terraform output \
    swarm_manager_1_public_ip) \

docker service ps Jenkins
```

输出如下（为简洁起见，移除了 ID 和 ERROR）：

```
NAME        IMAGE                   NODE              DESIRED STATE
jenkins.1   jenkins:2.7.4-alpine    ip-172-31-16-158  Running
----------------------------------------------------------------
CURRENT STATE
Running 8 minutes ago
```

幸运的是，AWS EC2 实例在其名称中包含了内部 IP。可利用这个优势，代码如下：

```
JENKINS_IP=$(docker service psjenkins \
    | tail -n 1 \
    | awk'{ print $4 }' \
    | cut -c 4- \
    | tr "-" ".")
```

我们列出了服务任务，并将其通过管道发送给 tail 命令，以便只返回最后一行。然后使用 awk 得到第四列。cut 命令打印第四个字节的结果以有效地删除 ip-。所有这些都通过管道传输给 tr 命令替换掉 -，最后，结果保存在环境变量 `JENKINS_IP` 中。

如果这对你来说太诡异，也可以手工赋值（在我的例子中是 `172.31.16.159`）。

既然知道了运行 Jenkins 的节点，就需要获取容器的 ID。因为我们修改了 `docker.service` 配置，允许我们向远程引擎发送命令，所以可以使用 -H 参数。

获取 Jenkins 容器 ID 的命令如下：

```
JENKINS_ID=$(docker -H tcp://$JENKINS_IP:2375 \
    ps -q \
    --filter label=com.docker.swarm.service.name=jenkins)
```

可以使用 -H 告诉本地客户端连接到运行在 tcp://$JENKINS_IP:2375 中的远程引擎。使用 ps 命令的安静模式 -q 列出了所有运行中的容器，因此只返回了 ID。还应用了一个过滤器，以便只得到名为 Jenkins 的服务。结果存储在环境变量 JENKINS_ID 中。

现在可以使用 IP 和 ID 登录容器并输出存储在文件 /var/jenkins_home/secrets/initialAdminPassword 中的密码。

```
docker -H tcp://$JENKINS_IP:2375 \
    exec -it $JENKINS_ID \
    cat /var/jenkins_home/secrets/initialAdminPassword
```

在我的例子中，输出如下：

```
cb7483ce39894c44a48b761c4708dc7d
```

请复制密码，返回到 Jenkins UI，并粘贴它。

在继续之前要完成 Jenkins 的设置。你已经从第 6 章中了解了使用 Jenkins 自动化持续部署流程的演练，因此将让你独立进行此操作。

结果应该类似于图 14-1 中的屏幕。

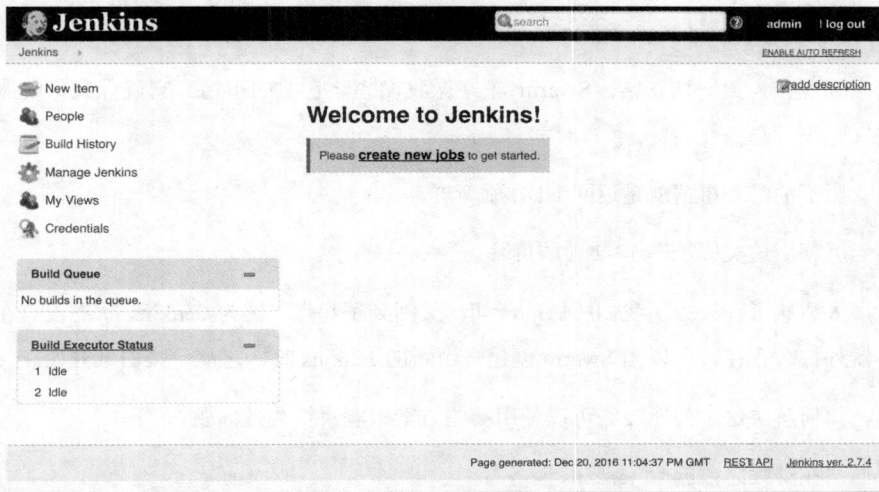

图 14-1　初始设置后的 Jenkins 主界面

这是一个简单的问题，相信你会知道如何回答。不管出于什么原因，如果 Jenkins 实例发生了故障，会发生什么？

让我们模拟故障并观察结果：

```
docker -H tcp://$JENKINS_IP:2375 \
    rm -f $JENKINS_ID
```

使用环境变量 JENKINS_IP 和 JENKINS_ID 向运行 Jenkins 的远程节点发送强制删除命令 rm -f。

没有什么是永恒的。服务迟早都会有故障。如果服务没有故障，运行它的节点也会有故障。通过删除容器，模拟在现实世界中会发生什么.

经过一段时间后，Swarm 会检测到 jenkins 副本有了故障，并实例化一个新的副本。可以通过列出 jenkins 任务来确认这一点：

```
docker service psjenkins
```

输出如下（为简洁起见，移除了 ID）：

```
NAME         IMAGE                NODE               DESIRED STATE   CURRENT
STATE
jenkins.1    jenkins:2.7.4-alpine ip-172-31-31-201   Running         Running
about 1 min
_ jenkins.1  jenkins:2.7.4-alpine ip-172-31-16-158   Shutdown        Failed
about 1 min
------------------------------------------------------------
ERROR PORT
"task: non-zero exit (137)"
```

到现在为止一切正常。Swarm 正在做我们想让它做的事情。它确保我们的服务（几乎）总是在运行。

剩下的唯一事情就是返回 UI 并刷新屏幕。

屏幕应该类似于图 14-2 中的屏幕。

太尴尬了。失去了我们所做的一切，又回到了起点。因为 Jenkins 状态没有在容器外持久存在，所以当 Swarm 创建一个新的 Jenkins 时，它从一张白纸开始。

如何解决这个问题呢？可以使用哪些方案来解决持久性问题？

请在继续之前删除 jenkins 服务：

```
docker service rm jenkins
```

```
exit
```

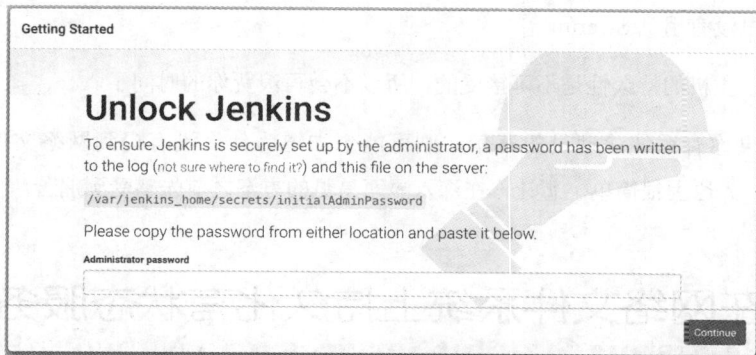

Getting Started

Unlock Jenkins

To ensure Jenkins is securely set up by the administrator, a password has been written to the log (not sure where to find it?) and this file on the server:

`/var/jenkins_home/secrets/initialAdminPassword`

Please copy the password from either location and paste it below.

Administrator password

Continue

图 14-2 Jenkins 的初始配置界面

14.4 在主机上持久化有状态的服务
Persisting Stateful Services on the Host

在早期的 Docker 时代，基于主机的持久化非常普遍，当时人们在预定义的节点上运行容器，而没有像 Docker Swarm、Kubernetes 或 Mesos 这样的调度程序。那时，我们会选择一个节点，在那里运行一个容器并将其放在那里。升级是在同一台服务器上完成的。换句话说，我们将应用程序打包为容器，并且在很大程度上将它们视为任何其他的传统服务。如果节点发生故障……真倒霉！不管用不用容器，这都是一场灾难。

由于服务器是预先准备好的，所以可以在主机上保持状态，并在主机发生故障时依赖备份。由于备份频率不同，而可能会损失一分钟、一小时、一天甚至一周的数据。没有什么事情是容易的。

这种方法唯一的优点是容易实现持久性。我们会在容器中挂载一个主机卷。文件保存在容器之外，因此在"正常"情况下不会丢失任何数据。如果容器由于故障或升级而重新启动，当运行一个新容器时，数据仍然存在。

该模型还有其他的单主机变体。数据卷，只含有数据的容器，等等。它们都有同样的缺点。它们不支持可移植性。没有可移植性，就没有容错，也没有扩展性。这里没有用到 Swarm。

基于主机的持久性是不可接受的，所以不会再浪费你的时间了。

如果你有系统管理员的背景，则可能想知道为什么没有提到网络文件系统（NFS）。原因很简单。想让你在深入显而易见的方案之前先感受到痛苦。

14.5 在网络文件系统上持久化有状态服务
Persisting Stateful Services on a Network File System

我们需要找到一种方法在运行服务的容器之外保存状态。

可以挂载主机上的一个卷。如果容器发生故障并在同一节点上重新运行，这将允许我们保留状态。问题是这样的方案限制太多。除非我们对服务进行约束，否则无法保证 Swarm 会将服务重新调度到同一个节点上。如果这样做的话，Swarm 就无法保证服务的可用性。当该节点发生故障时（每个节点迟早都会发生故障），Swarm 无法重新运行服务。只要服务器在运行，就会有容错能力。

可以通过将 NFS 挂载到每个服务器来解决节点故障的问题。这样，每个服务器都可以访问相同的数据，并且可以为其安装一个 Docker 卷。

我们将使用 Amazon 弹性文件系统（EFS）（https://aws.amazon.com/efs/）。由于本书不是专门讨论 AWS 的，所以将跳过不同 AWS 文件系统的比较，只会强调选择 EFS 是因为可以跨多个可用性区域使用它。

请打开 EFS 的主页（https://console.aws.amazon.com/efs/home）：

```
open "https://console.aws.amazon.com/efs/home?region=$AWS_DEFAULT_REGION"
```

给 Windows 用户的说明

Git Bash 可能无法使用 open 命令。如果是这样，则请将$AWS_DEFAULT_REGION 替换为你的集群正在运行的区域（例如，us-east-1），然后在浏览器中打开它。

单击"Create File System"按钮。对于每个可用性区域，使用 docker（早些时候使用 Terraform 创建的）替换默认的安全组。点击"Next Step"两次，然后点击"Create File System"。

应该等到每个区域的生命周期状态设置为可用为止。

现在，已经准备好在每个节点上挂载 EFS。最简单的方法是点击 Amazon EC2 安装指令链接。我们只对挂载你的文件系统这部分的第三点中的命令感兴趣。请复制一下。

剩下的就是登录每个节点并执行挂载 EFS 卷的命令：

```
ssh -i devops21.pem \
    ubuntu@$(terraform output \
    swarm_manager_1_public_ip)
```

```
sudomkdir -p /mnt/efs
```

我们登录第一个 manager 并创建了 **/mnt/efs** 目录。

粘贴从 EC2 挂载指令页面复制的命令。在执行之前，我们会做一点小小的修改。请将目标路径从 efs 更改为/mnt/efs 并执行它。

在我的例子中，命令如下（你的命令会有所不同）：

```
sudo mount -t nfs4 \
    -o nfsvers=4.1,rsize=1048576,wsize=1048576,hard,timeo=600,\
    retrans=2 fs-07538d4e.efs.us-east-1.amazonaws.com:/ \
    /mnt/efs
```

我们还应该创建一个子目录来保存 Jenkins 的状态：

```
sudomkdir -p /mnt/efs/jenkins
```

```
sudochmod 777 /mnt/efs/jenkins
```

```
exit
```

我们创建了目录/mnt/efs/jenkins，为每个人提供了全部的权限，并退出了服务器。因为 Swarm 可能决定在任何节点上创建服务，所以应该在其他服务器上重复相同的过程。请注意，你的挂载将与此不同，所以不要简单地粘贴下面的 sudo mount 命令：

```
ssh -i devops21.pem \
    ubuntu@$(terraform output \
    swarm_manager_2_public_ip)
```

```
sudomkdir -p /mnt/efs

sudo mount -t nfs4 \
    -o nfsvers=4.1,rsize=1048576,wsize=1048576,hard,timeo=600, \
    retrans=2 fs-07538d4e.efs.us-east-1.amazonaws.com:/ \
    /mnt/efs

exit

ssh -i devops21.pem \
    ubuntu@$(terraform output \
    swarm_manager_3_public_ip)

sudomkdir -p /mnt/efs

sudo mount -t nfs4 \
    -o nfsvers=4.1,rsize=1048576,wsize=1048576,hard,timeo=600,\
    retrans=2 fs-07538d4e.efs.us-east-1.amazonaws.com:/ \
    /mnt/efs

exit
```

最后，可以再次尝试创建 jenkins 服务。希望这一次，在发生故障时，状态将被保存下来：

```
ssh -i devops21.pem \
    ubuntu@$(terraform output \
    swarm_manager_1_public_ip) \

docker service create --name jenkins \
-e JENKINS_OPTS="--prefix=/jenkins" \
    --mount "type=bind,source=/mnt/efs/jenkins,target=/var/jenkins_home" \
    --label com.df.notify=true \
    --label com.df.distribute=true \
    --label com.df.servicePath=/jenkins \
    --label com.df.port=8080 \
    --network proxy \
    --reserve-memory 300m \
    jenkins:2.7.4-alpine
```

这个命令与我们之前使用的命令的唯一区别是--mount 参数。它告诉 Docker 在容器中将主机目录/mnt/efs/jenkins 挂载为/var/jenkins_home。因为在所有节点上将/mnt/efs 挂载为 EFS 卷，所以 jenkins 服务可以访问相同的文件，不管它会在哪个服务器上运行。

请稍等，直到服务开始运行。请执行 service ps 命令以查看当前状态：

```
docker service psjenkins
```

让我们在浏览器中打开 Jenkins UI：

```
exit

open "http://$(terraform output swarm_manager_1_public_ip)/jenkins"
```

给 Windows 用户的说明

Git Bash 可能无法使用 open 命令。如果是这样，则请执行 terraform output swarm_manager_1_public_ip 来查找 manger 的 IP，并在你选择的浏览器中直接打开 URL。例如，应将前面的命令替换为以下命令：

terraform output swarm_manager_1_public_ip

如果输出为 1.2.3.4，则应该在浏览器中打开 http://1.2.3.4/jenkins。

这一次，由于 Jenkins 主目录被挂载为/mnt/efs/jenkins，因此，找到密码要容易很多。我们只需要从其中一个服务器输出文件/mnt/efs/jenkins/security/initialAdminPassword 的内容：

```
ssh -i devops21.pem \
    ubuntu@$(terraform output \
    swarm_manager_1_public_ip)

cat /mnt/efs/jenkins/secrets/initialAdminPassword
```

请复制密码并将其粘贴到 Jenkins UI 的管理员密码字段中。完成设置，如图 14-3 所示。

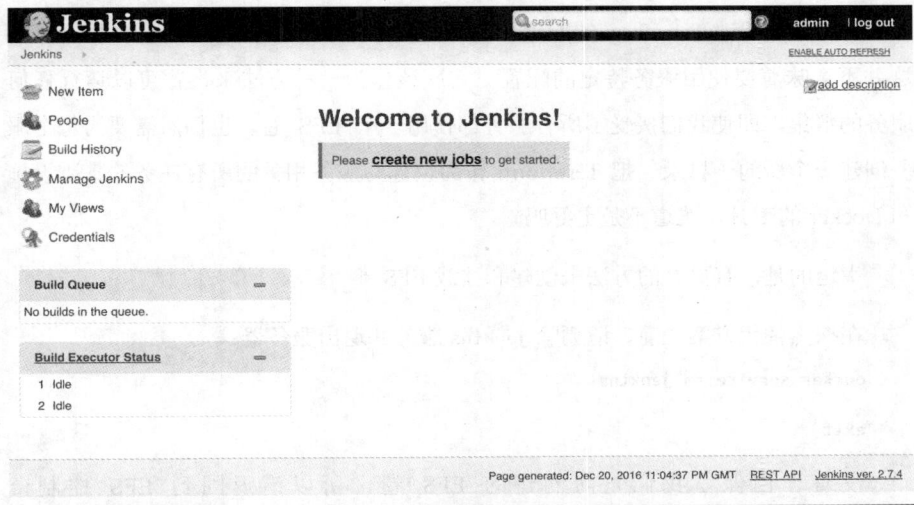

图 14-3　初始设置后的 Jenkins 主页面

我们将再模拟一次故障，并观察其结果。下面的命令与我们之前执行的命令相同，所以不用再解释了：

```
JENKINS_IP=$(docker service psjenkins \
    | tail -n 1 \
    | awk'{ print $4 }' \
    | cut -c 4- \
    | tr "-" ".")

JENKINS_ID=$(docker -H tcp://$JENKINS_IP:2375 \
    ps -q \
    --filter label=com.docker.swarm.service.name=jenkins)

docker -H tcp://$JENKINS_IP:2375 \
    rm -f $JENKINS_ID
```

```
docker service psjenkins
```

将看到登录页面，而不是返回到初始设置。状态得以保存，我们的 Jenkins 服务具有了容错能力。在最坏的情况下，当服务或整个节点发生故障时，将有短暂的停机时间，直到 Swarm 重新创建了发生故障的服务的副本。你可能会想：为什么要求你通过手动步骤来创建一个 EFS 并挂载它呢？这不是应该通过 Terraform 自动完成的吗？原因很简单。这个方案不值得自动化。它有很多缺点。

我们需要将所有服务的状态放到同一个 EFS 驱动器中。更好的方案是为每个服务创建一个 EFS 卷。这种方法的问题在于，每当有人向集群添加新的有状态服务时，都需要更改 Terraform 的配置。这种情况下，Terraform 帮不上什么忙，因为这并不意味着要使用服务特定的配置。它应该作为一种方法来设置可以运行任何服务的群集。即使我们接受了所有服务都使用一个 EFS 卷，也仍然需要为每个服务创建一个新的子目录。把 Terraform 作为创建与服务相关的所有任务的基础设施和 Docker 的工具，难道不是更好吗？

幸运的是，有更好的方法来创建和挂载 EFS 卷。

在探索替代方案之前，请删除 jenkins 服务并退出服务器：

```
docker service rm jenkins
```

```
exit
```

没有理由保留我们先前创建的 EFS 卷，所以请返回到 EFS 控制台（https://console.aws.amazon.com/efs），选择文件系统，然后单击"Actions"按钮，再单击"Delete File System"按钮。其余步骤，请按照界面上的说明操作。

14.6 数据卷的编排
Data Volume Orchestration

有相当多的存储编排方案，通过其卷插件与 Docker 集成。我们不会去比较它们。试图做这样的比较需要整整一章的篇幅，甚至是一本书。

即使你选择了不同的方案，马上要解释的原则也适用于（几乎）所有其他的方案。有关当前支持的插件的完整列表，请访问 Docker Engine 插件文档（`https://docs.docker.com/engine/extend/legacy_plugins/`）中的卷插件一章（`https://docs.docker.com/engine/extend/legacy_plugins/#/volume-plugins`）。

REX-Ray（`https://github.com/codedellemc/rexray`）是一种与供应商无关的存储编排引擎。它是在 libStorage 框架（`http://libstorage.readthedocs.io`）的基础上构建的。它支持 EMC、Oracle VirtualBox 和 Amazon EC2。撰写本书时，对 GCE、OpenStack、Rackspace 和 DigitalOcean 的支持正在开发中。

我发现当看到某件事情在运行中的时候，理解起来更容易。本着这种精神，将直接开始一个实际的演示，而不是长时间地争论 REX-Ray 可以做什么以及它是如何工作的。

14.7 使用 REX-Ray 持久化有状态服务
Persisting Stateful Services with REX-Ray

我们将从手动设置 REX-Ray 开始。对于有状态服务来说，如果它是一种很好的方案，那么将把它移植到 Packer 和 Terraform 配置中。从手动设置开始的另一个原因是让你更好地理解它是如何工作的。让我们开始吧。

除了 AWS 访问密钥和我们已经多次使用的区域之外，还需要之前用 Terraform 创建的安全组的 ID：

```
terraform output security_group_id
```

输出应该与下面的命令相似（你的输出将有所不同）：

```
sg-d9d4d1a4
```

请复制该值。很快就会用到的。

我们将登录一个节点，在其中安装和配置 REX-Ray：

```
ssh -i devops21.pem \
    ubuntu@$(terraform output \
    swarm_manager_1_public_ip)
```

REX-Ray 的安装相当简单。这就是我喜欢它而不是其他方案的原因之一：

```
curl -sSL https://dl.bintray.com/emccode/rexray/install | sh -s -- stable
```

输出如下：

```
REX-Ray
-------
Binary: /usr/bin/rexray
SemVer: 0.6.3
OsArch: Linux-x86_64
Branch: v0.6.3
Commit: 69b1f5c2d86a2103c792bec23b5855babada1c0a
Formed: Wed, 07 Dec 2016 23:22:14 UTC

libStorage
----------
SemVer: 0.3.5
OsArch: Linux-x86_64
Branch: v0.6.3
Commit: 456dd68123dd6b49da0275d9bbabd6c800583f61
Formed: Wed, 07 Dec 2016 23:21:36 UTC
```

我们安装了 REX-Ray v0.6.3，以及它依赖的 libStorage 版本 0.3.5。在这样的情况下，版本可能更新。

接下来，我们将用 REX-Ray 配置所需的值设置环境变量：

```
export AWS_ACCESS_KEY_ID=[...]
```

```
export AWS_SECRET_ACCESS_KEY=[...]
```

```
export AWS_DEFAULT_REGION=[...]
```

```
export AWS_SECURITY_GROUP=[...]
```

请用实际值替换 […]。安全组的值应该与我们使用 `terraform output security_group_id` 命令检索的值相同。

现在，可以通过存储在/etc/rexray/config.yml 中的 YML 配置文件来配置 REX-Ray：

```
echo "
libstorage:
  service: efs
  server:
    services:
      efs:
        driver: efs
        efs:
          accessKey:        ${AWS_ACCESS_KEY_ID}
          secretKey:        ${AWS_SECRET_ACCESS_KEY}
          securityGroups:   ${AWS_SECURITY_GROUP}
          region:           ${AWS_DEFAULT_REGION}
          tag: rexray" \
    | sudo tee /etc/rexray/config.yml
```

我们将驱动程序设置为 efs，并向其提供 AWS 数据。结果输出到 /etc/rexray/config.yml 文件。

现在可以启动该服务了：

```
sudorexray service start
```

输出如下：

```
rexray.service - rexray
   Loaded: loaded (/etc/systemd/system/rexray.service; enabled; \
vendor preset: enabled)
   Active: active (running) since Thu 2016-12-22 19:34:51 UTC; 245ms ago
 Main PID: 7238 (rexray)
    tasks: 4
   Memory: 10.6M
      CPU: 109ms
   CGroup: /system.slice/rexray.service/\
           _7238 /usr/bin/rexray start -f
Dec 22 19:34:51 ip-172-31-20-98 systemd[1]: Started rexray.
```

REX-Ray 正在运行，现在可以退出节点：

```
exit
```

由于不知道哪个节点将运行我们的有状态服务，所以需要在集群的每个节点上设置 REX-Ray。请在 Swarm manager 节点 2 和节点 3 上重复设置步骤。

一旦 REX-Ray 在所有节点上运行，就可以试一下。请登录其中一个 manager：

```
ssh -i devops21.pem \
    ubuntu@$(terraform output \
    swarm_manager_1_public_ip)
```

可以通过我们安装的 rexray 二进制文件直接使用 REX-Ray。例如，可以列出所有卷：

```
sudorexray volume get
```

输出如下：

```
ID Name Status Size
```

因为还没有创建任何卷，所以输出里看不到什么。可以使用 rexray volume create 命令来创建卷。但是，没有必要这样做。由于它与 Docker 集成，所以不需要在任何操作中直接使用二进制文件。

让我们再试一次创建 jenkins 服务。这一次，我们将使用 REX-Ray 作为卷驱动程序：

```
docker service create --name jenkins \
-e JENKINS_OPTS="--prefix=/jenkins" \
    --mount "type=volume,source=jenkins,target=/var/jenkins_home, \
volume-driver=rexray" \
    --label com.df.notify=true \
    --label com.df.distribute=true \
    --label com.df.servicePath=/jenkins \
    --label com.df.port=8080 \
    --network proxy \
    --reserve-memory 300m \
    jenkins:2.7.4-alpine
```

刚才执行的命令与之前创建 jenkins 服务尝试的唯一区别是--mount 参数。源现在只是一个名字 jenkins，它表示卷的名称。目标仍然是相同的，代表容器中的 Jenkins home。主要的区别是增加了 volume-driver 参数。这就是 Docker 应该使用 rexray 挂载卷的命令。

如果 REX-Ray 和 Docker 之间的集成起了作用，就应该会看到 jenkins 卷：

```
sudorexray volume get
```

输出如下：

```
ID          Name     Status    Size
fs-0a64ba43 jenkins  attached  6144
```

这一次，rexray volume get 命令的输出不是空的，可以看到 jenkins 卷。正如我们已经提到的，不需要使用 rexray 二进制文件。可以通过 Docker 直接完成它的许多功能。例如，可以执行 docker volume ls 命令列出所有卷：

```
docker volume ls
```

输出如下：

```
DRIVER  VOLUME NAME
        rexrayjenkins
```

列出的卷只证明了 Docker 和 REX-Ray 注册了一个新的挂载。让我们看看在 AWS 中发生了什么：

```
exit
```

```
open https://console.aws.amazon.com/efs/home?region=$AWS_DEFAULT_REGION
```

给 Windows 用户的说明

> **TIP**
>
> Git Bash 可能无法使用 open 命令。如果是这样，则请将$AWS_DEFAULT_REGION 替换为你的集群正在运行的区域（例如，us-east-1），然后在浏览器中打开它。

你应该会看到一个类似于图 14-4 所示的界面。

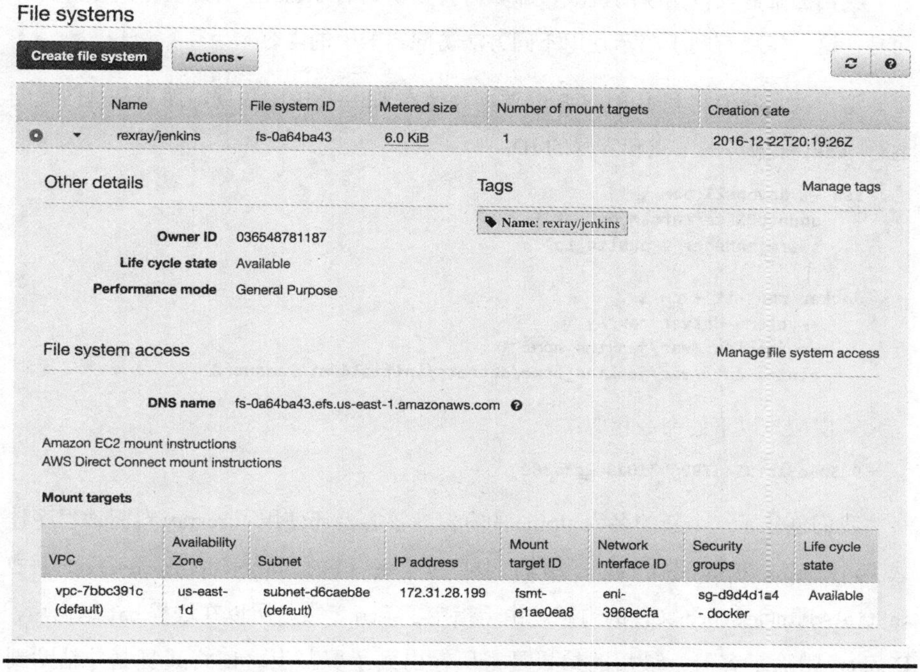

File systems

	Name	File system ID	Metered size	Number of mount targets	Creation date
⚙ ▾	rexray/jenkins	fs-0a64ba43	6.0 KiB	1	2016-12-22T20:19:26Z

Other details　　　　　　　　　　　　　　　　　　**Tags**　　　　　　　　　　　　Manage tags

🏷 **Name:** rexray/jenkins

Owner ID　036548781187
Life cycle state　Available
Performance mode　General Purpose

File system access　　　　　　　　　　　　　　　　Manage file system access

DNS name　fs-0a64ba43.efs.us-east-1.amazonaws.com ❓

Amazon EC2 mount instructions
AWS Direct Connect mount instructions

Mount targets

VPC	Availability Zone	Subnet	IP address	Mount target ID	Network interface ID	Security groups	Life cycle state
vpc-7bbc391c (default)	us-east-1d	subnet-d6caeb8e (default)	172.31.28.199	fsmt-e1ae0ea8	enl-3968ecfa	sg-d9d4d1a4 - docker	Available

图 14-4　创建 AWS EFS 卷并挂载到 REX-Ray

如你所见，REX-Ray 创建了一个名为 rexray/jenkins 的新的 EFS 卷，并在与运行 jenkins 服务的节点相同的可用区中挂载了一个目标。

唯一缺少的，可以满足我的偏执性的是杀掉 Jenkins，并确认 REX-Ray 在一个新的容器上挂载了 EFS 卷，Swarm 将重新调度该容器。和以前一样，我们将从设置 Jenkins 开始：

```
open "http://$(terraform output swarm_manager_1_public_ip)/jenkins"
```

给 Windows 用户的说明

Git Bash 可能无法使用 open 命令。如果是这样，则请执行 terraform output swarm_manager_1_public_ip 来查找 manager 的 IP，并在你选择的浏览器中直接打开 URL。例如，应该将之前的命令替换为以下命令：

```
terraform output swarm_manager_1_public_ip
```

如果输出为 1.2.3.4，则应该在浏览器中打开 http://1.2.3.4/jenkins。

我们面临着反复出现的挑战，即如何找到初始的 Jenkins 管理员密码。好的一面是，这一挑战有助于演示使用不同方法访问容器中的内容。

这一次，我们将利用 REX-Ray 访问存储在 EFS 卷中的数据，而不是试图找到运行 jenkins 服务的节点和容器的 ID：

```
ssh -i devops21.pem \
    ubuntu@$(terraform output \
    swarm_manager_1_public_ip)

docker run -it --rm \
    --volume-driver rexray \
    -v jenkins:/var/jenkins_home \
    alpine cat /var/jenkins_home/secrets/initialAdminPassword
```

输出应与以下的命令相似：

```
9c5e8e51af954d7988b310d862c3d38c
```

我们创建了一个新的名为 alpine 的容器，该容器还使用了 rexray 卷驱动程序挂载到 jenkins EFS 卷。该命令输出了包含密码的 /var/jenkins_home/secrets/initialAdminPassword 文件的内容。由于指定了 --rm 参数，所以在进程 cat 退出后，Docker 删除了容器。最后的结果是密码输出到了屏幕上。请将其复制并粘贴到 Jenkins UI 中的管理员密码字段中。完成设置。

现在需要经历一个痛苦的过程：找到运行 Jenkins 的节点，得到容器的 ID，并在远程 Engine 上执行 docker rm 命令。换句话说，将运行之前尝试中执行的同一组命令：

```
JENKINS_IP=$(docker service psjenkins | tail -n 1 \
    | awk'{ print $4 }' | cut -c 4- | tr "-" ".")

JENKINS_ID=$(docker -H tcp://$JENKINS_IP:2375 \
    ps -q \
    --filter label=com.docker.swarm.service.name=jenkins)

docker -H tcp://$JENKINS_IP:2375 \
    rm -f $JENKINS_ID
```

几分钟后，Swarm 将重新调度该容器，Jenkins 将再次运行。

请等待直到服务的当前状态变为运行：

```
docker service psjenkins
```

重新加载 Jenkins UI，并观察到你被重定向到登录页面，而不是初始设置。状态被保存下来了。

这个集群上的工作结束了。现在需要手动删除卷。否则，由于它不是 Terraform 创建的，因此，即使销毁了集群，该卷也还存在，AWS 也会继续向我们收费。问题是，只要有一个或多个服务正在使用卷，卷就不能被删除，所以还需要销毁 jenkins 服务：

```
docker service rm jenkins
```

```
docker volume rm jenkins
```

```
exit
```

```
terraform destroy -force
```

14.8 为有状态服务选择持久性方法
Choosing the Persistence Method for Stateful Services

还有很多其他工具可以用来持久化状态。它们中的大多数都属于我们讨论过的内容之一。在我们采取的不同方法中，最常见的三种方法如下。

（1）不持久化状态。

（2）将状态保持在主机上。

（3）将状态保持在群集之外的某个地方。

没有理由争论为什么在有状态的服务中持久化数据是至关重要的，因此第一个选项被自动放弃。

因为我们正在运行一个集群，所以不能认为任何给定的主机总是可用的。它可能在任何时候发生故障。即使一个节点没有故障，服务迟早也会发生故障，并且 Swarm 会重新调度它。当这种情况发生时，无法保证 Swarm 将在同一主机上运行新的副本。即使克服了重重困难，节点从未有过故障，而且服务牢不可破，当第一次执行服务的更新（例如，新版本）时，Swarm 也可能会在其他地方创建新的副本。总之，我们不知道服务将在哪里运行，也不知道它将在那里停留多久。使这句话无效的唯一方法是使用限制将服务绑定到特定的主机上。然而，如果这样做的话，使用 Swarm 或阅读本书就没有意义了。总之，状态不应保持在特定的主机上。

就剩下第三种选择了。状态应该保持在集群之外的某个地方，可能是在网络驱动器上。传统上，系统管理员会在所有主机上挂载一个网络驱动器，因此，无论服务在哪里运行，都可以访问状态。这种方法有很多问题，主要的问题是需要挂载一个驱动器，并期望所有有状态的服务都将状态保持在那里。理论上，我们可以为每个服务挂载一个新的驱动器。这样的要求很快就会成为负担。例如，如果使用 Terraform 来管理我们的基础设施，那么每次有新服务时，我们都需要更新它。你还记得十二因子应用程序的第一个原则吗？一个服务应该有一个代码库。服务所需的一切都应该放在一个存储库中。因此，Terraform 或任何其他基础设施配置工具不应该包含任何服务特定的细节。

该问题的解决方案是使用类似于管理服务的原则来管理卷。正如采用调度器（例如，Swarm）来管理服务一样，也应该采用卷调度器来处理挂载。

由于采用了 Docker 容器作为运行服务的一种方式，卷调度器应该能够与其集成并提供无缝体验。换句话说，管理卷应该是管理服务的一个组成部分。Docker

卷插件允许我们精确地实现这一点。其目的是将第三方解决方案整合到 Docker 的生态系统中，并使卷管理透明化。

REX-Ray 是我们讨论的方案之一。还有很多其他的，你可以比较它们，并决定哪个卷调度器最适合你的场景。

如果只看到本章所探讨的选择，REX-Ray 是一个明显的赢家。它允许我们以透明的方式在整个集群中持久化数据。唯一的额外需求是一定要安装 REX-Ray。安装之后，可以使用它的驱动程序挂载卷，就好像它们是常规的主机卷一样。幕后，REX-Ray 承担了繁重的工作。它用于创建一个网络驱动器，挂载并管理它。

长话短说，对全部的有状态服务，将使用 REX-Ray。这并不完全准确，所以让我换一个说法。对于所有不在实例间使用复制和同步的有状态服务，将使用 REX-Ray。如果你想知道这意味着什么，那么请稍微有点耐心。我们很快就会讨论这些。

如果已经决定了将 REX-Ray 作为栈的一部分，那么就有必要将其添加到我们的 Packer 和 Terraform 配置中。

14.9 在 Packer 和 Terraform 中加入 REX-Ray
Adding REX-Ray to Packer and Terraform

我们已经尝试了 REX-Ray 的手动设置，所有将其添加到 Packer 和 Terraform 的配置中还是相对容易的。我们将不依赖运行时资源的静态部分加到 Packer 中，其余部分加到 Terraform。这意味着，Packer 将创建安装了 REX-Ray 的 AMI，Terraform 将创建它的配置并启动服务。

让我们看看 terraform/aws-full/packer-ubuntu-docker-rexray.json 文件（https://github.com/vfarcic/cloud-provisioning/blob/master/terraform/aws-full/packer-ubuntu-docker-rexray.json）：

```
cat packer-ubuntu-docker-rexray.json
```

与我们之前使用过的配置 terraform/aws-full/packer-ubuntu-docker.json（https://github.com/vfarcic/cloud-provisioning/blob/master/terraform/aws-full/

packer-ubuntu-docker.json）相比，唯一的区别是 shell provisioner 中多了一个命令：

```
"provisioners": [{
  "type": "shell",
  "inline": [
    ...
    "curl -sSL https://dl.bintray.com/emccode/rexray/install | sh -s --stable"
    ]...
  }]
```

当创建一个 VM（稍后将成为 AMI）时，Packer 将执行与手动安装 REX-Ray 相同的命令。

让我们构建 AMI：

```
packer build -machine-readable \
    packer-ubuntu-docker-rexray.json \
    | tee packer-ubuntu-docker-rexray.log

export TF_VAR_swarm_ami_id=$(\
    grep 'artifact,0,id' \
    packer-ubuntu-docker-rexray.log \
    | cut -d: -f2)
```

我们构建了 AMI 并将 ID 存储在环境变量 TF_VAR_swarm_ami_id 中。Terraform 很快就会用到该 ID。

定义 REX-Ray 设置的 Terraform 部分要复杂一些，因为它的配置是动态的，是在运行时决定的。

配置定义在 terraform/aws-ull/rexray.tpl 模板中（https://github.com/vfarcic/cloud-provisioning/blob/master/terraform/aws-full/rexray.tpl）：

```
cat rexray.tpl
```

输出如下：

```
libstorage:
  service: efs
  server:
    services:
      efs:
        driver: efs
        efs:
          accessKey:      ${aws_access_key}
          secretKey:      ${aws_secret_key}
          region:         ${aws_default_region}
          securityGroups: ${aws_security_group}
          tag:            rexray
```

如你所见，AWS 密钥、区域和安全组被定义为变量。神奇之处在 terraform/ aws-full/common.tf 文件中（https://github.com/vfarcic/cloud-provisioning/blob/master/ terraform/aws-full/common.tf）：

```
cat common.tf
```

输出的相关部分是 template_file 数据源。内容如下：

```
data "template_file" "rexray" {
  template = "${file("rexray.tpl")}"

  vars {
    aws_access_key = "${var.aws_access_key}"
    aws_secret_key = "${var.aws_secret_key}"
    aws_default_region = "${var.aws_default_region}"
    aws_security_group = "${aws_security_group.docker.id}"
  }
}
```

模板的内容位于之前讨论过的文件 rexray.tpl 中（https://github.com/vfarcic/ cloud-provisioning/blob/master/terraform/aws-full/rexray.tpl）。模板中的变量在 vars 部分定义。最后一个变量 aws_security_group 的值将在 aws_security_group 中的 docker 创建之后在运行时确定。

最后，拼图的最后一部分是 terraform/aws-full/swarm.tf 文件（https://github. com/vfarcic/cloud-provisioning/blob/master/terraform/aws-full/swarm.tf）：

```
cat swarm.tf
```

swarm-manager 和 swarm-worker AWS 实例在 remote-exec provisioner 中都有额外两行。它们是：

```
"if ${var.rexray}; then echo \"${data.template_file.rexray.renderec}\"\
  | sudo tee /etc/rexray/config.yml; fi",
"if ${var.rexray}; then sudorexray service start >/dev/null 2>/dev/null;
  fi"
```

命令在 if 语句中。这允许我们在运行时决定是否应该配置和启动 REX-Ray。通常不需要 if 语句。你要么选择使用 REX-Ray，要么不使用。然而，在本章开始时，我们需要一个带有 REX-Ray 的集群，而不想维护两个几乎一样的配置（一个有 REX-Ray，另一个没有）。

重要的部分在 if 语句中。第一行将模板的内容放入/etc/rexray/config.yml 中（https://github.com/vfarcic/cloud-provisioning/blob/master/terraform/aws-full/

swarm.tf）。第二行用于启动服务。现在对在 Terraform 配置中如何定义 REX-Ray
已经清楚了，是时候用它自动创建集群了：

```
terraform apply \
    -target aws_instance.swarm-manager \
    -var swarm_init=true \
    -var swarm_managers=1 \
    -var rexray=true
```

创建了初始化 Swarm 群集的第一个节点，可以再添加两个 manager 节点：

```
export TF_VAR_swarm_manager_token=$(ssh \
    -i devops21.pem \
    ubuntu@$(terraform output \
    swarm_manager_1_public_ip) \
    docker swarm join-token -q manager)

export TF_VAR_swarm_manager_ip=$(terraform \
    output swarm_manager_1_private_ip)

terraform apply \
    -target aws_instance.swarm-manager \
    -var rexray=true
```

检索第一个 manager 的令牌和 IP，并使用该信息创建其余节点。

让我们登录其中一个服务器并确认是否安装了 REX-Ray：

```
ssh -i devops21.pem \
    ubuntu@$(terraform output \
    swarm_manager_1_public_ip)
```

```
rexray version
```

rexray version 命令的输出如下：

```
REX-Ray
-------
Binary: /usr/bin/rexray
SemVer: 0.6.3
OsArch: Linux-x86_64
Branch: v0.6.3
Commit: 69b1f5c2d86a2103c792bec23b5855babada1c0a
Formed: Wed, 07 Dec 2016 23:22:14 UTC

libStorage
----------
SemVer: 0.3.5
OsArch: Linux-x86_64
Branch: v0.6.3
Commit: 456dd68123dd6b49da0275d9bbabd6c800583f61
Formed: Wed, 07 Dec 2016 23:21:36 UTC
```

REX-Ray 和 libStorage 都已经安装好。最后，在检查它是否正常工作之前，让我们先看一下配置。

```
cat /etc/rexray/config.yml
```

输出如下：

```
libstorage:
service: efs
server:
  services:
  efs:
    driver: efs
    efs:
      accessKey:        ##########
      secretKey:        ##########
      region:           ##########
      securityGroups:   ##########
      tag:              rexray
```

众所周知，我们隐藏了 AWS 账户的细节。尽管如此，配置看起来没有问题，可以试一下 REX-Ray。

我们将部署 vfarcic/docker-flow-proxy/docker-compose-stack.yml 栈（https://github.com/vfarcic/docker-flow-proxy/blob/master/docker-compose-stack.yml），并像手工安装 REX-Ray 时所做的那样创建 jenkins 服务：

```
docker network create --driver overlay proxy

curl -o proxy-stack.yml \
    https://raw.githubusercontent.com/ \
vfarcic/docker-flow-proxy/master/docker-compose-stack.yml

docker stack deploy \
    -c proxy-stack.yml proxy

docker service create --name jenkins \
-e JENKINS_OPTS="--prefix=/jenkins" \
    --mount "type=volume,source=jenkins,target=/var/jenkins_home,\
volume-driver=rexray" \
    --label com.df.notify=true \
    --label com.df.distribute=true \
    --label com.df.servicePath=/jenkins \
    --label com.df.port=8080 \
    --network proxy \
    --reserve-memory 300m \
    jenkins:2.7.4-alpine
```

只需几分钟，脚本就完成了。现在可以检查 Docker 卷：

```
docker volume ls
```

输出如下：

```
DRIVER    VOLUME NAME
rexray    jenkins
```

正如预期的那样，jenkins 服务使用相同的名字创建了 rexray 卷。我们应该等到 Jenkins 运行并在浏览器中打开它：

```
docker service psjenkins # Wait until finished

exit

open "http://$(terraform output swarm_manager_1_public_ip)/jenkins"
```

给 Windows 用户的说明

Git Bash 可能无法使用 open 命令。如果是这样，则请执行 terraform output swarm_manager_1_public_ip 来查找 manager 的 IP，并在你选择的浏览器中直接打开 URL。例如，上面的命令应该替换为以下命令：

```
terraform output swarm_manager_1_public_ip
```

如果输出为 1.2.3.4，则应该在浏览器中打开 http://1.2.3.4/jenkins。

唯一剩下的就是恢复管理员的初始密码，并使用它来设置 Jenkins：

```
ssh -i devops21.pem \
    ubuntu@$(terraform output \
    swarm_manager_1_public_ip)

docker run -it --rm \
    --volume-driver rexray \
    -v jenkins:/var/jenkins_home \
    alpine cat /var/jenkins_home/secrets/initialAdminPassword
```

剩下的事情就交给你了。完成设置，销毁容器，等待 Swarm 重新调度容器，确认状态被保留，等等。花点时间去试试这些。

```
the service and the volume. We won't need it anymore:
```

除非你已经离不开 Jenkins 和 REX-Ray 了，否则请删除服务和卷。我们不再需要它了：

```
docker service rm jenkins

docker volume rm jenkins

exit
```

Prometheus、ElasticSearch 和 Mongo 只是存储状态服务的几个例子。我们应该为所有这些加上 REX-Ray 挂载吗？不一定。有些有状态的服务已经有了保存其状态的机制。在 REXRay 挂载之前，应该先检查服务是否已经具有数据复制机制。

14.10 无复制的有状态服务持久化
Persisting Stateful Services without Replication

Jenkins 是有状态服务的一个很好的例子，它迫使我们维护它的状态。此外，它无法在多个实例之间共享或同步状态。因此，它无法伸缩。不可能有两个 Jenkins master 具有相同的或复制的状态。当然，你可以创建任意多个 master，但是每一个都是完全独立的服务，与其他实例没有任何关系。

Jenkins 无法水平缩放的最明显的负面影响是性能。如果 master 负载很高，那么无法创建新的实例，从而减轻原来实例的负担。

只有三种类型的服务可以缩放。它们需要是无状态的，有状态并能使用共享状态，或者有状态并能同步状态。Jenkins 不属于这些，因此，它不能横向缩放。要增加 Jenkins 的容量，唯一能做的就是增加更多的资源（例如，CFU 和内存）。这样做将提高其性能，但无法提供高可用性。当 Jenkins 发生故障时，Swarm 会调度 Jenkins 重新运行。不过，在故障和新的副本完全投入运行之间仍有一段时间。

在此期间，Jenkins 将无法正常工作。没有伸缩能力，就没有高可用性。

Jenkins 工作负荷的很大一部分是由它的代理完成的，因此，许多组织都不需要处理这样一个事实，即它是不可伸缩的。

这种违反 Jenkins 状态性的原因是为了演示设计有状态服务的一种方法。当运行没有同步机制的有状态服务时，没有比从外部驱动器挂载卷更好的选择了。这并不意味着挂载卷是我们可以用来部署有状态服务的唯一选项，但这是一种首选的方法，用来处理那些不能在多个副本之间共享或同步其状态的服务。

让我们来探索实现状态同步的有状态服务。

14.11 使用同步和复制持久化有状态服务
Persisting Stateful Services with Synchronization and Replication

在创建有状态服务时，自然的反应是想出一种方法来维护它们的状态。大多数情况下，这是正确的做法，但在另一些情况下则不然。这取决于服务的架构。

本书探讨了至少两个可以在所有实例中同步它们状态的有状态服务。它们是 Docker Flow Proxy 和 MongoDB。简言之，同步状态的能力意味着当一个实例中的数据发生变化时，它能够将该变化传播给所有其他实例。这个过程最大的问题是如何在不牺牲可用性的情况下能保证每个人都有相同的数据。我们将在另外的时间和场合来讨论这个问题。相反，让我们看一下 docker-flow-proxy 和 mongo 服务，并决定需要哪些改变（如果有的话）以实现高可用性和高性能。现在使用它们作为示例，说明如何处理能够进行数据复制和同步的有状态服务。

并不是每个人都使用 Mongo 来存储数据，也不是每个人都认为 Docker Flow Proxy 是路由请求的最佳选择。你对数据库和代理的选择很可能是不同的。即使在这种情况下，也强烈建议你阅读下面的章节，因为下面的章节只使用这两个服务作为示例，说明如何设计复制以及如何设置已经支持复制的第三方有状态服务。大多数数据库使用相同的复制和同步原则，你应该同意将 MongoDB 示例作为创建数据库服务的蓝图。

14.12　持久化 Docker Flow Proxy 的状态
Persisting Docker Flow Proxy State

Docker Flow Proxy 是一种有状态服务。然而，这并不妨碍我们扩大其规模。它的架构是以这样一种方式搭建的，尽管它是有状态的，但所有实例都有相同的数据。实现这一目标的机制有很多的名称。我更喜欢称为状态复制和同步。

当其中一个实例接收到一条更改其状态的新指令时，它应该找到所有其他副本并传播更改之。

复制流程通常如下。

（1）一个实例收到更改其状态的请求。

（2）它会查找同一服务的所有其他实例的地址。

（3）它将请求重新发送给同一服务的所有其他实例。

能够传播更改是不够的。创建新实例时，具有数据复制能力的有状态服务需要能够从其他实例中请求一个完整的状态。初始化时，需要执行的第一个操作是达到与其他副本相同的状态。这可以通过一个拉取的机制来完成。虽然一个实例的状态变化的传播通常需要对所有其他实例进行推送，但新实例初始化之后往往是要拉取数据。

同步流程通常如下。

（1）创建服务的新实例。

（2）它会查找同一服务的其他实例之一的地址。

（3）它会从同一服务的另一个实例中拉取数据。

你已经多次看到 Docker Flow Proxy 的运行了。我们对其进行了缩放，并模拟了一个导致重新调度的故障。在这两种情况下，所有副本总是具有相同的状态，或者更准确地说，是具有相同的配置。你之前见过它，因此不需要再进行一轮代理功能的实际演示了。

理解复制和同步是如何工作的并不意味着应该将服务写成有状态的，并自己使用这些机制。恰恰相反，适当的时候，将服务设计为无状态的，并将其状态存储在数据库中。否则，你可能很快就会遇到问题，并意识到不得不从零开始。例如，你可能面临协商一致的问题，这些问题已经在 Raft 和 Paxos 等协议中得到了解决。你可能需要实现 Gossip 协议的变体等诸如此类的问题。专注于能为你的项目带来价值的事情，并使用经过验证的方案。

建议使用外部数据库，而不是将状态存储在我们的服务中，这听起来可能有些矛盾，因为我们知道 Docker Flow Proxy 所做的恰恰相反。它是一个没有任何外部数据存储的有状态应用程序（至少在 Swarm 模式下运行时是这样）。原因很简单，这个代理不是从头开始编写的。它在后台使用 HAProxy，HAProxy 没有能力在外部存储它的配置（状态）。如果从头开始编写一个代理代码，那么将在外部保存它的状态。总有一天我会这么做的。在此之前，HAProxy 是有状态的，所以

Docker Flow Proxy 也是有状态的。从用户的角度来看，这不应该是一个问题，因为它在所有实例之间使用了数据复制和同步。问题在于项目中的开发人员。

让我们看看另一个使用数据复制的有状态服务的例子。

14.13　持久化 MongoDB 的状态
Persisting MongoDB State

我们在本书中都使用了 go-demo 服务。它可以帮助我们更好地理解 Swarm 是如何工作的。除此之外，我们对服务进行了多次扩容。这很容易做到，因为它是无状态的。可以创建任意数量的副本，而不必担心数据。数据存放在其他地方。

go-demo 服务将其状态外部化到 MongoDB。如果你有注意的话，我们从来没有缩放过数据库。原因很简单，不能使用简单的 `docker service scale` 命令来缩放MongoDB。

Docker Flow Proxy 是从底层开始设计的，它在数据复制之前利用 Swarm 网络来查找其他的实例，与此不同，MongoDB 是网络不可知的。它不能自动发现它的副本。让事情变得更复杂的是，只有一个实例可以是主节点，这意味着只有一个实例可以接收写请求。这就意味着我们不能使用 Swarm 来缩放 Mongo。我们需要一种不同的方法。让我们试着配置三个 MongoDB，通过创建一个副本集来使用数据复制。现在从手动过程开始，以了解可能面临的问题以及可能采用的解决方案。稍后，一旦我们达到一个令人满意的结果，就会尝试自动化该过程。

首先登录一个管理节点：

```
ssh -i devops21.pem \
    ubuntu@$(terraform output \
    swarm_manager_1_public_ip)
```

Mongo 副本集的所有成员都能够相互通信，因此将创建与之前的 go-demo 相同的网络：

```
docker network create --driver overlay go-demo
```

如果要创建带有三个副本的服务，Swarm 将为该服务创建一个单一的网络端点，并在所有实例之间对请求做负载均衡。这种方法的问题在于 MongoDB 的配置。属于副本集的每个 DB 都需要一个固定的地址。

我们将创建三个服务，而不是创建一个服务的三个副本：

```
for i in 1 2 3; do
    docker service create --name go-demo-db-rs$i \
        --reserve-memory 100m \
        --network go-demo \
        mongo:3.2.10 mongod --replSet "rs0"
done
```

执行的命令创建了服务 go-demo-db-rs1、go-demo-db-rs2 和 godemo-db-rs3。它们都属于 go-demo 网络，这样它们就可以自由地进行通信。该命令为所有服务指定了 mongod-replSet "rs0"，使它们都属于同一个名为 rs0 的 Mongo 副本集。请不要把 Swarm 副本和 Mongo 副本集混为一谈。虽然它们的目标相似，但背后的逻辑却截然不同。

我们应该等到所有服务都运行起来：

```
docker service ls
```

输出的相关部分如下（为简洁起见，移除了 ID）：

```
NAME            REPLICAS  IMAGE         COMMAND
...
go-demo-db-rs2 1/1        mongo:3.2.10  mongod  --replSet rs0
go-demo-db-rs1 1/1        mongo:3.2.10  mongod  --replSet rs0
go-demo-db-rs3 1/1        mongo:3.2.10  mongod  --replSet rs0
...
```

现在应该配置 Mongo 的副本集。将通过再创建一个 mongo 服务来做到这一点：

```
docker service create --name go-demo-db-util \
    --reserve-memory 100m \
    --network go-demo \
    --mode global \
    mongo:3.2.10 sleep 100000
```

我们让服务成为全局的，以确保它运行在我们所在的同一节点上。这使得这个过程比试图找出它所运行的节点的 IP 更容易。它属于同一个 go-demo 网络，这样它就可以访问其他 DB 服务。

我们不希望在此服务中运行 Mongo 服务器。go-demo-db-util 的目的是给我们提供一个 Mongo 客户端，可以使用它连接到其他数据库并配置之。因此，我们使用很长的休眠时间代替了默认的 mongod 命令。

要登录 go-demo-db-util 服务的一个容器，就需要找到它的 ID：

```
UTIL_ID=$(docker ps -q \
    --filter label=com.docker.swarm.service.name=go-demo-db-util)
```

现在已经有了在同一服务器上运行的 go-demo-db-util 副本的 ID，就可以在容器中输入：

```
docker exec -it $UTIL_ID sh
```

下一步是执行一个命令，该命令将初始化 Mongo 的副本集：

```
mongo --host go-demo-db-rs1 --eval '
    rs.initiate({
        _id: "rs0",
        version: 1,
        members: [
            {_id: 0, host: "go-demo-db-rs1" },
            {_id: 1, host: "go-demo-db-rs2" },
            {_id: 2, host: "go-demo-db-rs3" }
        ]
    })
'
```

可以使用本地运行在 godem-db-rs1 中的服务器上的 mongo 客户端发出命令。它使用 ID rs0 来初始化副本集，并指定之前创建的三个服务应该是它的成员。多亏 Docker Swarm 网络，我们不需要知道 IP，只要指定服务的名称就足够了。

响应如下：

```
MongoDB shell version: 3.2.10
connecting to: go-demo-db-rs1:27017/test
{ "ok" : 1 }
```

不应只相信这一响应。让我们看一下配置：

```
mongo --host go-demo-db-rs1 --eval 'rs.conf()'
```

我们向运行在 go-demo-db-rs1 中的远程服务器发出了另一个命令，它获取了副本集的配置。部分输出如下：

```
MongoDB shell version: 3.2.10
connecting to: go-demo-db-rs1:27017/test
{
    "_id" : "rs0",
    "version" : 1,
    "protocolVersion" :NumberLong(1),
    "members" : [
            {
                "_id" : 0,
                "host" : "go-demo-db-rs1:27017",
```

```
                      "arbiterOnly" : false,
                      "buildIndexes" : true,
                      "hidden" : false,
                      "priority" : 1,
                      "tags" : {

                      },
                      "slaveDelay" :NumberLong(0),
                      "votes" : 1
                },
              ...
    ],
    "settings" : {
              "chainingAllowed" : true,
              "heartbeatIntervalMillis" : 2000,
              "heartbeatTimeoutSecs" : 10,
              "electionTimeoutMillis" : 10000,
              "getLastErrorModes" : {

              },
              "getLastErrorDefaults" : {
                      "w" : 1,
                      "wtimeout" : 0
              },
              "replicaSetId" :ObjectId("585d643276899856d1dc5f36")
    }
}
```

从以上代码中可以看到，副本集有三个成员（为简洁起见，删除了两个成员）。

让我们再向运行在 go-demo-db-rs1 中的远程 Mongo 发送一个命令。这一次，我们将检查副本集的状态：

```
mongo --host go-demo-db-rs1 --eval 'rs.status()'
```

部分输出如下：

```
connecting to: go-demo-db-rs1:27017/test
{
      "set" : "rs0",
      "date" :ISODate("2016-12-23T17:52:36.822Z"),
      "myState" : 1,
      "term" :NumberLong(1),
      "heartbeatIntervalMillis" :NumberLong(2000),
      "members" : [
              {
                      "_id" : 0,
                      "name" : "go-demo-db-rs1:27017",
                      "health" : 1,
                      "state" : 1,
                      "stateStr" : "PRIMARY",
```

```
                          "uptime" : 254,
                          "optime" : {
                                    "ts" : Timestamp(1482515517, 2),

                                    "t" :NumberLong(1)
                    },
                    "optimeDate" :ISODate("2016-12-23T17:51:57Z"),
                    "infoMessage" : "could not find member to sync from",
                    "electionTime" : Timestamp(1482515517, 1),
                    "electionDate" :ISODate("2016-12-23T17:51:57Z"),
                    "configVersion" : 1,
                    "self" : true
              },
              ...
        ],
        "ok" : 1
}
```

为简洁起见，删除了关于两个副本的信息。

从以上代码中可以看到所有的 Mongo 副本都在运行。`go-demo-db-rs1` 服务充当主节点，而其他两个服务是副节点。

设置 Mongo 副本集意味着数据将被复制到它的所有成员。其中一个始终是主节点，其余的则是副节点。使用当前的配置，我们只能在主节点上进行数据读/写。副本集可以配置为允许所有服务器进行读访问。写操作总是被限制在主节点上。

现在生成一些样本数据：

```
mongo --host go-demo-db-rs1
```

我们进入了运行在 `go-demo-db-rs1` 上的远程 Mongo。

输出如下：

```
MongoDB shell version: 3.2.10
connecting to: go-demo-db-rs1:27017/test
Welcome to the MongoDB shell.
For interactive help, type "help".
For more comprehensive documentation, see
        http://docs.mongodb.org/
Questions? Try the support group
        http://groups.google.com/group/mongodb-user
rs0:PRIMARY>
```

从提示符中可以看到，我们位于主数据库服务器中。

现在在数据库 test 中创建一些记录：

```
use test

db.books.insert(
    {
        title:"The DevOps 2.0 Toolkit"
    }
)

db.books.insert(
    {
        title:"The DevOps 2.1 Toolkit"
    }
)

db.books.find()
```

前面的命令从数据库 test 中检索所有记录。

输出如下：

```
{ "_id" : ObjectId("585d6491660a574f80478cb6"), "title" : \
"The DevOps 2.0 Toolkit" }
{ "_id" : ObjectId("585d6491660a574f80478cb7"), "title" : \
"The DevOps 2.1 Toolkit" }
```

现在已经配置了副本集和一些样本记录，可以模拟其中一个服务器的故障并观察结果：

```
exit # Mongo

exit # go-demo-db-util

RS1_IP=$(docker service ps go-demo-db-rs1 \
    | tail -n 1 \
    | awk'{ print $4 }' \
    | cut -c 4- \
    | tr "-" ".")

docker -H tcp://$RS1_IP:2375 ps
```

我们退出了 MongoDB 和 go-demo-db-util 服务副本，然后找到了 go-demo- db-rs1（Mongo 副本集的主节点）的 IP，并列出了服务器上运行的所有容器。

输出如下（为简洁起见，移除了 ID 和 STATUS 列）：

```
IMAGE                                COMMAND                CREATED
mongo:3.2.10                         "/entrypoint.sh sleep" 3 minutes ago
mongo:3.2.10                         "/entrypoint.sh mongo" 6 minutes ago
vfarcic/docker-flow-proxy:latest     "/docker-entrypoint.s" 13 minutes ago
-------------------------------------------------------------
NAMES                                            PORTS
go-demo-db-util.0.8qcsmlzioohn3j6p78hntskj1      27017/tcp
```

```
go-demo-db-rs1.1.86sg93z9oasd43dtgoax53nuw        27017/tcp
proxy.2.3tlpr1xyiu8wm70lmrffod7ui                 80/tcp,443/tcp/,8080/tcp
```

现在，可以找到 go-demo-db-rs1 服务副本的 ID，并通过删除它来模拟故障：

```
RS1_ID=$(docker -H tcp://$RS1_IP:2375 \
    ps -q \
    --filter label=com.docker.swarm.service.name=go-demo-db-rs1) \

docker -H tcp://$RS1_IP:2375 rm -f $RS1_ID
```

让我们看一看 go-demo-db-rs1 任务：

```
docker service ps go-demo-db-rs1
```

Swarm 发现其中一个副本发生了故障，并重新调度其运行。稍后将运行一个新的实例。

service ps 命令的输出如下（为简洁起见，移除了 ID）：

```
NAME                 IMAGE         NODE             DESIRED STATE
go-demo-db-rs1.1     mongo:3.2.10  ip-172-31-16-215 Running
_ go-demo-db-rs1.1   mongo:3.2.10  ip-172-31-16-215 Shutdown
------------------------------------------------------------------
CURRENT STATE                ERROR
Running 28 seconds ago
Failed 35 seconds ago        "task: non-zero exit (137)"
```

再次进入 go-demo-db-util 服务副本，并输出 Mongo 副本集的状态：

```
docker exec -it $UTIL_ID sh

mongo --host go-demo-db-rs1 --eval 'rs.status()'
```

输出的相关部分如下：

```
MongoDB shell version: 3.2.10
connecting to: go-demo-db-rs1:27017/test
{
        "set" : "rs0",
        "date" :ISODate("2016-12-23T17:56:08.543Z"),
        "myState" : 2,
        "term" :NumberLong(2),
        "heartbeatIntervalMillis" :NumberLong(2000),
        "members" : [
                {
                        "_id" : 0,
                        "name" : "go-demo-db-rs1:27017",
                        ...
                        "stateStr" : "SECONDARY",
                        ...
                },
                {
```

```
              "_id" : 1,
              "name" : "go-demo-db-rs2:27017",
              ...
              "stateStr" : "PRIMARY",
              ...
          },
          {
              "_id" : 2,
              "name" : "go-demo-db-rs3:27017",
              ...
              "stateStr" : "SECONDARY",
              ...
          }
      ],
      "ok" : 1
}
```

从以上代码中可以看到，`go-demo-db-rs2` 成为了主要的 Mongo 副本。所发生情况的简化流程如下。

- Mongo 副本 `go-demo-db-rs1` 发生故障。

- 其余成员注意到它的缺失，并将 `go-demo-db-rs2` 提升到 PRIMARY 状态。

- 同时，Swarm 对故障的服务副本进行了重新调度。

- 主 Mongo 副本集注意到 `go-dem-db-rs1` 服务器重新联机，并作为副节点加入 Mongo 副本集。

- 新创建的 `go-demo-db-rs1` 将它的数据与 Mongo 副本集的其他成员之一进行同步。

所有这些能工作的关键要素之一是 Docker 网络。当重新调度的服务副本重新在线时，它可以保持相同的地址 `go-demo-db-rs1`，并且不需要更改 Mongo 副本集的配置。

如果使用虚拟机，在AWS的情况下，Auto Scaling Group 用来托管 Mongo，当节点发生故障时，将创建一个新的节点。但是，新节点将收到新的 IP，如果不修改配置，将无法加入 Mongo 副本集。不使用容器，可以在 AWS 中实现同样的目标，但是没有哪种方法会像 Docker Swarm 及其网络那样简单和优雅。

创建的样本数据发生了什么变化？请记住，我们将数据写入主 Mongo 副本 `go-demo-db-rs1`，并随后将其删除。我们没有使用 REX-Ray 或任何其他方案来持久化数据。

让我们进入新的主 Mongo 副本:

```
mongo --host go-demo-db-rs2
```

> **TIP** 在你的集群中,新的主服务器可能是 go-demo-db-rs3。如果是这样,则请修改上面的命令。

接下来,指定要使用 test 数据库并检索所有数据:

```
use test

db.books.find()
```

输出如下:

```
{ "_id" : ObjectId("585d6491660a574f80478cb6"), "title" : \
"The DevOps 2.0 Toolkit" }
{ "_id" : ObjectId("585d6491660a574f80478cb7"), "title" : \
"The DevOps 2.1 Toolkit" }
```

即使没有配置数据持久性,所有的数据也都还在。

Mongo 副本集的主要目的是提供容错功能。如果数据库有故障,那么其他成员将接管。对数据(状态)的任何更改都在副本集的所有成员之间进行复制。

这是否意味着我们不需要将状态保存在外部驱动器上?这取决于场景。如果所操作的数据是巨大的,那么可能会使用某种形式的磁盘持久性来加快同步过程。在任何其他情况下,使用卷都是一种浪费,因为大多数数据库都是为提供数据复制和同步而设计的。

当前的方案运行良好,我们应该寻找一种更自动化(也更简单)的方法来设置它。

现在将退出 MongoDB 和 go-demo-db-util 服务副本,删除所有 DB 服务,然后重新开始:

```
exit # Mongo

exit # go-demo-db-util

docker service rm go-demo-db-rs1 \
    go-demo-db-rs2 go-demo-db-rs3 \
    go-demo-db-util
```

14.14 通过 **Swarm** 服务初始化 **MongoDB** 副本集
Initializing MongoDB Replica Set Through a Swarm Service

让我们尝试定义一种更好的、更简单的方法来设置 MongoDB 副本集。

现在将从创建三个 mongo 服务开始。稍后，每个服务都将成为 Mongo 副本集的成员：

```
for i in 1 2 3; do
    docker service create --name go-demo-db-rs$i \
        --reserve-memory 100m \
        --network go-demo \
        mongo:3.2.10 mongod --replSet "rs0"

    MEMBERS="$MEMBERS go-demo-db-rs$i"
done
```

与前面用于创建 mongo 服务的命令相比，唯一的区别是添加了环境变量 MEMBERS。它保存着所有 MongoDB 的服务名称。下面将使用它作为下一个服务的参数。

由于官方的 mongo 镜像没有配置 Mongo 副本集的机制，所以将使用自定义的镜像。它的目的只是配置 Mongo 副本集。

镜像的定义在 conf/Dockerfile.mongo 文件中（https://github.com/vfarcic/cloud-provisioning/blob/master/conf/Dockerfile.mongo）。其内容如下：

```
FROM mongo:3.2.10

COPY init-mongo-rs.sh /init-mongo-rs.sh
RUN chmod +x /init-mongo-rs.sh
ENTRYPOINT ["/init-mongo-rs.sh"]
```

dockerfile.mongo 扩展了官方的 mongo 镜像，添加了一个定制的 init-mongo-rs.sh 脚本，给予它执行权限，并将其作为入口点。

EENTRYPOINT 用于定义每当容器运行时将运行的可执行文件。我们指定的任何命令参数都将追加到 ENTRYPOINT 上。

conf/init-mongo-rs.sh（https://github.com/vfarcic/cloud-provisioning/blob/master/

conf/init-mongo-rs.sh）的脚本如下：

```
#!/usr/bin/env bash

for rs in "$@"; do
    mongo --host $rs --eval 'db'
    while [$? -ne 0 ]; do
        echo "Waiting for $rs to become available"
        sleep 3
          mongo --host $rs --eval 'db'
    done
done

i=0
for rs in "$@"; do
    if [ "$rs" != "$1" ]; then
        MEMBERS="$MEMBERS ,"
    fi
    MEMBERS="$MEMBERS {_id: $i, host: \"$rs\" }"
    i=$((i+1))
done

mongo --host $1 --eval "rs.initiate({_id: \"rs0\", version: 1, \
members: [$MEMBERS]})"
sleep 3
mongo --host $1 --eval 'rs.status()'
```

第一部分遍历所有 DB 的地址（定义为脚本参数）并检查它们是否可用。如果不可用，则在重复循环之前等待 3 秒钟。

第二部分格式化定义所有成员（id 和 host）列表的 JSON 字符串。最后启动副本集，等待 3 秒钟，并输出其状态。

此脚本是我们在手动设置副本集时执行命令的稍微复杂的版本，并没有使用硬编码的值（例如，服务名称），它的编写方式可以用于成员数不同的 Mongo 副本集。

剩下的就是将容器作为 Swarm 服务运行。下面已经构建了 *vfarcic/mongodevops21* 的镜像，并将其推送到 Docker Hub：

```
docker service create --name go-demo-db-init \
    --restart-condition none \
    --network go-demo \
    vfarcic/mongo-devops21 $MEMBERS
```

脚本完成后，容器就会停止。通常，Swarm 会将停止的容器视为故障，并重新调度它。这不是我们需要的行为。我们希望此服务执行一些任务（配置副本集）

并在完成后停止。我们使用无参数的 --restart-condition 来实现这一点。否则，
Swarm 将进入一个无休止的循环，不断地重新调度一个服务副本，这个副本在几
分钟后就会出现故障。

服务的命令是 $MENBERS。当附加到 ENTRYPOINT 时，完整的命令是 init-mongo-
rs.sh go-demo-db-rs1 go-demo-db-rs2 go-demo-dbrs 3。让我们确认所有服务（go-demo-
db-init 除外）都在运行：

```
docker service ls
```

输出如下：

```
ID                NAME               REPLICAS    IMAGE
1lpus9pvxoj6      go-demo-db-rs1     1/1         mongo:3.2.10
59eox5zqfhf8      go-demo-db-rs2     1/1         mongo:3.2.10
5tchuajhi05e      go-demo-db-init    0/1         vfarcic/mongo-devops21
6cmd34ezpun9      go-demo-db-rs3     1/1         mongo:3.2.10
bvfrbwdi5li3      swarm-listener     1/1         vfarcic/docker-flow-swarm-listener
djy5p4re3sbh      proxy              3/3         vfarcic/docker-flow-proxy
-------------------------------------------------------------------
COMMAND
mongod --replSet rs0
mongod --replSet rs0
go-demo-db-rs1 go-demo-db-rs2 go-demo-db-rs3
mongod --replSet rs0
```

唯一没有运行的服务是 go-demo-db-init。现在，它执行完成，并且由于使用
了无参数的 --restart-condition，所以 Swarm 没有重新调度它。

我们已经建立了一定程度的信任，而且你可能相信 go-demo-dbini- 正确地完成
了它的工作。不过，再查一遍也没什么坏处。由于脚本的最后一个命令输出了副
本集的状态，所以可以检查它的日志，以确定是否正确地配置了所有的内容。这
意味着我们需要再次费事地查找容器的 IP 和 ID：

```
DB_INIT_IP=$(docker service ps go-demo-db-init \
    | tail -n 1 \
    | awk'{ print $4 }' \
    | cut -c 4- \
    | tr "-" ".")

DB_INIT_ID=$(docker -H tcp://$DB_INIT_IP:2375 \
    ps -aq \
    --filter label=com.docker.swarm.service.name=go-demo-db-init)

docker -H tcp://$DB_INIT_IP:2375 logs $DB_INIT_ID
```

日志命令输出的相关部分如下:

```
MongoDB shell version: 3.2.10
connecting to: go-demo-db-rs1:27017/test
{
        "set" : "rs0",
        "date" :ISODate("2016-12-23T18:18:30.723Z"),
        "myState" : 1,
        "term" :NumberLong(1),
        "heartbeatIntervalMillis" :NumberLong(2000),
        "members" : [
                {
                    "_id" : 0,
                    "name" : "go-demo-db-rs1:27017",
                    ...
                    "stateStr" : "PRIMARY",
                    ...
                },
                {
                    "_id" : 1,
                    "name" : "go-demo-db-rs2:27017",
                    "...
                    "stateStr" : "SECONDARY",
                    ...
                },

                {
                    "_id" : 2,
                    "name" : "go-demo-db-rs3:27017",
                    ...
                    "stateStr" : "SECONDARY",
                    ...
                }
        ],
        "ok" : 1
}
```

Mongo 副本集确实配置了所有三个成员。现在有了一组可以提供高可用性的 MongoDB 的容错集合,可以在 go-demo(或任何其他)服务中使用它们:

```
docker service create --name go-demo \
-e DB="go-demo-db-rs1,go-demo-db-rs2,go-demo-db-rs3" \
    --reserve-memory 10m \
    --network go-demo \
    --network proxy \
    --replicas 3 \
    --label com.df.notify=true \
    --label com.df.distribute=true \
    --label com.df.servicePath=/demo \
    --label com.df.port=8080 \
    vfarcic/go-demo:1.2
```

这个命令与前面几章中使用的命令只有一处不同。如果继续使用主 MongoDB 的一个地址，就不会有高可用性。当主 MongoDB 发生故障时，该服务将无法响应请求。即使 Swarm 会重新调度它，主节点的地址也会变得不同，因为副本集将选择一个新的地址给它。

这一次，我们将所有三个MongoDB指定为环境变量 DB 的值。服务的代码将该字符串传递给 MongoDB 驱动程序。于是，驱动程序将使用这些地址推断哪个 DB 是主节点，并使用它发送请求。所有 Mongo 驱动程序都具有相同的机制来指定副本集的成员。

最后，让我们确认 go-demo 服务的所有三个副本都在运行。记住，服务的代码是这样写的，如果无法建立到数据库的连接，服务就会失败。如果所有的服务副本都在运行，就证明我们正确设置了所有的内容：

```
docker service ps go-demo
```

输出如下（为简洁起见，移除了 ID 和 ERROR 列）：

```
NAME        IMAGE                 NODE             DESIRED STATE
go-demo.1   vfarcic/go-demo:1.2   ip-172-31-23-206  Running
go-demo.2   vfarcic/go-demo:1.2   ip-172-31-25-35   Running
go-demo.3   vfarcic/go-demo:1.2   ip-172-31-25-35   Running
-------------------------------------------------
ERROR
Running 11 seconds ago
Running 9 seconds ago
Running 9 seconds ago
```

14.15　现在怎么办
What Now?

并非所有的有状态服务都应以同样的方式处理。有些可能需要挂载一个外部驱动器，而有些则已经具有某种复制和同步功能。在某些情况下，你可能希望将挂载和复制结合起来，而在另一些情况下，复制本身就够了。

请记住，还有许多其他的组合，我们并没有一一探索。

重要的是要理解服务是如何工作的，以及它是如何设计以保持其状态的。在大多数情况下，无论是否使用容器，方案的逻辑都是相同的。容器通常不会使事情不同，只会更容易。

　　使用正确的方法，有状态服务没有理由不具有云友好性、容错性、高可用性、可伸缩性等。主要的问题是你想自己管理它们，还是希望将其留给你的云计算供应商（如果你使用的话）。重要的是，你对如何自己管理有状态服务有了初步的了解。

　　在继续之前，让我们销毁这个集群：

```
exit
```

```
terraform destroy -force
```

第 15 章

在 **Docker Swarm** 集群中管理 secrets
Managing Secrets in Docker Swarm Clusters

Docker 1.13 引入了一组特性，允许我们集中管理 secrets，并只传递给需要它们的服务。它们提供了一种必须的机制，信息只提供给指定的服务，对其他任何人都是隐藏的。

一个 secret（至少从 Docker 的角度）就是一堆数据。典型的用例是证书、SSH 私钥、密码等。secrets 应该保密，这意味着它们不应该以未加密的方式存储或通过网络传输。

尽管如此，让我们看看它们的实际使用，并通过实例继续我们的讨论。

本章中的所有命令都可以在 `14-secrets.sh`（`https://gist.github.com/vfarcic/906d37d1964255b40af430bb03d2a72e`）中获得。

15.1 创建 secrets
Creating Secrets

由于单个节点足以演示 Docker 的 secrets，所以我们首先将创建一个基于 Docker Machine 的单节点 Swarm 集群：

```
docker-machine create \
```

```
    -d virtualbox \
    swarm
eval $(docker-machine env swarm)

docker swarm init \
    --advertise-addr $(docker-machine ip swarm)
```

给 Windows 用户的说明

建议在 Git Bash 中运行所有的示例（通过 Docker 工具箱和 Git 安装）。这样，你在书中看到的命令将与在 OSX 或任何 Linux 发行版上应该执行的命令相同。

我们创建了一个名为 swarm 的 Docker Machine 节点，并使用它初始化集群。现在可以创建一个 secret 了。

给 Windows 用户的说明

为了使下一个命令要使用的 mount（一个 secret 也是一个 mount）能够工作，你必须停掉 Git Bash 来更改文件系统路径，并设置此环境变量。

```
export MSYS_NO_PATHCONV=1
```

创建 secret 的命令的格式如下（请不要运行它）：

```
docker secret create [OPTIONS] SECRET file|-
```

secret create 命令需要一个包含 secret 的文件。但是，使用未加密的 secret 创建一个文件，这首先违背了拥有 secret 的目的。每个人都能读到那个文件。我们可以将文件推送到 Docker 之后删除它，但这只会带来不必要的步骤。相反，我们将使用——这将允许我们使用从管道连接到标准输出：

```
echo "I like candy" \
    | docker secret create my_secret -
```

刚刚执行的命令创建了一个名为 my_secret 的 secret。使用 TLS 连接将该信息发送到远程 Docker Engine。如果有一个拥有多个 manager 的更大的集群，那么这个 secret 就会复制给所有人。

现在可以检查新创建的 secret：

```
docker secret inspect my_secret
```

输出如下：

```
[
    {
        "ID": "9iqwc8zb7xum7krgm183t4mym",
        "Version": {
            "Index": 11
        },
        "CreatedAt": "2017-02-20T23:00:48.983267019Z",
        "UpdatedAt": "2017-02-20T23:00:48.983267019Z",

        "Spec": {
            "Name": "my_secret"
        }
    }
]
```

secret 的价值在于它是隐藏的。即使恶意用户能够访问 Docker Engine，这个 secret 仍然是不可用的。说实话，这种情况比保护 Docker secret 更让人担忧，但我们将留到其他时间再讨论。

既然已经加密了 secret 并存储在 Swarm manager 中，就应该探索如何在服务中使用它。

15.2　使用 secrets
Consuming Secrets

一个新的参数--secret 被添加到 docker service create 命令中。如果附加了一个 secret，那么在所有构成服务的容器中，它将作为一个在/run/sec-ets 目录下的文件来访问。

让我们看看它的使用：

```
docker service create --name test \
    --secret my_secret \
    --restart-condition none \
    alpine cat /run/secrets/my_secret
```

我们创建了一个名为 test 的服务，并附加了一个名为 my_secret 的 secret。该服务是基于镜像 alpine 的，并将输出 secret 的内容。因为这是一个一次性命令，会很快终止，所以我们将--restart-condition 设置为 none。否则，服务会在创建后立即终止，Swarm 会重新调度它，然后看到它再次终止，依此类推。我们会进入一个永无休止的循环。

让我们看看日志：

```
docker logs $(docker container ps -qa)
```

输出如下：

```
I like candy
```

该 secret 可作为容器内的/run/secrests/my_secret 文件使用。

在开始讨论一个更真实的例子之前，让我们删除创建的服务和 secret：

```
docker service rm test
```

```
docker secret rm my_secret
```

15.3 一个使用 secrets 的真实世界的例子
A Real-World Example of Using Secrets

Docker Flow Proxy（http://proxy.dockerflow.com/）项目公开了仅供内部使用的统计数据。因此，需要用户名和密码来保护它。在 Docker v1.13 之前，这样的情况允许用户通过环境变量指定用户名和密码来处理。Docker Flow Proxy 也不例外，并且确实拥有环境变量（http://proxy.dockerflow.com/config/#environment-variables）STATS_USER 和 STATS_PASS。

使用自定义的用户名和密码创建服务的命令如下：

```
docker network create --driver overlay proxy

docker service create --name proxy \
    -p 80:80 \
    -p 443:443 \
    -p 8080:8080 \
-e STATS_USER=my-user \
-e STATS_PASS=my-pass \
    --network proxy \
-e MODE=swarm \
vfarcic/docker-flow-proxy
```

虽然这样做可以保护统计页面不被普通用户访问，但它仍然会使其暴露于任何能够检查该服务的人。一个简单的例子如下：

```
docker service inspect proxy --pretty
```

输出的有关部分如下：

```
...
ContainerSpec:
```

```
Image:      vfarcic/docker-flowproxy:
latest@sha256:b1014afa9706413818903671086e484d98db669576b83727801637d1a3323910
Env:        STATS_USER=my-user STATS_PASS=my-pass MODE=swarm
...
```

以下命令既没有透露机密信息，又得到了相同的结果：

```
echo "secret-user" \
    | docker secret create dfp_stats_user -

echo "secret-pass" \
    | docker secret create dfp_stats_pass -

docker service update \
    --secret-add dfp_stats_user \
    --secret-add dfp_stats_pass \
    proxy
```

我们创建了两个 secrets dfp_stats_user 和 dfp_stats_pass，并更新了其服务。从现在开始，这些 secrets 将在服务的容器内以文件/run/secrets/dfp_stats_user 和 /run/secrests/dfp_stats_pass 的形式提供。如果一个 secret 被命名为与环境变量相同，且为小写，并有 dpf_前缀，那么将使用环境变量。

如果你再检查一次容器，就会发现没有任何 secrets 的痕迹。

就讨论到这里吧。毕竟，关于 Docker 的 secrets 没什么可说的了。然而，我们已经习惯了使用 Docker 栈，如果 secrets 能在新的 YAML Compose 格式中起作用，那就太好了。

在继续之前，让我们删除代理服务：

```
docker service rm proxy
```

15.4 在 Docker Compose 中使用 secrets
Using Secrets with Docker Compose

真正的目标是在所有支持的功能中都有相同的特性，Docker 在 Compose YAML 格式 3.1 版中引入了 secrets。

将继续使用 Docker Flow Proxy 来演示 secrets 在 Compose 文件中是如何工作的：

```
curl -o dfp.yml \
    https://raw.githubusercontent.com/vfarcic/\
docker-flow-stacks/master/proxy/docker-flow-proxy-secrets.yml
```

从 `vfarcic/docker-flow-stacks` 代码库（https://github.com/vfarcic/docker-flow-stacks）中下载了 `docker-flow-proxy-secrets.yml` 栈（https://github.com/vfarcic/docker-flow-stacks/blob/master/proxy/docker-flow-proxy-secrets.yml）。

栈定义的相关部分如下：

```
version: "3.1"

...

services:
  proxy:
    image: vfarcic/docker-flow-proxy:${TAG:-latest}
    ports:
      - 80:80
      - 443:443
    networks:
      - proxy
    environment:
      - LISTENER_ADDRESS=swarm-listener
      - MODE=swarm
    secrets:
      - dfp_stats_user
      - dfp_stats_pass
    deploy:
      replicas: 3

...

secrets:
  dfp_stats_user:
    external: true
  dfp_stats_pass:
    external: true
```

该格式的版本为 3.1。代理服务有两个 secrets。最后，有一个单独的 secrets 部分，将 secrets 定义为外部实体。另一种办法是在内部指定 secrets。

一个例子如下：

```
secrets:
    dfp_stats_user:
        external: true
    dfp_stats_pass:
        external: true
secrets:
  dfp_stats_user:
    file: ./dfp_stats_user.txt
  dfp_stats_pass:
    file: ./dfp_stats_pass.txt
```

我更喜欢在外部指定 secrets 的第一个选项，因为这不会留下任何线索。在其他情况下，secrets 可能用于非机密信息（将很快讨论），使用指定为文件的内部 secrets 可能是一个更好的选择。

让我们运行该栈并检查它是否工作正常：

```
docker stack deploy -c dfp.yml proxy
```

如果没有数据，那么统计本身是无用的，因此我们将在代理中部署另一个服务，它会被重新配置，并开始生成一些统计数据：

```
curl -o go-demo.yml \
    https://raw.githubusercontent.com/vfarcic/\
go-demo/master/docker-compose-stack.yml

docker stack deploy -c go-demo.yml go-demo
```

请稍候，直到服务从 go-demo 栈开始运行。你可以通过执行 docker stackps go-demo 来检查它们的状态。你可能会看到 go-demo_main 副本处于失败状态。不要惊慌。它们只会继续失败，直到 go-demo_db 开始运行为止。

最后，可以确认代理被配置为使用 secrets 进行身份验证：

```
curl -u secret-user:secret-pass \
"http://$(docker-machine ip swarm)/admin?stats;csv;norefresh"
```

它起作用了！仅使用 docker service create 的一个额外步骤，就使系统更加安全。

15.5　使用 **secrets** 的常用方法
Common Ways to Use Secrets

在引入 secrets 之前，向容器传递信息的一种常用方法是通过环境变量。对于非机密信息，这仍然是首选的方式，但设置的一部分也应该会涉及 secrets。两者应该结合起来。问题是在什么时候选择哪种方法。

Docker secrets 最明显的用例就是机密信息。很明显，不是吗？如果有一条信息除了特定的容器外，任何人都不能看到，那么它就应该通过 Docker secrets 来提供。常用的模式是允许将相同的信息指定为环境变量或 secret。如果两个都设置，那么 secrets 应该优先。你已经通过 Docker Flow Proxy 看到了这种模式。可以通过环境变量指定每一条信息，也可以指定为 secret。

某些情况下，你可能无法修改服务的代码并将其修改为使用 secrets。也许这并不是能力问题，而是缺乏修改代码的意愿。如果你属于后一种情况，那么现在我会忍住不去解释为什么应该不断重构代码，并假设你也有一个很好的理由不去修改代码。在这两种情况下，解决方案通常是创建一个 wrapper 脚本，将 secrets 转换为服务所需的任何内容，然后调用该服务。将该脚本作为 CMD 指令放在 Dockerfile 中，你就完成了。secrets 是保密的，你不会因为重构代码而被解雇。在某些人看来，最后一句听起来很傻，但对于公司来说，认为重构是浪费时间的事并不少见。

什么应该是 secret 呢？没有人能真正地为你回答这个问题，因为它因组织而异。其中一些例子是用户名和密码、SSH 密钥、SSL 证书等。如果你不想让别人知道这件事，那就把它当成 secret。

我们应该努力争取不变性，并尽量运行容器，无论在哪运行，它们都是完全相同的。真正的不变性意味着在所有环境中的配置都是相同的。然而，这并不是容易的，有时甚至是不可能做到的。这种情况可能正是 Docker secrets 发挥作用的时候。它们不一定只被用作指定机密信息的手段。我们可以使用 secrets 作为不同集群提供不同信息的一种方式。在这种情况下，随环境不同而不同的配置（例如开发和生产集群）可以作为 secrets 存储。

我们确信还有很多其他的用例都没有想过。毕竟，secrets 是一个新特性（编写本章的时候仅发布了几天）。

15.6　现在怎么办
What now?

删除你的 Docker Machine 虚拟机，并开始在你自己的 Swarm 集群中应用 secrets。（目前）没有更多需要讨论的了：

```
docker-machine rm -f swarm
```

附录 A
使用 Docker 和 Prometheus 监控
你的 GitHub 库
Monitor Your GitHub Repos with Docker and Prometheus

By Brian Christner

GitHub 到处都是很好的代码、信息和有趣的统计数据。GitHub 存储库有很多统计数据，这些统计数据是使用 Grafana 绘制图形的完美选项。当然，绘制这些数据的最佳方法是使用 Docker 和 Prometheus。

Prometheus 有一份令人印象深刻的 Exporter 名单（https://prometheus.io/docs/instrumenting/exporters/）。这些 Exporter 涉及从 API 到 IoT。它们还可以与 Prometheus 和 Grafana 集成，生成一些漂亮的图形。

A.1 Docker、Prometheus 和 Grafana
Docker, Prometheus, and Grafana

对于任何监控，基本配置都是 Docker、Prometheus 和 Grafana 栈。这是我工作的基础，并添加了像 Exporter 这样的组件。我已经创建了 GitHub-Monitoring 库

（https://github.com/vegasbrianc/github-monitoring）。它包含一个 Docker compose 文件，简化了这个栈并易于启动。

A.2　入门
Getting Started

前提条件是确保你有一个运行最新版本 Docker engine 和 compose 的 Docker 主机。接下来，在你的 Docker 机器上克隆 GitHub-Monitoring 项目（https://github.com/vegasbrianc/github-monitoring）。

可以根据你的需求开始配置项目。如果你需要跟踪更多的 Exporter 或 target，请编辑 Prometheus Targets（https://github.com/vegasbrianc/github-monitoring/blob/master/prometheus/prometheus.yml）。它们位于文件末尾的静态配置部分。Exporter 使用名字 metrics 和端口 9171：

```
static_configs:
- targets: ['node exporter:9100','localhost:9090', 'metrics:9171']
```

A.3　配置
Configuration

创建用于此项目的 GitHub 令牌。这会使我们避免达到 GitHub 对未经身份验证的流量所规定的 API 限制。

移步到 Create GitHub Token 页面（https://github.com/settings/tokens）。在这里将为该项目创建一个令牌。

请执行以下步骤。

- 提供令牌的说明。
- 选择作用域（我们的项目只需要repo权限）。
- 单击 "generate token" 按钮。
- 复制令牌ID，并将其保存在安全的地方。这相当于一个密码，因此不要把它放在公开的地方。

使用你最喜欢的编辑器编辑 docker-compose.yml 文件（https://github.com/vegasbrianc/github-monitoring/blob/master/docker-compose.yml）。滚动到文件的末尾，你将在其中找到 metrics service 部分。

首先，使用前面生成的令牌替换 GITHUB_TOKEN=<GitHub API Token see README>。接下来，使用你想要跟踪的存储库替换 REPOS。在我的例子中，我选择了 Docker 和 freeCodeCamp 的存储库，因为它们提供了大量的活动和统计数据。

配置如下：

```
metrics:
  tty: true
  stdin_open: true
expose:
  - 9171
image: infinityworks/github-exporter:latest
environment:
  - REPOS=freeCodeCamp/freeCodeCamp,docker/docker
  - GITHUB_TOKEN=<GitHub API Token see README>
networks:
  - back-tier
```

一旦配置完成，就可以启动它。在 github-monitoring 项目目录运行下面的命令：

```
docker-compose up
```

就是这样。Docker Compose 自动并神奇地创建了整个 Grafana 和 Prometheus 栈。Compose 文件还将新的 GitHub Exporter 连接到基础栈。开始的时候我们会选择在没有 -d 参数的情况下运行 docker-compose。这让故障排除变得更容易，因为日志条目直接打印到终端。

现在可以通过 http://<Host IP Address>3000 访问 Grafana 看板（例如：http://localhost:3000）。

请使用 admin 作为用户名，使用 foobar 作为密码（它是在 config.monitoring 文件中定义的，其中设置了一些环境变量）。

A.4　后续配置
Post configuration

现在需要创建 Prometheus 数据源，将 Grafana 和 Prometheus 连接起来。

- 单击左上角的Grafana菜单（看起来像一个火球）。
- 单击 "Data Source" 按钮。
- 单击 "Add Data Source" 绿色按钮。

添加 Grafana 数据源，如图 A-1 所示。

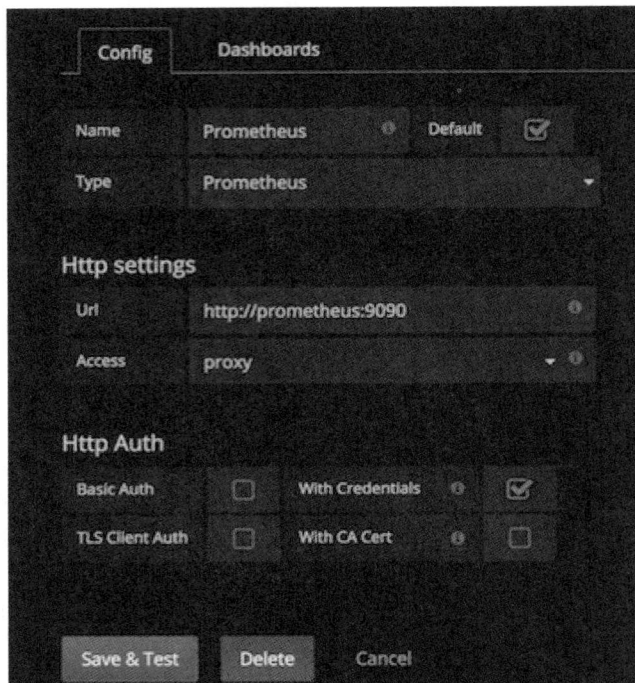

图 A-1　添加 Grafana 数据源

A.5　安装 dashboard
Install dashboard

我创建了一个Dashboard模板，可以在 GitHub Stats Dashboard 上找到（`https://grafana.net/dashboards/1559`）。下载 dashboard 并从 Grafana 菜单中选择 Dashboard →Import。

这个看板是帮助你开始绘制 GitHub Repos 图形的起点。如果你想在看板上看到任何修改，请告诉我，这样也可以更新 Grafana 站点，如图 A-2 所示。

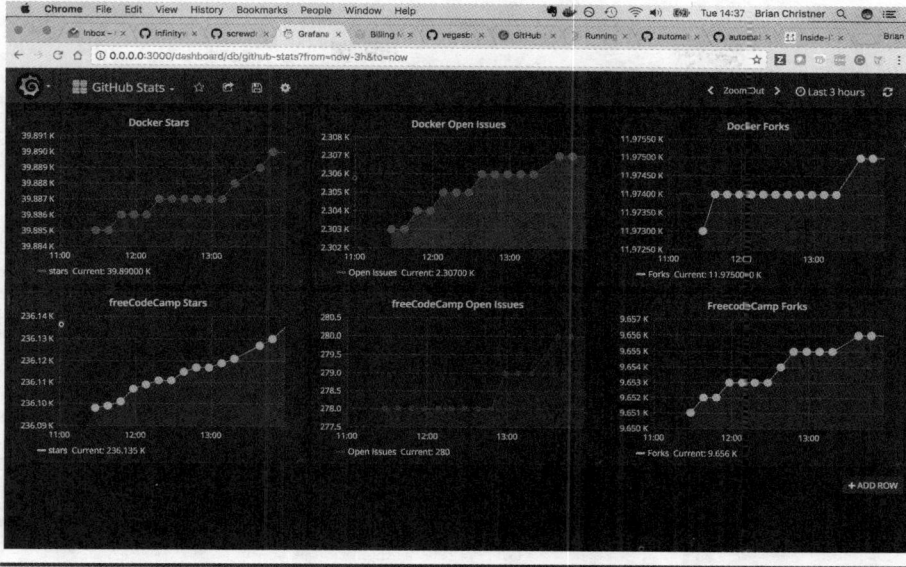

图 A-2　GitHub Grafana 看板

A.6　结论
Conclusion

Prometheus 与 Docker 相结合，是监视不同数据源的一种强大而简单的方法。
GitHub Exporter 是 Prometheus 众多令人惊叹的 Exporter 之一。

Y

Z